数据中心柜级微通道热管冷却节能技术

狄彦强　高亚锋　鲁子琛　李颜颐　陈桢宇　等编著

中国建筑工业出版社

图书在版编目（CIP）数据

数据中心柜级微通道热管冷却节能技术 / 狄彦强等编著. -- 北京 : 中国建筑工业出版社，2025. 12.
ISBN 978-7-112-31805-6

Ⅰ. TP308

中国国家版本馆 CIP 数据核字第 2025MU6192 号

责任编辑：张文胜
责任校对：李美娜

数据中心柜级微通道热管冷却节能技术

狄彦强　高亚锋　鲁子琛　李颜颐　陈桢宇　等编著

*

中国建筑工业出版社出版、发行（北京海淀三里河路 9 号）
各地新华书店、建筑书店经销
北京红光制版公司制版
建工社（河北）印刷有限公司印刷

*

开本：787 毫米×1092 毫米　1/16　印张：14¼　字数：353 千字
2025 年 12 月第一版　　2025 年 12 月第一次印刷
定价：**89.00** 元

ISBN 978-7-112-31805-6
(46038)

编 写 委 员 会

主　任：狄彦强　高亚锋　鲁子琛　李颜颐　陈桢宇

编　委：韩宗伟　邵双全　林波荣　赵　晨　李国柱

蔡　姣　狄海燕　董家祥　张秋蕾　李兴葆

隋杰明　连大旗　刘　炜　刘寿松　李小娜

廉雪丽　曹　阳　刘　芳　冷　娟　曹思雨

陈泓伯　樊智轩　黄宇涵　方宇豪　高文惠

王梓涵　罗　怀

前　言

随着全球数字化进程的加速与大数据时代的全面到来，数据中心作为信息处理、存储与传输的核心基础设施，正成为支撑国家数字经济与社会运行的重要载体。近年来，数据中心规模迅速扩张，持续带动能耗攀升，并使其逐渐成为全社会能源消耗和碳排放增长的关键领域之一。据统计，全球数据中心耗能占全社会能源消耗总量的 4.5%，预计到 2030 年这一比例将上升至 8%。目前我国数据中心的平均电源使用效率（*PUE*）为 1.5 左右，距离绿色数据中心建设的能效目标尚有显著差距。

本书编写团队针对数据中心用能现状、能效水平及终端用能特征进行了广泛调研，当前多数工程案例的空调冷却系统能耗仅次于 IT 设备，占比高达 40%左右。如何在保障服务器计算性能与运行安全的前提下，切实提高自然冷源利用率、降低冷却系统能耗，已成为当前数据中心绿色化转型的核心技术命题。2024 年 7 月，国家发展改革委、工业和信息化部、国家能源局、国家数据局联合印发的《数据中心绿色低碳发展专项行动计划》明确指出，积极推动数据中心绿色低碳发展，加快节能降碳改造和用能设备更新，大力推广应用节能技术设备，因地制宜推动液冷、蒸发冷却、热管、氟泵等高效制冷散热技术，有效提高自然冷源利用率。

随着智能算力与高性能计算需求的快速增长，数据中心 IT 设备的功率密度显著提升，机柜负荷呈持续增长趋势。据统计，2017 年至 2020 年，全球数据中心机柜的平均功率从 5.1kW 增长至 8.4kW，部分高性能机柜甚至超过 30 kW。在此背景下，传统的房间级冷却系统已难以满足高密度散热需求，其能效与局部热管理能力逐渐成为系统应用瓶颈。为应对这一挑战，数据中心冷却架构正加速从房间级向行级、机柜级乃至芯片级方向演进，通过缩短换热路径与降低冷却能耗来实现高效散热。在多种技术路径中，机柜级冷却因兼具结构紧凑、散热效率高与经济性优等特点，被普遍认为是当前提升数据中心整体能效的关键技术。其中，柜级微通道热管背板冷却系统以两相传热机理为基础，结合微尺度强化换热结构，可在高热流密度条件下实现高效冷却，不仅可以有效抑制局部过热、保障设备运行稳定，还可实现系统整体节能。

为宣传科研成果、加强行业交流，决定组织出版绿色低碳数据中心相关书籍。本书在梳理数据中心发展现状、冷却节能技术演进与未来趋势的基础上，重点探讨了机柜级高效冷却技术、微通道热管换热器设计与数值模拟、背板系统实验验证与冷却性能优化、氟泵/蒸汽压缩复合冷却系统的性能分析与运行寻优。同时，引入计算流体动力学、数值模拟与智能优化算法等前沿方法，为非线性复杂系统的设计优化、运行管理与故障容错提供理论依据和实践参考。

本书适用于数据中心机柜级热管背板冷却系统的设计、建设与运维管理，可为从事数据中心冷却系统的相关管理、咨询、设计、施工等技术人员提供重要参考和指导。因编写时间仓促及编者水平所限，疏漏与不足之处在所难免，恳请广大读者不吝赐教，批评指正。

狄彦强

2025年10月

目　　录

第 1 章　概　　述

1.1　数据中心发展现状

1.1.1　数据中心概况

在数字化经济的深度演化过程中，数据中心已成为承载数据存储、计算与网络交换的关键基础设施，并因生成式人工智能、云计算与边缘计算的迅猛发展而不断扩容。中商产业研究院发布的《2024—2029 年中国数据中心建设市场需求预测及发展趋势前瞻报告》❶指出，2023 年我国内地数据中心整体市场规模约为 2407 亿元，比 2022 年增长 26.7%；预计 2024 年进一步攀升至约 3048 亿元，保持 26.6%的高位增速（图 1-1）。市场体量与增速的双重上扬直接反映出算力与机架需求的急剧扩大，由此引发的能耗、运维成本及温室气体排放亦同步攀升。伴随电力消耗占比持续提高，数据中心已成为继钢铁、化工、水泥、有色金属等之后的第九大高能耗行业，全行业能耗占全国社会总用电量的比例持续上升。在“双碳”目标与新型电力系统建设的大背景下，如何在保障数据中心高可用、高安全运行的前提下，优化能源结构与降低碳排放强度，已成为引导行业可持续发展的核心议题。

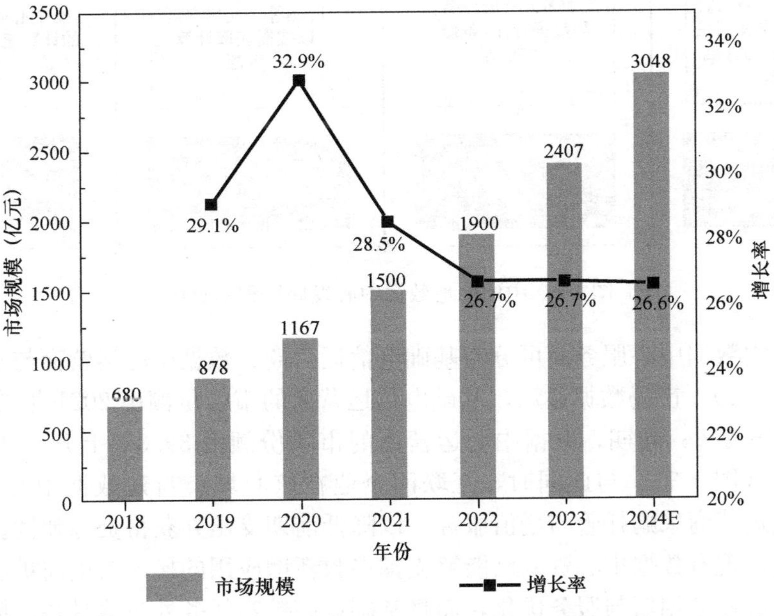

图 1-1　2019—2024 年中国内地数据中心市场规模及增长率

注：E 表示预测。

❶　书中部分有关数据中心市场的预测数据，引自该报告。

20 世纪 90 年代，中国内地数据中心产业伴随企业信息化需求初步成形，当时以满足局域网接入与基础数据存储为目标的中小型机房构成了市场雏形。21 世纪初，互联网业务量的激增显著推高服务器托管与网络带宽需求，企业自建数据中心（EDC）与面向第三方客户的互联网数据中心（IDC）相继涌现，行业运营商与互联网企业纷纷布局，但整体建设仍呈分散化特征。2010 年前后，云计算架构的成熟推动传统 IDC 向大规模、集约化云数据中心演进，基础电信运营商、专业数据中心运营商以及互联网企业三方主体形成了多元竞争格局。21 世纪 20 年代，生成式人工智能与高性能图形训练等智能算力需求快速攀升，大型和超大型集约式数据中心及算力中心成为投资焦点。然而，在区域电力指标与土地资源约束下，部分细分市场出现容量过剩与需求不均衡共存的现象，资产利用率和资本回报率随之下滑，导致新增项目融资趋于谨慎（图 1-2）。展望未来，随着边缘计算、大规模 AI 训练等新兴应用对算力与存储提出更高要求，在国家政策支持与技术创新的双重推动下，中国 IDC 行业有望通过资源优化配置，迈入规模与质量并重的稳健成熟期。

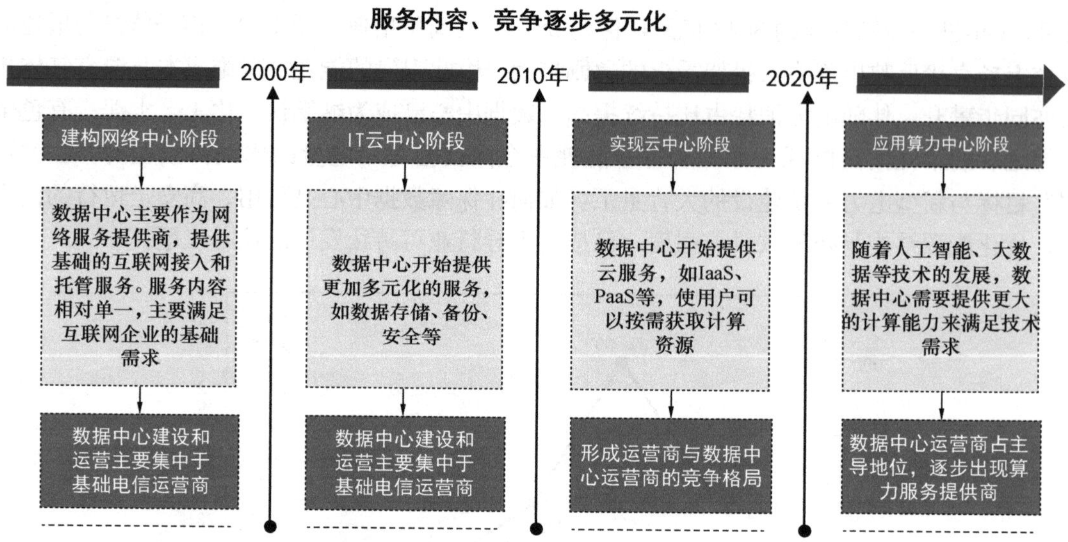

图 1-2　中国内地数据中心发展历程示意图

目前，国内数据中心服务商可分为基础电信运营商、数据中心运营商与互联网企业自建三大类（表 1-1）。市场数据显示，基础电信运营商的市场份额由 2021 年的 60.7%下降至 2023 年的 56.9%；同期，数据中心运营商的市场份额由 39.3%上升至 43.1%，呈现稳健增长趋势（图 1-3）。与此同时，互联网企业在核心城市自建数据中心的动因减弱，更多转向专业运营商采购托管与增值服务，以降低前期支出并获得资源弹性。随着互联网业务增速放缓，现有数据中心资源已能够支撑多数新增应用的接入与横向扩展，互联网企业趋于聚焦核心业务创新与服务优化，而将基础设施扩容任务外包给具备规模化建设与运维优势的专业运营商。未来，在国家政策引导与技术创新协同作用下，行业或将通过区域能源协同、算力网络调度及冷却技术升级，实现由高速扩张向规模与质量并重的稳健发展。

数据中心服务服务商对比　　　　表 1-1

服务提供商	基础电信运营商	数据中心运营商	互联网企业自建
代表企业	中国移动 中国电信 中国联通	万国数据、世纪互联数据港、润泽科技等	字节跳动、京东、百度、阿里巴巴、腾讯等
面向客户	主要为政府、国企客户	互联网企业、云厂商、金融公司等	企业自用
宽带成本	依靠自有网络资源	较高，需从基础电信运营商处租赁	较高，需从基础电信运营商处租赁
资金能力	较强	较弱	较强
部署范围	全国各地	一线及周边城市	根据业务需求布局
网络连接	单一	较灵活	较灵活
产品种类	单一，以宽带租赁为主	单一，以宽带租赁为主	较为单一，企业自用

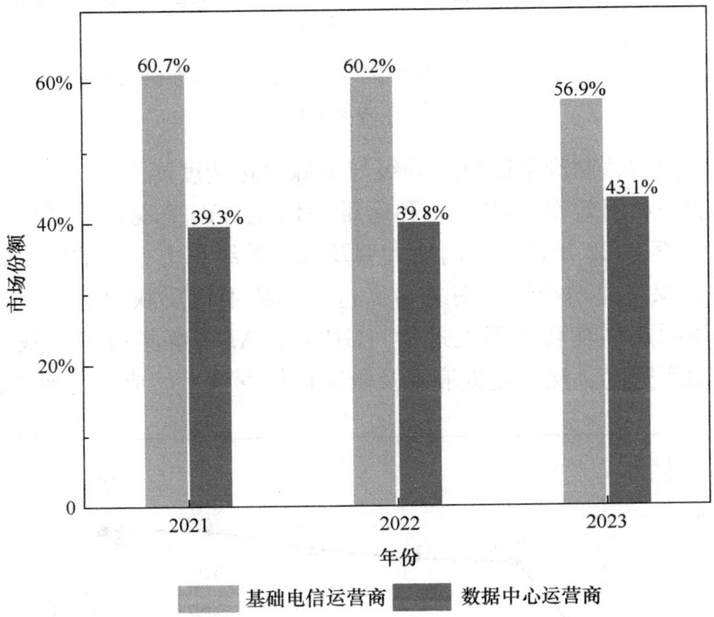

图 1-3　2021—2023 中国内地数据中心服务商市场份额对比

从容量视角审视，中国内地数据中心近年来呈现出“规模跃升—密度提升”双重驱动特征。到 2023 年底，中国内地在用标准机架数量已达 810 万架，对应算力总量约 1.97EFLOPS，全球排名仅次于北美地区。2017 年以来，“数字中国”建设与新型基础设施建设的协同推进，为千行百业的数字化转型释放了持续旺盛的算力需求，使得市场规模与机架数量均保持年均 20%以上的复合增长。由图 1-4 可知，2024 年标准机架数量将首次跨越 1000 万架大关，超大规模数据中心与区域“算力枢纽”并行发展的格局进一步巩固，为高性能计算、大数据分析、生成式人工智能及云原生业务提供了高可靠、高弹性的底层支撑。

算力密度的持续攀升推动了数据中心形态从分散向集约化、模块化与高热设计值演

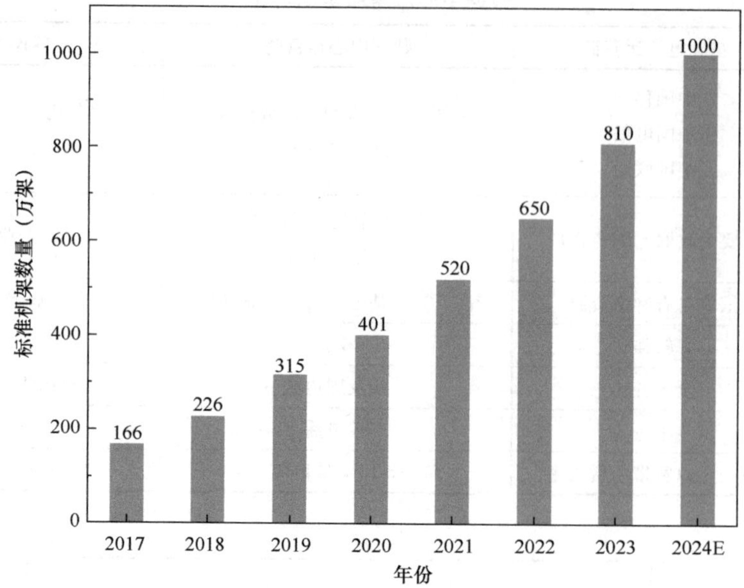

图 1-4　2019—2024 年中国内地数据中心标准机架数量

注：E 为预测值。

进。基于电力引入便利、制冷基础设施升级与资源池化调度能力，大型及超大型数据中心在土地利用率、能源利用效率（*PUE*）和运维一体化方面呈现显著规模经济优势。统计结果表明，2017 年至 2022 年，中国内地大型及以上等级算力中心的机架总量占比由 50% 提升至 81%，并仍保持递增趋势（图 1-5）。这一趋势不仅反映出运营主体对集中化建设模式的认可，也说明在高功耗图形处理器（GPU）、AI 训练集群等负载快速普及的背景下，提升单机柜功率密度、探索先进液冷及微通道热管技术已成为行业共识。随着“东数

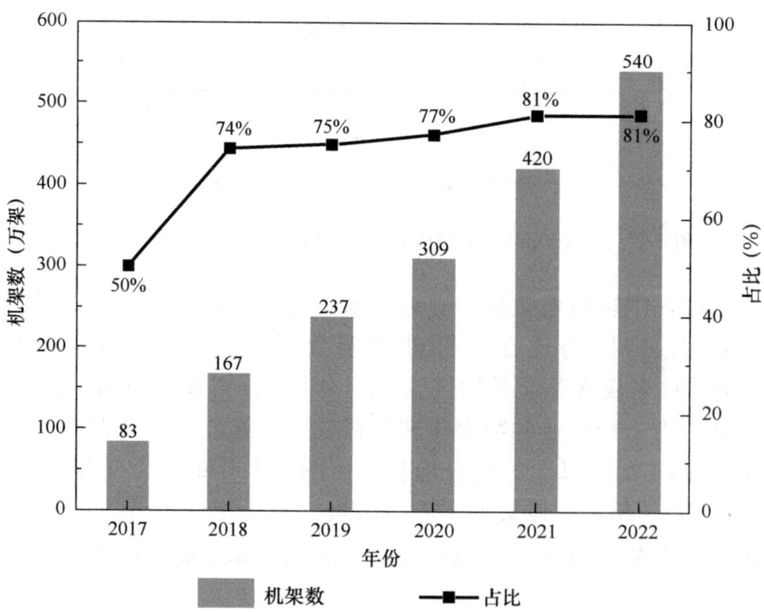

图 1-5　中国内地大型以上算力中心机架数量及占比

西算”工程的深入实施，未来我国数据中心将进一步实现跨区域能耗调度与算力网络协同，从而促进可再生能源消纳与低碳冷却技术应用。

1.1.2 数据中心能效特征

在云计算、大数据与人工智能算力需求同步提升的背景下，我国数据中心行业在短期内实现了跨越式增长，已成为数字经济与信息化建设的核心支撑。与此同时，数据中心对电力的需求迅速增长，其耗电量在全国用电总用电量中所占比例亦不断攀升。工业和信息化部监测结果显示，2023 年全国数据中心耗电量已占全社会总用电量的约 6%，且占比仍维持上升态势。基于对 IT 负载增长与区域电力指标的综合预测，2024—2030 年，数据中心年耗电量中位值呈现“四年一倍”的递增特征（图 1-6）；考虑到算力密度提升与集约式算力枢纽的持续扩容，增长曲线在中长期内难以显著放缓。电力需求的空间分布亦高度集中——东部沿海发达地区，由于聚集了大量互联网企业与云服务提供商，该区域的数据中心用电量占全国用电总量的比例更高。

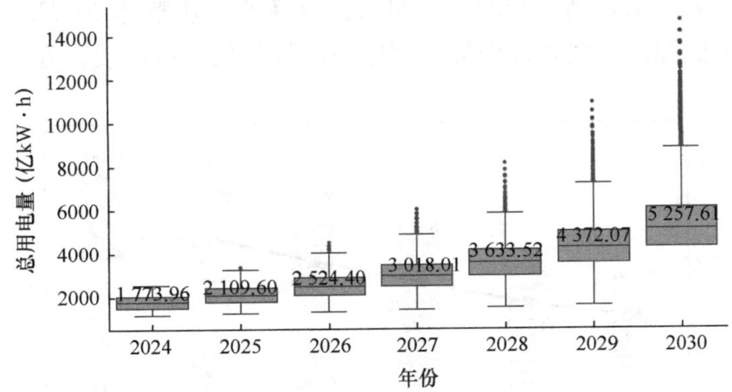

图 1-6 全国数据中心用电量预测（2024—2030 年）

能耗结构分析表明，IT 设备与制冷系统构成数据中心能耗主体，其中服务器、存储与网络负载等 IT 设备能耗约占 45%，制冷系统能耗约占 43%（图 1-7）。尽管近年通过细化设计与节能改造，数据中心整体能效水平有所提升，但老旧基础设施与低效冷却设备仍是数据中心能效提升的主要制约因素。2010 年以前建成的中小型 IDC 在机房布局、气流

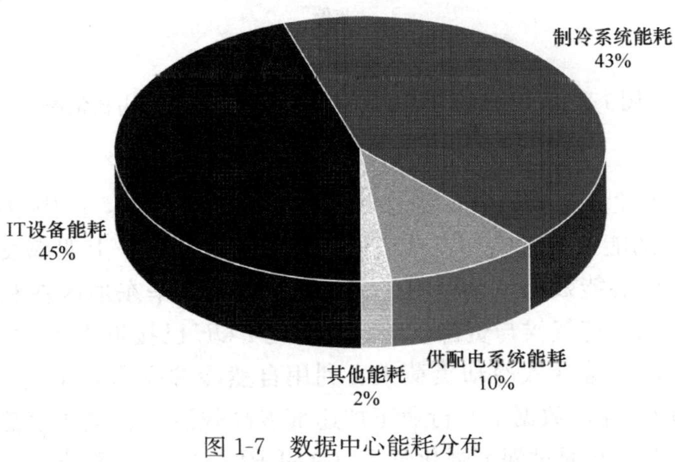

图 1-7 数据中心能耗分布

组织及热区隔离等方面普遍存在短板，冷热通道混流增加了局部过冷与热点并存的现象，促使数据中心运营方在安全冗余层面投入更多制冷容量，加剧了能源浪费。随着 GPU 计算集群与高密度刀片服务器的部署，液冷板式换热器、浸没式液冷、微通道热管背板以及间接蒸发冷却等新型散热方案的使用率正在提高；通过降低能量梯级差与缩短热传递路径，制冷功耗可进一步压缩，为实现“双碳”目标与降低总拥有成本提供技术路径。

中国通信工业协会数据中心委员会（CDCC）的测算结果显示，2021 年全国数据中心的碳排放量约为 7830 万 t，约占全国碳排放总量的 0.77%；到 2025 年，该值预计将升至约 1 亿 t，占比提升至约 0.93%（图 1-8）。在此背景下，伴随“双碳”目标的推进，节能优化与能源替换成为数据中心减排的两大核心路径：前者通过降低制冷负荷、提升服务器利用率与功耗管理水平来削减电力消耗；后者则通过提升可再生能源（风电、光伏、可再生氢储能发电等）在数据中心电力供应中的比例来减少单位用电量的碳排放系数。鉴于当前我国数据中心平均 *PUE* 仍然偏高、可再生能源利用率较低，《数据中心绿色低碳发展专项行动计划》明确要求，到“十四五”期末大幅降低行业整体 *PUE*，并显著提高数据中心用电中可再生能源的比例，以引导数据中心向低碳化、可持续化方向演进。

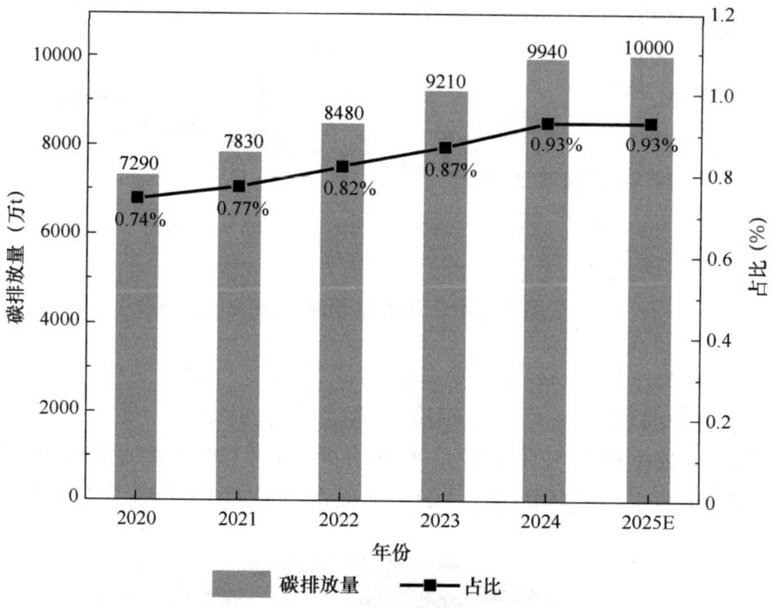

图 1-8　2020—2025 年全国数据中心碳排放量及占比情况

注：E 为预测值。

根据中国通信工业协会数据中心委员会发布的 2021 年数据，国内数据中心平均 *PUE* 为 1.49，具有较大的能效改进空间。受气候条件、能源结构、上架率及冷却技术差异的影响，各区域数据中心能效水平差异明显。东北、华北及华东地区在利用自然冷源与间接蒸发冷却技术方面具有气候与资源优势，其平均 *PUE* 已接近 1.4；相比之下，华中与华南地区因全年高温高湿导致冷却负荷大、利用自然冷源受限，平均 *PUE* 在 1.6 左右（图 1-9）。针对区域差异，数据中心行业正加速部署高效液冷、微通道热管背板、浸没式冷却等先进散热方案，并通过深度强化学习（AI-DRL）驱动的智能运维平台实施动态负载均衡与能耗预测控制。同时，“绿色电力交易”试点为数据中心采购可再生能源提供了制度化通道，有助于在高 *PUE* 区域同步提升可再生能源用电占比，从而在整体上降低单位算力的碳排放系数。

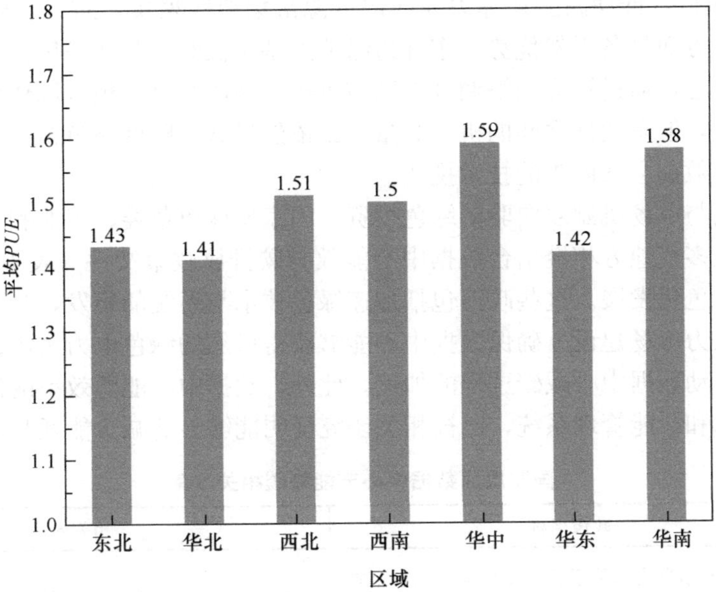

图 1-9　2021 年全国各区域的数据中心平均 *PUE*

1.2　数据中心发展趋势

全球数字化进程持续深化，超大规模云计算、生成式人工智能与万物互联应用的普及，使数据中心成为各国产生新质生产力的重要基础设施。北美地区和欧洲在可再生能源并网、液冷与浸没式冷却、高压直流配电及零碳园区规划等领域保持技术先发优势；亚太地区则依托人口与产业优势呈现出高速增长态势，区域间在能耗标准、碳定价与绿色电力采购机制方面差异明显。我国作为全球第二大数据中心市场，正在以“算力网络—能源网络—数字经济”耦合发展为主线，加快形成布局优化、绿色低碳、智能高效和安全可靠的数据中心产业体系。

1.2.1　我国数据中心发展趋势

在“数字中国”“东数西算”与“双碳”目标的共同驱动下，我国数据中心行业呈现出“规模扩张—能效提升—绿色转型”三阶段并行推进的特征。当前，全国算力总规模与机架数量仍保持年均 20%以上的增速，但算力竞争的焦点已从单纯的服务器堆叠转向对能源、冷却与碳指标的综合管控。数据中心行业普遍关注三大趋势。

首先，能源效率与低碳化成为核心竞争力。随着 GPU 训练集群与 AI 推理服务的大规模上架，单机柜功耗普遍突破 20kW，部分高密度区乃至达到 40kW。运行安全冗余要求推动冷却系统需求攀升，运营商通过部署液冷板式换热器、微通道热管背板及浸没式液冷等，将新建数据中心设计 *PUE* 目标值压低至 1.2 乃至 1.15。同时，通过分布式不间断电源（UPS）、直流配电与智能负载管理，实现 DCIE（数据中心基础设施效率）与 IT 电源转换效率的同步提升。

其次，算力枢纽与边缘节点协同部署。"东数西算"工程构建了 8 大国家算力枢纽与 10 个数据中心集群，推动高能耗算力向西部资源富集地区聚集，东北、西北枢纽在风光资源与冷却气候方面具备天然优势；东部边缘节点基于低时延与业务敏捷需求，建设小型模块化微数据中心，通过算力网络调度与区域可再生能源交易实现资源优化。尽管机架迁移政策初见成效，但东西部之间的机架数量差距依然显著，跨区域负荷转移与绿电配额仍面临电网消纳与数据主从同步的技术挑战。

最后，政策与市场机制双向驱动绿色投资。国家发展改革委、工业和信息化部、国家能源局等部门及多个地方相继出台数据中心能效与碳排放政策文件（表 1-2、表 1-3），引导数据中心向绿色化发展。这些政策包括加速绿色技术与系统的研发，为低碳运营提供技术支持；推动电力市场建设，确保数据中心能够获得可靠的绿色电力来源；建立有效的价格激励机制，推动数据中心减碳进程的加速。此外，数据中心能源效率的优化，特别是通过应用绿色技术和智能管理系统，已被相关研究证明能够显著减少能耗与碳排放。

国家层面数据中心节能降碳相关政策 **表 1-2**

发布年份	政策名称	相关内容
2013 年	《工业和信息化部关于进一步加强通信业节能减排工作的指导意见》	新建大型云计算数据中心的 PUE 达到 1.5 以下
2016 年	《公共机构节约能源资源"十三五"规划》	改造后机房能耗平均降低 8%以上，平均 PUE 达到 1.5 以下
2017 年	《"十三五"节能减排综合工作方案》	新建大型云计算数据中心 PUE 低于 1.5
2017 年	《工业和信息化部关于加强"十三五"信息通信业节能减排工作的指导意见》	新建大型、超大型数据中心的 PUE 达到 1.4 以下
2017 年	《云计算发展三年行动计划（2017—2019 年）》	新建数据中心 PUE 普遍低于 1.4
2017 年	《工业和信息化部办公厅关于组织申报 2017 年度国家新型工业化产业示范基地的通知》	大型规模及以上数据中心运行年均 PUE 必须小于等于 1.5；中小型数据中心年均 PUE 小于或等于 1.7
2019 年	《工业和信息化部 国家机关事务管理局 国家能源局关于加强绿色数据中心建设的指导意见》	到 2022 年全国新建大型、超大型数据中心的 PUE 达到 1.4 以下
2020 年	《关于加快构建全国一体化大数据中心协同创新体系的指导意见》	到 2025 年，大型、超大型数据中心运行电能利用效率降到 1.3 以下
2021 年	《国家发展改革委等部门关于严格能效约束推动重点领域节能降碳的若干意见》	到 2025 年，数据中心电能利用效率普遍不超过 1.5
2021 年	《工业和信息化部 人民银行 银保监会 证监会关于加强产融合作推动工业绿色发展的指导意见》	对企业开展全要素、全流程绿色化及智能化改造，建设绿色数据中心。支持建设能源、水资源管控中心，提升管理信息化水平

续表

发布年份	政策名称	相关内容
2021年	《工业和信息化部办公厅　发展改革委办公厅　商务部办公厅　国管局办公室　银保监会办公厅　能源局综合司关于组织开展2021年国家绿色数据中心推荐工作的通知》	推动数据中心节能和能效提升，引导数据中心走高效、低碳、集约、循环的绿色发展道路，助力实现碳达峰、碳中和目标
2021年	《深入开展公共机构绿色低碳引领行动促进碳达峰实施方案》	新建大型、超大型数据中心达到绿色数据中心要求，绿色低碳等级达到4A级以上，电能利用效率达到1.3以下
2023年	《绿色数据中心政府采购需求标准（试行）》	要求政府采购数据中心相关设备和服务应当优先选用新能源、液冷、模块化机房等高效方案。2023年6月起数据中心电能比不高于1.4，2025年起数据中心电能比不高于1.3
2023年	《工业和信息化部办公厅关于下达2023年度国家工业节能监察任务的通知》	依据《关于加强绿色数据中心建设的指导意见》和相关能效标准，对大型、超大型数据中心开展能效专项监察，核算*PUE*实测值，检查能源计量配备情况
2023年	《国家碳达峰试点建设方案》	到2025年和2030年，试点地区的数据中心能源利用效率应得到显著提高，碳排放强度应明显降低
2024年	《工业领域碳达峰碳中和标准体系建设指南》	重点制定（修订）面向节能低碳目标的通信网络、数据中心、通信机房等信息通信基础设施的工程建设、运维、使用计量、回收利用等标准
2024年	《数据中心绿色低碳发展专项行动计划》	到2025年底，全国数据中心布局更合理，*PUE*降至1.5以下，到2030年底达到国际先进水平
2025年	《国家发展改革委等部门关于促进可再生能源绿色电力证书市场高质量发展的意见》	提出加快提升包括数据中心在内的重点用能单位和行业的绿色电力消费比例；国家枢纽节点新建数据中心绿色电力消费比例在80%的基础上进一步提升

地方层面数据中心节能降碳相关政策　　**表1-3**

省份/城市	发布年份	政策名称	相关内容
北京	2018年	《北京市新增产业的禁止和限制目录（2018年版）》	全市范围内禁止新建和扩建数据中心（*PUE*在1.4以下的云计算数据中心除外）
贵州	2018年	《贵州省数据中心绿色化专项行动方案》	新建数据中心能效值（*PUE/EEUE*）低于1.4
上海	2019年	《上海市经济和信息化委员会　上海市发展和改革委员会关于加强本市互联网数据中心统筹建设的指导意见》	新建互联网数据中心*PUE*严格控制在1.3以下，改建互联网数据中心*PUE*严格控制在1.4以下
深圳	2019年	《深圳市发展和改革委员会关于数据中心节能审查有关事项的通知》	*PUE*在1.4以上的数据中心不享有能源消费的支持；而*PUE*低于1.25的数据中心可享有能源消费量40%以上的支持

续表

省份/城市	发布年份	政策名称	相关内容
山东	2020年	《山东省人民政府办公厅关于山东省数字基础设施建设的指导意见》	新建数据中心 *PUE* 原则上不高于 1.3，到 2022 年年底，存量改造数据中心 *PUE* 不高于 1.4
广州	2020年	《广州市加快推进数字新基建发展三年行动计划（2020—2022年）》	优先支持设计 *PUE* 小于 1.3 的数据中心
杭州	2020年	《关于杭州市数据中心优化布局建设的意见》	新建数据中心 *PUE* 不高于 1.4，改造后的数据中心 *PUE* 不高于 1.6
宁夏	2021年	《国家发展改革委等部门关于同意宁夏回族自治区启动建设全国一体化算力网络国家枢纽节点的复函》	设立中卫数据中心集群，充分发挥区域可再生能源富集的优势，积极承接东部算力需求，引导数据中心走高效、清洁、集约、循环的绿色发展道路
甘肃	2021年	《国家发展改革委等部门关于同意甘肃省启动建设全国一体化算力网络国家枢纽节点的复函》	设立庆阳数据中心集群，重点服务京津冀、长三角、粤港澳大湾区等区域的算力需求，支持发展大型、超大型数据中心，建设内容涵盖绿色低碳数据中心建设、安全保障能力提升等
广东	2022年	《广东省碳达峰实施方案》	制定广东省 2030 年前碳达峰行动方案，重点推进数据中心、5G 等新型基础设施的降碳行动
江苏	2022年	《江苏省新型数据中心统筹发展实施意见》	全省新建（扩建）大型及以上数据中心应达到绿色数据中心要求，*PUE* 低于 1.3，绿色低碳等级达到 4A 以上，中小型数据中心 *PUE* 应不高于 1.5
四川	2023年	《四川省工业领域碳达峰实施方案》	加快发展数字经济，促进产业数字化转型，推动新兴技术与绿色低碳优势产业深度融合
深圳	2023年	《深圳市算力基础设施高质量发展行动计划（2024—2025）》	到 2025 年，全市数据中心机架规模达 50 万标准机架，算力算效水平显著提高；新建数据中心 *PUE* 降低到 1.25 以下，绿色低碳等级达到 4A 级以上
北京	2024年	《北京市存量数据中心优化工作方案（2024—2027年）》	引导存量数据中心绿色低碳改造，转型为智能算力中心。以 *PUE* 高于 1.35 的存量数据中心为优化对象；2026 年起对高 *PUE* 数据中心征收差别电价，推动绿电消纳等
甘肃	2025年	《甘肃省加快公共数据资源开发利用实施方案》	依托全国一体化算力网络国家枢纽节点（甘肃）建设，推动新增算力集约化、绿色化发展，支持产业基础较好、智能算力需求旺盛地区建设绿色、高效、安全的新型智算中心
内蒙古	2025年	《2025年内蒙古自治区国民经济和社会发展计划》	推进全国一体化算力网络国家（内蒙古）枢纽节点建设，新建数据中心绿电比例不低于 80%
江苏	2025年	《江苏省加快经济社会发展全面绿色转型若干政策举措》	推动算力中心、数据中心、基站绿色化建设运行；加快数字技术赋能领域绿色化转型；加快建立数字化碳管理体系
上海	2025年	《上海市经济信息化委关于开展2025年度工业和信息化领域绿色低碳技术产品征集工作的通知》	发展数据中心等重点用能设施节能提效与绿色低碳相关技术，包括用于提升能效及系统能源资源利用效率，利用余热余能、自然冷源、可再生能源等，提升数据中心服务器利用率等

京津冀、长三角、粤港澳大湾区以及成渝地区已经成为全国主要的算力中心，具备大规模用户群体和强烈的应用需求，这些地区在数据中心建设和算力资源分配中占据核心地位。这些地区算力中心的迅猛发展推动了算力需求的急剧增长，然而也带来了相应的能源需求和环境压力。相比之下，贵州、内蒙古、甘肃、宁夏等地区因具有丰富的可再生能源资源和适宜的气候条件，具有较大的绿色数据中心发展潜力，适合作为非实时性计算中心和存储基地。

京津冀、长三角、粤港澳大湾区与成渝地区凭借庞大的用户基数、密集的互联网服务场景及完善的通信骨干网，已成为全国算力需求最为集中的四大枢纽。在这些地区，单机柜设计功率正由 10kW 向 30kW 乃至 40kW 演进，GPU 训练集群与实时推理业务占比显著提高，带动空调制冷负荷与峰值电力需求同步攀升。限于土地、电力指标及碳排放约束，上述地区正普遍以“高密度—高能效—高比例绿电”方案为导向，通过部署液冷板式换热器、微通道热管背板及高压直流配电等，将新建数据中心设计 *PUE* 控制在 1.25 以下，并通过绿电直购或分布式光伏、自备储能微网减少边际碳排放。相比之下，贵州、内蒙古、甘肃、宁夏等地区则依托风、光资源富集与年平均气温较低的气候优势，在“东数西算”工程中被定位为离线训练、冷数据存储与灾备中心。“东数西算”工程中各算力枢纽 *PUE* 指标如图 1-10 所示。

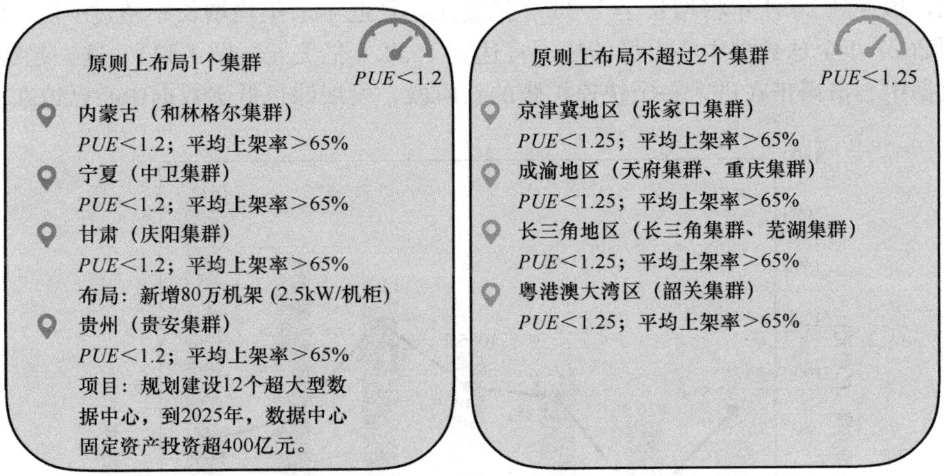

图 1-10　“东数西算”工程中各算力枢纽 *PUE* 指标

在“东数西算”政策框架下，国家致力于通过节能创新来强化数据中心的集约化、规模化和绿色化发展，鼓励采用高效的供配电技术、制冷技术及节能协同技术，旨在提升数据中心的能源效率。这些举措通过提高绿色电力的使用比例，采取自发自用、微网直供以及本地储能等措施，旨在提高电能利用效率，并降低数据中心的 *PUE*，从而引导数据中心向清洁、低碳的方向发展。尤其是在绿色电力的广泛应用和低碳技术支持下，数据中心的能源结构正发生深刻变化，推动其与绿色低碳产业的深度融合，将西部低碳电力与东部高时延敏感业务有效衔接。在节能技术层面，背板式热管—微通道复合冷却、液浸冷却与冷板冷却正与服务器功耗管理、深度强化学习（DRL）智能调度协同，实现柜级热管理的精准预测与动态优化，为进一步降低 *PUE* 提供可行路径。

在这一背景下，国家和地方已相继实施绿电交易、可再生能源绿色电力证书核证及碳排放权交易试点，为数据中心获得可追溯的低碳电力与融资优惠提供制度保障；金融机构将符合《绿色产业指导目录》且 PUE 达标的项目纳入绿色信贷与绿色债券支持范围，通过利率优惠、碳减排收益权质押等方式降低融资成本。随着数据中心向多能互补、碳数双控与算力网络协同演进，绿色技术与绿色金融的耦合将进一步提升数据中心整体能源效率与碳排放绩效，为本书后续章节关于柜级微通道热管节能冷却与能效优化技术的研究奠定了应用场景与政策环境基础。

1.2.2 国外数据中心发展趋势

在我国数据中心规模不断扩大且政策日益完善的同时，全球数据中心产业在生成式人工智能、云原生架构及万物互联的多重驱动下也进入繁荣时期。北美、西欧和东亚等成熟市场在持续稳定增长的同时，东南亚和非洲南部等新兴市场也加强对数据中心的政策支持和产业投入，其凭借数字基础设施空缺与友好政策进入快速扩张通道，全球数据中心市场已进入新的发展阶段。本节将从全球视角出发，探讨当前全球数据中心的发展现状，并展示代表性国家的相关标准与政策。

随着云计算、大数据、物联网和人工智能等技术的广泛应用，全球数据流量持续增长，推动数据中心市场规模不断扩大。据统计，2021 年全球数据中心市场规模为 765.6 亿美元，预计到 2024 年将增长至 1086.2 亿美元，且近年来年均增长率超过 8%。根据预测，到 2027 年全球数据中心市场的规模将达到 1632.5 亿美元（图 1-11）。这一趋势表明，全球数据中心市场正在进入一个快速扩张的新阶段，发展绿色低碳数据中心已迫在眉睫。

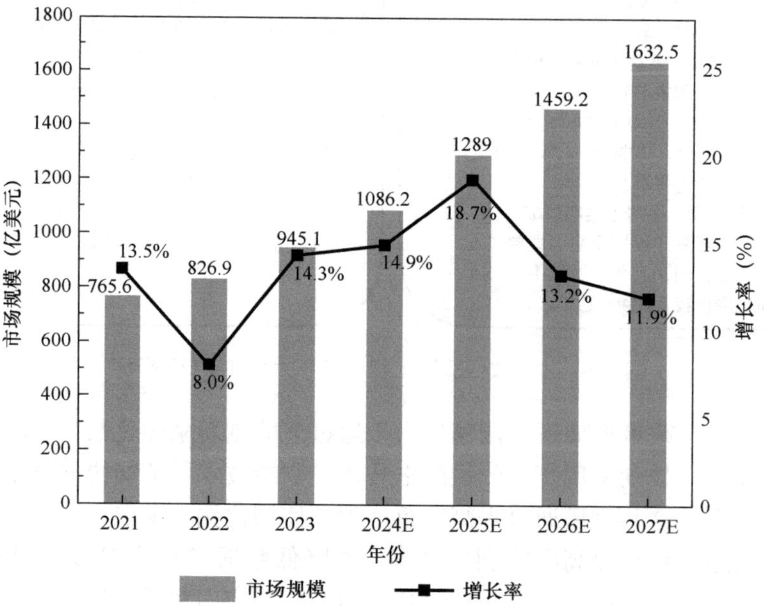

图 1-11 全球数据中心市场规模趋势预测图

注：E 为预测值。

在全球范围内，多数国家和地区也一直推动与数据中心相关的政策与标准。发达国家和地区（如美国、日本、欧盟和澳大利亚等），以及发展中国家和地区（如印度和南非）等，都在不断加强对数据中心行业的政策支持。表 1-4 汇总了近年来这些国家和地区在数据中心建设和运营方面的政策与标准，展现出全球数据中心行业在技术革新与绿色低碳转型方面的共同努力。

全球部分国家和地区近年来数据中心节能降碳相关政策　　表 1-4

国家和地区	政策/标准/法律法规	相关内容
美国	《联邦数据中心整合计划》 《联邦信息技术采购改革法案》 《数据中心优化计划》 《数据隐私和安全保护法案》	通过整合、重组以及关闭大量数据中心来减少政府支出，优化数据中心运营；进一步优化数据中心能耗，促进更大范围采用绿色能源，并注重对个人数据隐私与安全的保护
日本	“数字农村”项目 “数字花园”计划	在农村地区建设数据中心，以减少城乡差距，提高其数字经济韧性
欧盟	《数据治理法》 《欧盟数据战略》 《数字服务法案》 《2023—2024 年数字欧洲工作计划》 《数据法案》	加强欧盟各国之间数据流通及传输，聚合国家力量，部署云基础设施，并加强数据保护及风险管理；加大对数据中心的建设和发展的支持，促进数据共享的同时注重个人隐私的保护
澳大利亚	“绿色数据中心”项目	通过区位优势及绿色能源优势吸引国际投资，推动建设更多绿色数据中心
印度	“数字印度”计划 《数据中心政策 2020（草案）》 《个人数据保护法案（草案）》	对数据中心建设过程中遇到的如审批流程复杂、电力成本高昂等问题作出调整，并大力推动数据中心建设；推出一系列激励措施支持数据中心发展，注重个人隐私保护
南非	《国家数据和云政策（草案）》	对国家高电力成本性能计算和数据处理中心的建设做出指引，以政府力量为主导加快数据中心建设

1. 美国

美国的数据中心产业起步较早，并且始终占据全球市场的重要地位。美国数据中心产业经过二十余年的资本聚集与技术迭代，形成了以北弗吉尼亚—达拉斯—硅谷为核心，芝加哥、亚特兰大、菲尼克斯等多极协同的空间格局。其中北弗吉尼亚已拥有 1.6GW 以上的装机容量，连续多年被众多机构认定为全球规模最大的单一市场，远超欧洲任何单一国家的集群规模。高密度 GPU 训练集群的涌入使得该地区园区级峰值负荷持续攀升，并加剧土地与电力指标的约束，致使运营商在冷却技术和绿电采购模式上快速创新。

联邦层面自 2010 年起先后推出《联邦数据中心整合计划》(FDCCI) 与《数据中心优化计划》(DCOI)，并通过国会立法将优化要求纳入政府 IT 采购刚性约束，旨在降低数据中心的建设和运营成本，并提升其信息化效能。其中一个主要策略是要求各政府部门尽量控制新建数据中心，并合并和关闭部分旧的数据中心。根据美国政府问责局（GAO）2023 年评估报告，美国联邦政府曾经拥有 2368 个等级数据中心和 9798 个非等级数据中心，但自 2010 年启动整合计划以来，联邦政府已累计关闭 6250 个数据中心，并计划继续减少冗余设施。这些措施显著降低了运营成本，并在 2016—2018 年节省了 23.6 亿美元。这场“关停—整合—云迁移”行动有效压缩了低负载、低能效数据中心存量，为后续高密度算力设施让出了能耗与预算空间。

美国联邦政府近年来越来越重视优化数据中心的运营，特别是针对现有数据中心的运营优化。为了有效指导这一过程，政府以绩效指标作为关键工具。联邦首席信息官（CIO）总结了过去几年绩效考核中的经验与教训，提出了新的关键绩效指标（KPI），如可用性和数据中心能耗监测等，以增强管理的精准性。同时，部分传统 KPI（如 *PUE*）则被适度削减，以便聚焦更为重要的运营目标。

此外，美国政府对数据中心能效问题给予了高度关注，特别是在提升电源使用效率和水资源利用率方面。例如，《数据中心优化计划》明确要求政府机构采用智能冷却系统、自动化管理平台和高效节能服务器等先进技术，以减少能源浪费并降低运营成本。在推动绿色能源方面，美国国家环境保护局提高了“能源之星”认证标准，鼓励数据中心运营商增加可再生能源的使用，进一步促进数据中心行业的绿色转型。通过这一系列举措，美国政府不仅提升了数据中心的运营效率，还加速了其绿色低碳发展进程。

综合来看，美国通过联邦法规、绩效考核与行业标准的多层耦合，持续降低存量设施的低效能耗，同时为新建高密度、低排放数据中心奠定了体系化的技术与政策基础，也为其他国家制定数据中心绿色转型路线提供了可操作的制度范式与标准参照。

2. 日本

日本作为数字基础设施建设领域的领先国家之一，凭借集成电路、机器人技术及数控装备等数字产业的快速发展，推动了数据存储需求的持续增长，并进一步促进了数据中心产业的扩展。相关研究数据显示，日本的数据中心资源主要集中在东京、大阪和名古屋三大城市，合计占日本市场总额的 78%。这些地区的云服务提供商是数据中心的主要客户群体。同时，在日本相关政策的支持下，国际知名的数据中心供应商，如 DRT 和 Equinix，已在日本开展了超大规模数据中心的建设。预计到 2025 年，日本数据中心市场规模将达到 28 亿美元，复合年均增长率约 7%，具有强劲的发展潜力。

然而，随着数据存储需求的不断增长，日本政府也在积极寻求新的战略布局，以提升其数字经济的韧性，特别是在面对频繁自然灾害及其潜在破坏时，日本政府计划通过建设多样化的基础设施来缩小城乡和地区之间的差距，并增强灾后恢复能力。根据日本政府提出的“数字农村”项目和“数字花园”计划，未来五年日本将在农村地区建设多个数据中心，并在西海岸铺设光纤和 5G 网络。此举旨在通过建立高速、大容量的数字基础设施，提升区域间数字服务的覆盖和质量。通过建设这些数字基础设施，特别是大规模数据中心、光纤和 5G 技术的结合，将增强日本各地区应对自然灾害的能力，并推动全国范围内的高效数字服务。

此外，日本在应对自然灾害方面积累了丰富的灾后恢复和社会基础设施韧性建设经验。通过强有力的灾难管理框架、先进技术的应用以及社区赋能等手段，日本不仅增强了其灾害应对能力，还为全球提供了宝贵的灾后恢复和基础设施建设经验。这些措施不仅包括硬件设施建设，还包括加强社会网络和采用创新方法，这些都为日本数据中心的布局和发展提供了坚实的基础，并推动了数字基础设施与绿色可持续发展的结合。

总体而言，日本在数据中心产业布局、灾害韧性建设和数字经济转型方面展现出前瞻性和战略性，为未来数据中心发展提供了持续动力，尤其是在灾后恢复和区域数字化建设方面，为全球提供了宝贵的经验和可借鉴的模式。

3. 欧盟

在全球云计算需求不断增长的推动下，欧盟数据中心市场持续保持快速发展。预计到2026年，欧盟数据中心的投资规模将达到520亿美元，2021—2026年的年复合增长率约4%。目前，欧盟的数据中心主要集中在荷兰、德国和法国等技术先进的国家。这些国家在数字转型与云计算需求快速增长的背景下，数据中心的规模和数量持续扩展。市场的快速发展得益于欧盟在推动数据中心建设方面的支持，尤其是在资金和政策投资方面。例如，2023年，欧盟委员会发布的《2023—2024年数字欧洲工作计划》，计划投入1.13亿欧元，专门用于提升云服务的安全性、建设人工智能实验设施和改善数据共享水平，这些举措为欧盟数据中心行业的成长提供了强有力的政策支持。

随着在数字主权和数据共享领域的战略转型，欧盟正积极推动数字自主权，特别是在网络空间领域。2016年，欧盟发布的“全球战略”文件提出了“战略自主”概念，强调数字主权的重要性，并推动了如Gaia-X等云计算平台的建设。Gaia-X旨在创建一个高效、安全且分布式的数据基础设施，允许数据在跨企业、跨国界的环境中自由流动。通过Gaia-X等云计算平台，欧盟逐步减少对外部技术供应商的依赖，努力实现数字领域的自给自足，提升其在全球数字经济中的竞争力。

此外，欧盟还推出了“欧洲数据空间”倡议，旨在通过促进数据共享来提升数据中心的利用效率，推动数字经济发展。该倡议要求企业在数据生成和处理过程中确保数据的透明性和可追溯性，促进公平的数据共享，并确保数据共享过程中不侵犯用户隐私权。通过这些法规和政策，欧盟为数据中心的可持续发展提供了法律框架，进一步推动了云计算产业的规范化和持续发展。

总体而言，欧盟通过政策推动和技术创新，不仅在数据中心建设和数字基础设施领域实现了持续增长，还在全球数字竞争中不断提升其数字主权，致力于通过自主的云服务平台和数据空间建设确保其在未来数字经济中的领先地位。

4. 澳大利亚

澳大利亚的数据中心市场在近年来经历了持续且迅速的增长，主要集中在悉尼、墨尔本和堪培拉等城市，这些城市已经发展成为重要的数据枢纽。悉尼和墨尔本占据了全国数据中心市场的主要份额。凭借稳定的网络基础设施、便捷的国际连接和丰富的可再生能源资源，这些城市吸引了大量国际投资，为数据中心行业的迅猛发展提供了强有力的支持。

为了确保数据中心的可持续发展，澳大利亚政府采取了一系列政策措施和资金支持，鼓励更多企业投资清洁能源基础设施。例如，政府与微软、AirTrunk等企业合作，共同推动“绿色数据中心”项目，利用太阳能、风能等可再生能源，并采用液冷等先进冷却技术，以降低数据中心的能耗和碳排放。这些措施不仅推动了绿色技术的应用，还增强了数据中心行业的环境友好性和可持续性。

鉴于数据中心在地理分布上的不均衡，澳大利亚政府正在积极推动西澳大利亚和北领地的数据中心基础设施建设。这些地区具备优越的地理位置、良好的光纤连接以及丰富的清洁能源资源，预计将成为新兴的数据中心枢纽。政府通过提供税收优惠和补贴政策，吸引企业在上述地区建设数据中心，同时促进地方经济的发展，并缓解东部核心城市的资源压力。

总体而言，澳大利亚在推动数据中心产业发展过程中，始终致力于通过政策支持和技术创新来实现数据中心的可持续发展，特别是在清洁能源的使用和冷却技术的应用方面。

5. 印度、南非

随着全球数字经济的快速发展，印度、南非等新兴市场在数据中心行业的政策支持与产业投资逐步加强，成为推动全球数据中心需求增长的重要力量。自 2015 年启动“数字印度”计划以来，印度在数字化转型方面取得了显著进展，数据中心建设作为该计划的关键组成部分，得到了强力支持。该计划促进了大规模数据中心的建设，以满足印度日益增长的数字化需求，尤其是在孟买、班加罗尔、钦奈和海得拉巴等城市，这些城市因其优越的基础设施和丰富的电力资源，吸引了大量国内外投资者的关注。

印度政府通过一系列政策激励措施，推动数据中心行业的发展。2023 年，印度国家基础设施投资和资金管理局宣布投入 1.6 亿美元，用于新型数据中心的建设，并促进与全球知名企业的合作，加速数据中心的建设进程。此外，各地方政府也出台了税收减免、土地租赁优惠等政策，旨在推动数据中心在地方的落地与运营，为行业提供了强有力的政策支持。

南非的数据中心发展同样得益于政府的积极推动。2021 年，南非通信和数字科技部发布了《国家数据和云政策（草案）》，明确提出了建设高性能计算与数据处理中心的规划，预计这些数据中心将成为政府、企业和高校的云服务提供商。南非的数据中心建设主要依托于现有的 Sentech 和 Broadband Infraco 数据中心的整合，同时借助政府的支持，奠定了其数字经济发展的基础。

1.3 数据中心冷却节能技术演进

传统房间级空调系统（CRAC）以架空地板送风为主要气流组织方式，依靠机房整体空气循环驱散服务器排热。在高热负荷区域，冷风穿过穿孔地板升温后需长距离回流至空调回风口，过程中极易与服务器排出的热气流掺混；若冷热通道封闭不严或机柜空位未加全封闸板，则会出现旁路泄漏与回流短路，导致局部热点温升超限。与此同时，架空地板静压差控制依赖风机全速运行，使非 IT 负荷迅速攀高。

近年来，在智能算力和高性能计算需求的推动下，随着 GPU 训练集群、刀片服务器及高密度存储阵列的部署，单柜设计功率自 2015 年的 8～10kW 快速提升至 20kW 以上，部分 AI 机柜甚至突破 40kW。在此设计值下，房间级风冷已无法确保服务器进风温度维持在美国供暖、制冷与空调工程师学会（ASHRAE）建议的 A1 机柜温度上限（27℃）以内；机柜内部器件温升过高不仅会增加故障率，还会缩短其使用寿命。研究表明，约 55%的半导体集成电子器件故障与温度载荷引起的焊点结构失效有关，每升高 1℃，故障率增加约 4%。

当前数据中心的冷却技术主要为风冷和液冷，风冷技术开始向分布式精确制冷演进：①行级空调将蒸发器布置于机柜行间，实现近源冷却并缩短冷热风通路；②机柜后门换热器通过水冷盘管吸收服务器的排风显热，可在不改变现有风道的情况下处理 30kW 以内的负载；但当机柜功率进一步升高时，空气的比热容与热导率难以满足散热需求，风冷通道压降与噪声显著增加。相比之下，液冷技术凭借较高的比热容与导热性能成为高功率密度节点的主流方案。液冷系统通过液体介质直接或间接吸收服务器产生的热量，能够更高效地处理高密度热源，从而降低能耗、提高冷却效率并优化整体能效。此外，液冷系统还能够实现废热回收，将原本被视为负担的废热转化为可用于其他领域的能源，促进了能源的可持续利用。

随着散热需求的不断攀升，数据中心冷却架构正由房间级向行级、柜级乃至芯片级演化，其核心在于持续缩短冷却介质与发热源之间的热传递路径，从而降低冷热空气混合及输送损失。行级冷却将蒸发器布置于机柜列间，显著缩短气流通道；柜级冷却则进一步将换热器集成于机柜本体，例如采用后门水冷换热器或侧壁热管理模块，实现"就近制冷"和按需供冷，既缓解局部热点，又在较低供回风温差下实现更高能效。相比之下，房间级冷却需要较大的供回风温差才能驱动空气流动，而柜级冷却减少了中间换热环节，对温差要求较低，能效更高；芯片级冷却以极短的导热路径和高传热系数在源头移除热量，可获得均匀且低梯度的器件温度，但其在大规模工程落地中仍需解决冷板集成、系统冗余、冷媒泄漏及总体成本等问题。综合经济性、改造难度与冷却效能，柜级冷却被视为当前阶段最具推广价值的高密度散热方案。

由图 1-12 与图 1-13 可知，液冷数据中心的 *PUE* 明显优于风冷，且制冷能力显著高于风冷：相变浸没式冷却可将 *PUE* 降低至约 1.1，单柜制冷能力突破 30kW；同时热管背板式冷却也能提供 10～25kW 的制冷能力，且 *PUE* 低于 1.25。相比之下，传统的直膨风冷技术 *PUE* 往往高于 1.4，且难以经济地支撑 10kW 以上的机柜负载。综合来看，热管背板式冷却作为一种兼具改造友好性、效率提升与运行稳定性的柜级两相散热方案，正成为未来高功率密度数据中心制冷技术发展的关键方向。

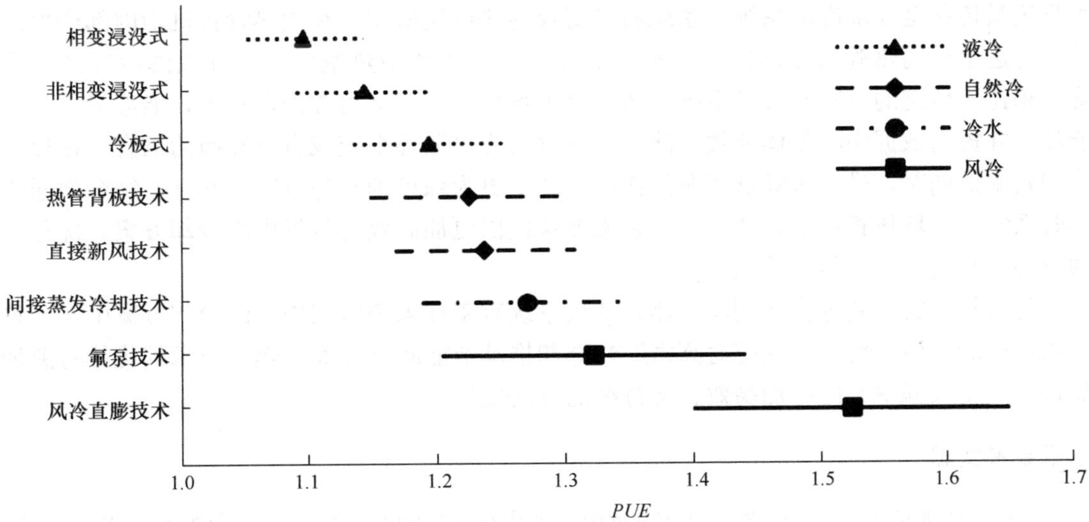

图 1-12　数据中心制冷技术对应 *PUE* 范围

在多种柜级冷却技术中，相变浸没式冷却因沸腾相变潜热大、能耗损失低而受到广泛关注。柜级微通道热管背板系统结合两相传热与微尺度通道强化换热的双重优势，成为近年来研究热点。微通道热管是一种结构紧凑的热交换装置，通过微小流道实现沸腾并将气

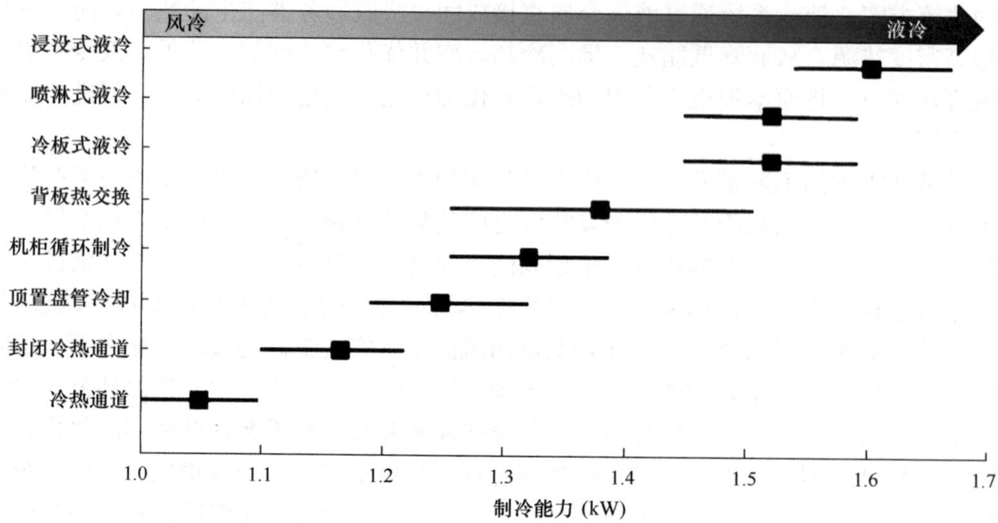

图 1-13 数据中心不同制冷技术的制冷能力

相冷媒快速输送至冷凝区，依靠动力驱动循环，将热量高效且均匀地移出机柜；同时，微通道热管两相区温度基本保持饱和、稳定，为服务器提供恒定而安全的热环境，减少因局部过热引发的故障，延长设备寿命。

在此基础上，随着数据中心规模的持续扩大和热密度的显著增加，柜级冷却中热管背板系统作为一种高效的被动冷却技术，展示了广泛的应用前景。热管背板系统尤其适用于处理高热密度的热源。它能够有效地吸收来自服务器和其他高功率设备的热量，并通过热管将热量传导至外部冷却系统。系统通过高效的热传递机制，利用热管将机柜内部产生的热量传递至远离热源的冷却区域，避免了传统风冷系统中热空气混合导致的冷却效率下降。相比于传统的风冷和液冷系统，热管背板系统对外部动力源需求较少，能够显著降低能耗，并提高数据中心整体能效。此外，通过与冷水循环系统或自然冷源的结合，在提升冷却效率的同时，进一步降低能源消耗，实现了更为绿色的冷却方案。此外，结合微通道热管系统和循环热管技术，热管背板系统能够提供更加高效的数据中心冷却方案，优化冷却效果，且无须额外能量输入。

随着技术的不断进步与创新，热管背板系统有望在未来数据中心的冷却方案中发挥越来越重要的作用。特别是在应对高密度热源和推动节能减排方面，热管技术的优势将愈加显现，推动数据中心向更加高效、可持续的方向发展。

本章参考文献

[1] 中商产业研究院．2024—2029 年中国数据中心建设市场需求预测及发展趋势前瞻报告[R]．北京：中商产业研究院，2024.

[2] 王永真，唐豪，魏一鸣，等．中国数据中心综合能耗及其灵活性预测[J]．北京理工大学学报(社会科学版)，2025，27(2)：12-18.

[3] 中科智道科技股份有限公司．2023—2024 年中国 IDC 行业发展研究报告[R]．北京：中科智道科技股份有限公司，2023.

[4]　AMIN I, DAVIDE Z. Thermal management in legacy air-cooled data centers: An overview and perspectives[J]. Renewable and Sustainable Energy Reviews, 2023, 187(11): 113707.

[5]　LI X, LI M, ZHANG Y, et al. Rack-level cooling technologies for data centers——A comprehensive review[J]. Journal of Building Engineering, 2024, 90: 109535.

[6]　耿怀渝(Hwaiyu Geng), 等. 数据中心手册[M]. 黄冬梅, 周里功, 张健, 等, 译. 北京: 机械工业出版社, 2022.

第 2 章　数据中心柜级高效冷却技术

传统的数据中心冷却设备通常依托于机房级空调设备（CRAH/CRAC）、循环水系统与末端换热组件的整体协同。在典型架空地板冷却系统中（图 2-1），机房级空调设备采用吊顶回风方式：服务器排风经上部汇集后通过换热器与冷水（或制冷剂）进行显热交换，经风机加压后送入架空地板静压箱；冷空气再经穿孔板进入服务器进风面形成强制对流冷却。此布局以较大的供回风温差 ΔT 驱动循环，虽然可覆盖大范围热负荷，但长距离气流通道不可避免地导致动压损失与冷热混流，降低了整体热利用效率。而柜级冷却系统可以大幅缩短气流通道，减少损耗。

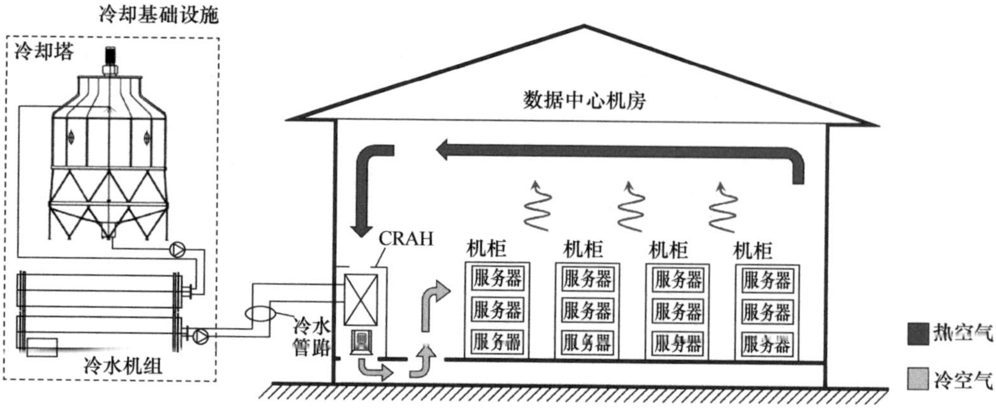

图 2-1　冷却系统设备及工艺

来自 IT 设备、配电设备以及数据中心冷却系统的热量，需要通过冷水环路传递到冷却基础设施，这一热量传递过程通常是通过冷却水循环系统实现的。冷却基础设施通常采用水冷式冷水机组和冷却塔，接收来自机房冷却系统的热水，并将其热量传递到环境中，从而实现有效的散热和温控。

数据中心内的热量主要来源于 IT 设备，而 IT 设备冷却的基本原理如图 2-2 所示。服务器风扇使机柜进风在主板及散热鳍片间形成高速流动，显热被带至机柜后部；若进风温

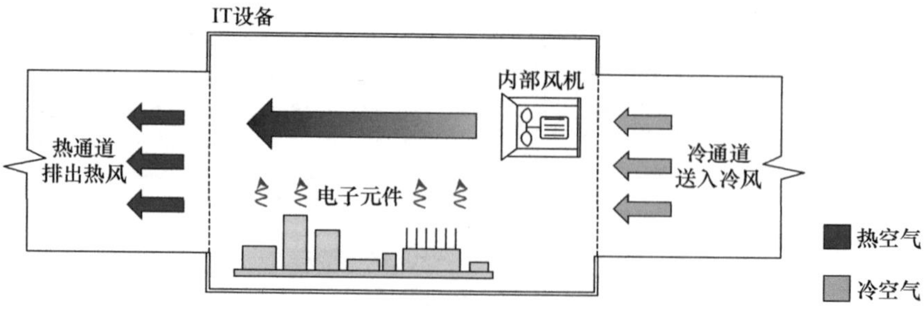

图 2-2　IT 设备冷却的基本原理

度或风量不足，即形成局部热点，导致硅基器件联结温度（简称结温）升高，产生热点。柜级冷却通过将换热单元直接嵌入机柜，在源侧即时移除热量，显著缩短热传递路径，减少热量传输过程中的能量损耗，从而大幅提升整体冷却效率。

2.1　柜级冷却技术类型

随着单柜功率密度由早期的 5～10kW 快速攀升至 20kW 以上，传统房间级与行级风冷已难以在经济能耗下维持器件联结温度在 ASHRAE 对 A1 级机柜的建议范围内。机柜级冷却因其“近源制冷”特性，可最大限度削弱冷热混流与输送损耗，成为高热负荷数据中心的关键散热环节。为保证 IT 设备在极端负载下仍具备高可靠性与低故障率，柜级冷却系统应同时满足以下三个功能性指标：

（1）恒定的进风口温度：进入 IT 设备的冷空气温度应保持恒定。这一要求的核心在于避免温度波动对设备运行产生影响，确保设备在一个稳定的温度环境下工作。系统解决方案应具备提供恒定气流温度的能力，同时有效抑制快速的温度变化，从而保障 IT 设备的长期稳定、可靠运行。

（2）进、出风口间的微正压或零压差：为确保 IT 设备能够获得充足的循环风量，进风口和出风口之间的空气压差应尽可能接近零或保持微正压。通过控制空气压差，可以避免因气流短路而导致的问题，例如设备内部温度超出最大限制，造成组件过热而损坏。有效的空气流动管理能够提高系统的冷却效率，并确保设备的稳定性和性能。

（3）最小化现有机房空调负载的增加：理想的柜级冷却系统应能够将其负责的机架 IT 设备所产生的热量完全带走，减少现有机房空调设备的负担。通过这种方式，柜级冷却系统不仅提高了冷却效率，还能减轻机房空调的负荷，并降低运行成本。

柜级机房空调末端与服务器机柜构成一体化模块，机房空调末端以处理一台机柜的散热量为目的，容量配置以机柜为冷却单元，一般安装在服务器或机柜的背板，称背板式空调或机柜式空调。目前现有的柜级冷却方案主要分为冷媒背板（背板式）和水冷背板。这两种方案均具备被动或半主动特性，循环泵功耗占比低（＜IT 设备负荷的 3%），且背板—机柜耦合接口标准化程度高，便于存量机房分步改造。

2.1.1　冷媒背板式空调

冷媒背板式空调将两相制冷回路与机柜后门结构一体化设计，组成蒸发—冷凝闭环（图 2-3）。系统由机柜背板蒸发器、泵送或重力回路、冷量分配装置（CDU）及室外冷凝器等部分构成。在运行过程中，冷却介质（液态制冷剂）通过重力或泵等动力设备，输送至背板蒸发器，在蒸发端吸收来自服务器内部的热量；制冷剂在此过程中气化后，通过连接管路流向室外换热器，在室外换热器中利用冷源将气态制冷剂凝结为液态。随后，冷凝后的液态制冷剂通过重力或泵回流至机房内的背板蒸发器，完成整个冷却循环。

冷媒背板式空调的主要优势在于能够高效地将服务器产生的热量传导至机柜外部，通过制冷剂相变过程迅速移除热量，显著提高了数据中心的热管理效率。具体而言，冷媒背板式空调通过机柜内蒸发器与服务器之间的热交换，将冷却空气送入机柜，控制冷却空气的温度在 21℃至 27℃之间，从而实现恒温恒压的冷却效果。此外，高效的热交换过程还优化了冷却水的使用，通过与冷量分配装置（CDU）换热器的结合，进一步提升了冷却

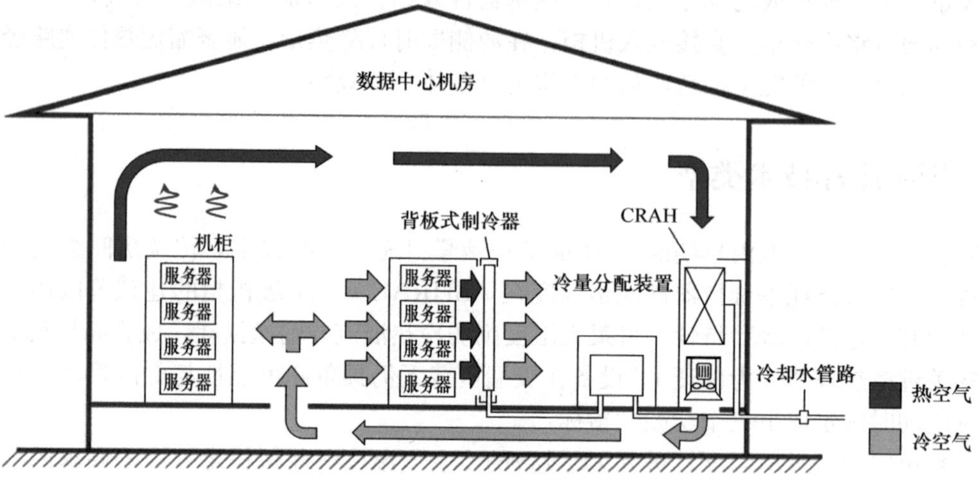

图 2-3　背板式机柜级冷却系统图

能力。

冷媒背板式空调依据冷媒循环路径与散热端形式的不同划分为两种冷却方式，其原理分别如图 2-4 和图 2-5 所示。第一种为直接融合型回路：蒸发段、输送管路与室外冷凝器构成闭式制冷剂环路，循环动力可由重力、微型液泵或气泵提供。第二种为 CDU 间接耦合型回路：制冷剂在机柜侧蒸发吸热后，经重力或液泵送至机房内的 CDU 完成气液相变，再由 CDU 的冷水回路承担向楼宇冷源排热的任务。相较之下，第一种方案因换热级数少，冷量传输管路热损失相对较小；第二种方案多经由板式或壳管式换热器实现“制冷剂—水”换热，虽不可避免地存在传热过程的温差损失，但可借助 CDU 实现集中流量控制与冗余设计，因此更具扩展性与运维友好性。

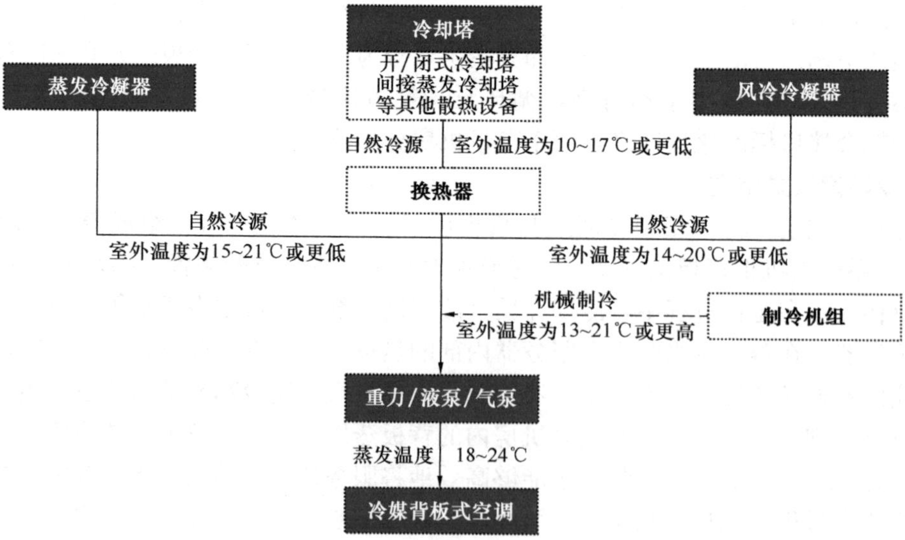

图 2-4　冷媒背板式空调冷却原理图 1

直接融合型回路通过优化冷却过程，利用自然冷源和制冷机组的结合，实现了高效的

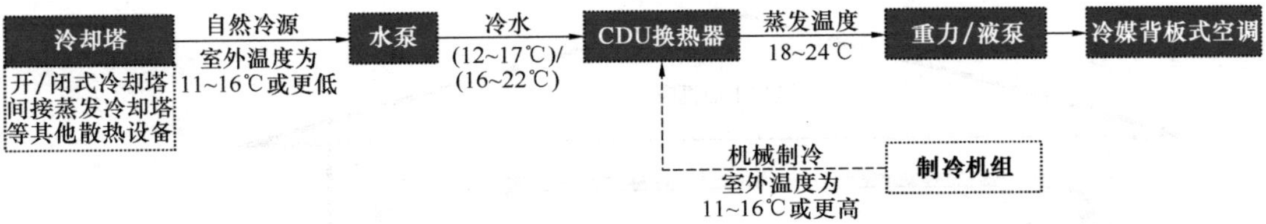

图 2-5　冷媒背板式空调冷却原理图 2

热管理。直接融合型回路的热管理过程包含两个核心环节：其一，蒸发器环路：液态制冷剂（10～21℃）在背板蒸发段与服务器排风直接换热，由于系统设计紧凑，冷气流路径极短且基本无掺混，确保了机柜出风温度接近服务器进风温度。蒸发器的排风由 32～40℃被冷却至 21～27℃并回送至机柜入口（根据节能要求，蒸发器的排风温度通常控制在 24～27℃），形成局域循环。其二，冷凝排热环路：吸热气化后的制冷剂经压差或气泵输送至室外换热器，当室外湿球温度为 15～21℃或更低时，可完全依靠自然冷源冷凝；当室外湿球温度升高至自由冷却阈值以上时，则由制冷机组补充冷量。在间接热交换模式中，制冷剂通过中间换热器（如板式换热器或壳管式换热器）与冷却水交换热量，若室外温度为 13～19℃或更低时，自然冷源可以被有效利用；若温度超出该范围，则需使用制冷机组进行补偿冷却，且可通过风机变频调节维持制冷剂凝结压力恒定，从而确保蒸发温度稳定，避免服务器入口温度波动。

CDU 间接耦合型回路由三个核心环节组成。第一环节与直接融合型回路相同，为蒸发段与服务器排风的近源相变换热。第二环节为“制冷剂—水”换热：蒸发产生的气态制冷剂进入 CDU，通过板式换热器对 12～17℃/16～22℃的冷水流进行放热冷凝，再在重力或液泵作用下回流至蒸发器。CDU 内置质量流量计与压差监控装置，可实时调节制冷剂循环率，确保每台机柜都获得与需求匹配的冷量。第三环节为冷水回水通过室外散热设备进行冷却，升温后的冷却水被送往室外散热设备。若环境干球温度为 11～16℃或更低时，借助冷却塔即可完成水—空气换热；当环境干球温度继续上升时，则启动列间制冷机组或屋顶制冷机组进行补冷，以维持 CDU 供水温度。通过“制冷剂—冷水—环境空气”三级换热模式，系统可在全年大部分时间段采用自然冷源运行，降低对机械制冷的依赖程度。

2.1.2　水冷背板式空调

水冷背板式空调系统图及其冷却原理如图 2-6、图 2-7 所示，系统以低温冷水取代制冷剂作为传热介质，背板蒸发器与服务器排风直接换热，冷却过程属于单相显热换热。在相同设备参数条件下，该系统的实时换热量和制冷能力低于冷媒背板式空调系统。系统运行时，冷水以 15～22℃的温度进入背板蒸发器；机柜排风（32～40℃）穿过翅片管或微通道盘管，热量被水冷背板式空调蒸发器内部低温冷水吸收，排风被强制对流冷却至 27℃以下并重新送回服务器进风面。由于气流路径极短、局域混流受控，服务器进风温度波动较小，可满足高热密度节点对恒温环境的需求。

在热回路闭合之后，背板出口的高温回水由循环泵输送至中间换热器完成二次散热。当室外温度为 10～17℃或更低时，回水可通过冷却塔或间接蒸发冷却设备与环境空气直接进行显热交换；当外界温度升高，系统则利用制冷机组补冷，以维持背板入口水温稳

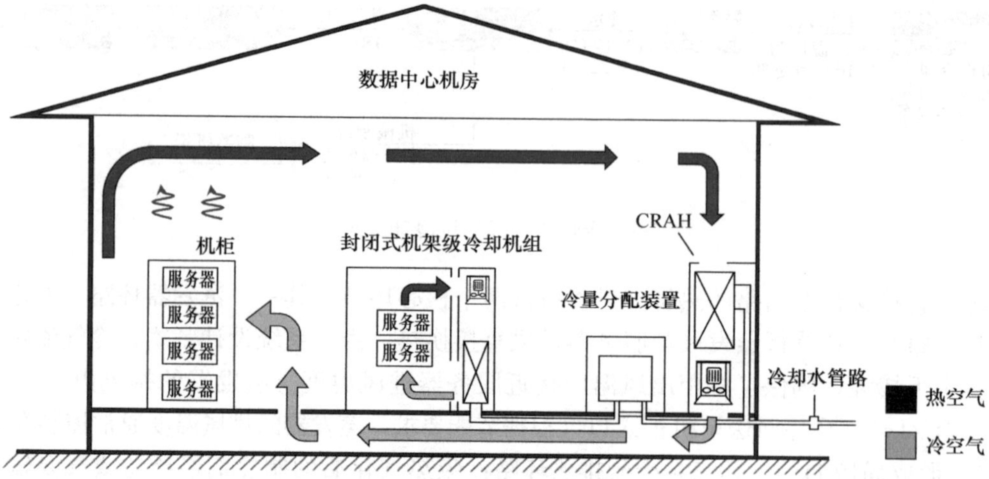

图 2-6　水冷背板式空调系统图

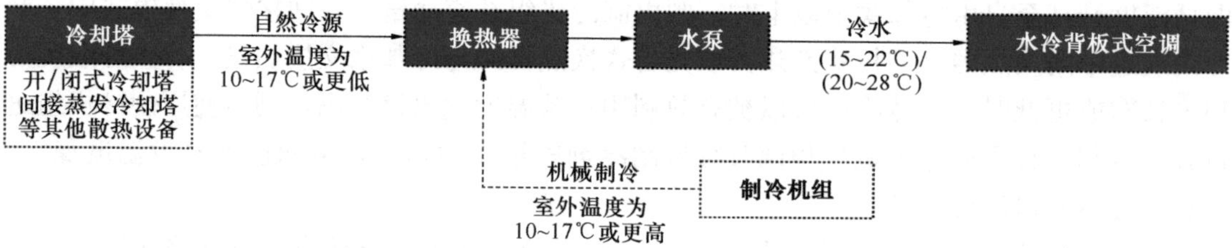

图 2-7　水冷背板式空调冷却原理图

定。这一“水一水一空气”三级换热框架在中、低环境温区内可大量利用自然冷源，显著降低机械制冷时间与机柜局域 PUE。

水冷背板式空调利用低温冷水流经背板蒸发器形成的高效显热传递，可将服务器排风迅速冷却至目标进风温区，同时将高温回水汇集到集中冷源侧，实现热量的分区隔离。这种“末端分散—源侧集中”的结构显著降低了传统制冷机组在高负荷时段的压缩机开启频率，尤其在室外气温低的季节可通过干式冷却塔或间接蒸发冷却塔直接排热，充分利用自然冷源，降低制冷能耗。进一步地，水冷背板式空调的模块化特征使其在面对机柜热密度不断攀升时，只需提升二次水量或调用备用水源即可线性扩展冷却容量，无须大规模拆改机房基础设施，满足企业级数据中心“边运行、边扩容”的运维策略。

与冷媒背板式空调相比，水冷背板式空调避免了制冷剂充注与回收，结构简单、维护便捷。然而，冷水管路一旦泄漏将对服务器形成直接风险，故通常要求双壁管或干阀快速闭锁等冗余安全设计，并在机柜底部设置泄漏检测与自动排水托盘。出于安全考虑，运维方普遍担忧水系统泄漏可能使设备短路等故障，使得该技术在高可用性场景中的市场占有率呈现下降趋势。

2.2　柜级热管背板冷却技术

在传统蒸气压缩制冷循环中，空调系统必须全年持续运行以维持数据中心机房温度稳定，即便冬季外部气温已处于低位，仍无法有效降低制冷能耗。这种对机械制冷的高度依赖直接推高了数据中心能耗与运营成本，已成为制约数据中心绿色化进程的重要因素。针对上述问题，业界相继提出多种利用自然低温资源的冷却策略。

直接新风冷却通过将经初步过滤和温湿度调节的室外冷空气引入数据中心机房，带走服务器排热，可显著降低制冷机组运行时间，使系统 PUE 接近 1.0。但室外冷空气携带的水分、尘埃及酸性气体易降低数据中心机房洁净度，增加电子元件腐蚀与结露风险，尤其在高湿或空气质量较差的地区需要额外的空调混合与除湿环节。水源冷却则借助湖泊、河流或海水的全年低温特性，通过换热器直接或间接移除热量，已在近水数据中心展示出较高的能效表现。然而，该方案对选址条件要求苛刻，且须解决冷源防泄漏、防生物污堵和管路抗腐蚀等安全问题。

热管背板冷却技术通过在机柜背部集成“蒸发—冷凝”闭式回路，使制冷剂在蒸发段吸热气化后自然或泵助流向室外冷凝器放热液化，再回流至蒸发段，形成完全被动或半主动的两相循环。相较新风与水源方案，热管背板冷却对外部环境洁净度、水体距离及地理位置的依赖极低，可在多种气候区灵活部署；其相变潜热传热系数高、热阻低，可将机柜排风热量快速转移至室外，同时避免室外空气与数据中心机房空气直接接触，消除了粉尘、水汽及盐雾入侵风险。

此外，热管背板冷却具备模块化与高适应性特征：蒸发段可根据服务器排风截面定制多通道结构，与现有机柜以面接触方式耦合，无须改动室内气流组织；冷凝段可与干式冷却器、喷淋蒸发冷却器或楼宇冷水环路灵活组合，以匹配不同区域的气候条件与冷源配置。由于制冷剂仅在“背板—冷凝器”闭环内流动，系统泄漏风险小，维护简单；在低温季节可长时间以自然冷源驱动相变循环，显著降低压缩机启停频率，为数据中心实现低碳运行提供了可操作的路径。凭借高效、被动以及对选址条件包容度高等优势，热管背板冷却技术正逐步成为柜级冷却研究与工程化应用的焦点，为深度节能与碳减排奠定了技术基础。

热管背板冷却系统因其优异的相变传热特性和紧凑的集成结构，在高热流密度的数据中心表现出明显的优势，其整体性能受到三类主要因素的综合影响：①蒸发器的结构参数，如微通道截面尺寸与形状、翅片数量与间距和百叶开窗角度等，共同调控气—液界面动力学与换热强度；②驱动方式，如重力回流、毛细力推动或机械驱动，影响制冷剂的回流速度和系统响应时间，其中机械驱动虽可突破限制，但会增加系统复杂度与能耗；③运行工况，包括制冷剂充注率、室外冷凝条件和机柜内空气流动分布等，直接关系到蒸发与冷凝过程的稳定性和换热能力。

与传统水冷背板相比，制冷剂两相循环的热管背板在热响应、结构集成与运行可靠性方面具有明显优势。热管背板冷却的核心在于利用制冷剂在蒸发器与冷凝器之间的液一气相变过程进行热量的高效传输。与传统水冷系统依赖大流量冷却水循环和复杂管网不同，热管背板冷却通过密闭回路实现相变循环，大幅减少了冷却介质的使用量和系统的复杂性，显著提高了热响应速度和能效比。由于制冷剂相变过程具备极高的导热性能，热阻较低，能够迅速将机柜内的高热通量导出，抑制热点，保持服务器的运行温度稳定。此外，水冷背板冷却需要严格控制水质以防止结垢与腐蚀，还需承担潜在的泄漏风险。而热管背板冷却中的密闭制冷剂回路隔绝了外部环境，消除了水冷背板冷却常见的水质管理与泄漏风险；同时，制冷剂在低压区间运行，对机柜结构件的密封与强度要求相对宽松。得益于这些特性，高密度计算节点可在不改变原有楼宇水系统的情况下增设热管背板，通过室外干式冷却器或间接蒸发冷却塔排热，即可完成高效散热与能源梯级利用。

随着数据中心对“无水、无泄漏”散热策略的诉求增强，热管背板冷却凭借高效相变传热、低能耗被动循环及良好的安装兼容性，正逐步成为高热密度机柜热管理的主流技术，并为后续微通道强化、复合工质与智能调控研究提供了应用基础，正得到越来越广泛的应用。

2.2.1 蒸发器类型及结构设计

随着制冷工程与电子器件散热理论研究的持续深化，柜级热管背板系统的核心组件——蒸发器，正经历由传统热管及板翅式、管翅式结构向微通道结构的体系性革新。微通道换热器凭借在微尺度流道中兼具低压降、轻量化与强化传热的多重优势，已成为柜级冷却技术的重要发展方向。相较于传统板翅式与管翅式换热器，微通道换热器结构更为紧凑，换热效率显著提高，虽然其流动阻力有所增加，但在实际应用中能够有效降低制冷剂充注量，并显著提升换热器的整体传热性能。在保持相同换热量的条件下，采用微通道换热器替换传统构型的分离式热管系统，可实现系统性能和结构指标的显著提升：微通道换热器质量可减少约 45%，制冷剂充注量下降近 52%，系统能效比提升约 2.8%；在相同外形尺寸及迎风面积条件下，空调系统制冷量提高约 3.4%，能效比改善约 13.1%。这些结果表明，微通道换热技术不仅能够减轻设备自重和减少制冷剂用量，还能强化传热，显著提升系统的整体效率，从而为高功率密度机柜提供更富竞争力的热管理方案。

热管依托工质相变循环所展现的高等效导热率与优异的等温性可在无须外加动力的前提下实现高效散热。将微通道换热器与热管技术相融合，形成的微通道热管兼具微尺度强化传热与相变传热双重优势，可在机柜内部迅速带走高热流密度负载所产生的热量，并以低制冷剂充注量和低能耗运行为数据中心绿色低碳运营提供支撑。此类组件体积紧凑、循环稳定，可在有限空间内实现快速热扩散，为满足“双碳”目标下数据中心的紧凑化与高效化热管理需求奠定技术基础。

自 20 世纪 80 年代微通道换热概念提出以来，微通道技术凭借在微小通道内实现高热流密度散热的潜力而备受关注。微通道可在极小的通道内通过液—气或液—液相变强化换热，显著提升通道壁面与制冷剂之间的对流换热系数，突破传统管路在高功率散热中的体积与热阻瓶颈。研究表明，微通道换热器可在通道水力直径为数百微米时实现高达 $790W/cm^2$ 的热流量冷却，并保持流体与基板间近 70℃的温差，该特性使其在高密度计算与功率电子散热场景中独具优势。

微通道换热器通常由集管与多根微通道扁管组成，性能提升的关键在于优化集管内制冷剂分配并强化扁管内的流动换热。通过在扁管间布设微肋、纵向扰流片或其他微结构，可进一步提升传热系数。然而，微通道换热器的精细化制造使得成本相对较高，若加工精度不够，容易产生通道形变、内表面粗糙度增大及尺寸偏差等问题，进而削弱换热性能并影响系统可靠性。

微通道与微型通道通常按照通道当量直径进行划分：当通道当量直径大于 3mm 时，归属传统通道；当量直径介于 200μm 至 3mm 之间时，称为微型通道；当量直径位于 10μm 至 200μm 之间时，则被定义为微通道。工程实践中，微通道与迷你通道的术语常被交替使用，而对于相变换热应用，通常以水力直径小于 3mm 作为微通道的特征标准。

从流动机理角度，微通道内的传热与传质过程受微尺度效应和入口段效应的双重影响。一方面，表面张力主导的界面现象、稀薄效应及低雷诺数流动等微尺度现象比宏观流体力学中占据主导地位的惯性与黏性效应更为显著，影响了两相流动的界面形态与传热效率。另一方面，由于通道尺寸的减小，入口段长度在总通道长度中所占比例显著增加，边界层发展尚未充分，入口段的换热系数通常高于充分发展段。因此，在微通道换热器设计中，必须综合考量通道几何形状、入口结构与流动工况，以充分发挥入口段强化换热的潜力，同时抑制压降与不稳定流动。

微通道截面形状及尺寸对流动换热影响显著。相关实验表明，当制冷剂在内径约 1mm 的圆形、三角形与矩形通道（图 2-8）中沸腾时，非圆形通道由于在边角处形成液膜，能显著强化传热；尽管在低质量通量下非圆形通道的摩擦压降较大，但随着流量增加，压降迅速下降，换热优势更为明显。在多目标优化研究中也表明，具有 1mm 宽度、高度及壁厚的矩形微通道在换热效率与制冷剂充注量控制方面达到最佳平衡，且矩形通道的传热性能明显优于三角形和蜂窝式通道。同样，通道直径在 1.2mm 至 2.7mm 范围内的研究显示，增大直径能够降低流动不稳定性并提高总体传热系数。

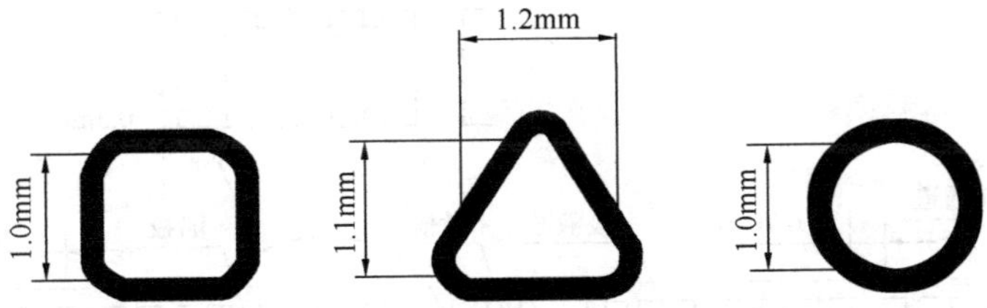

图 2-8　管道横切面图

在微通道换热器的设计中，通道的高宽比（纵深与宽度之比）与整体热阻呈显著的负相关关系：增加纵深、减小宽度能够在相同条件下实现更低的热阻。这是由于高宽比结构可将热量更直接地导向流道中心，增强工质的轴向传热能力。在恒定热流密度与固定通道几何形状的条件下，增加流量虽然会带来更大的压降，但同时可使通道壁面温度降低，进一步改善局部的热交换效率。因此，通过精准控制微通道的高宽比与流量工况，可在压降与传热性能之间实现最优权衡。

此外，随着微通道技术的不断进步，其结构参数亦愈加多样化：从最初的单层直通道，演进到在通道内增设微肋或波纹微结构，再到发展出双层及多层复杂布局，如图 2-9 所示。多层通道不仅在相同体积流量下展现出比单层通道更低的热阻与流动压降，而且可通过在不同层中分别调整流道方向与截面，灵活分配流体至各分散热源处，实现更均匀的冷却效果。进一步优化的双层交错三角形凹穴通道通过在通道壁面引发二次涡流，显著提高了努塞尔数 Nu 以强化传热，同时摩擦因子 f 则因涡流形成而有所上升。由此可见，通过合理的微结构与层级设计，微通道换热器能够在有限空间内实现高效、可控的对流换热，为高密度电子系统的散热提供了有力支撑。

除了通道几何参数外，集管与微通道扁管之间的连接形式同样对制冷剂分配与换热性能具有关键影响。一方面，通过优化均流腔结构能够促进在并联微通道间液—气两相制冷剂的径向混合，从而提升制冷剂流量分配的均匀性；另一方面，对入口管道形状的改进则可显著减小入口处的阻滞效应，并加强制冷剂在各条通道间的引流与分流，使整体流量分

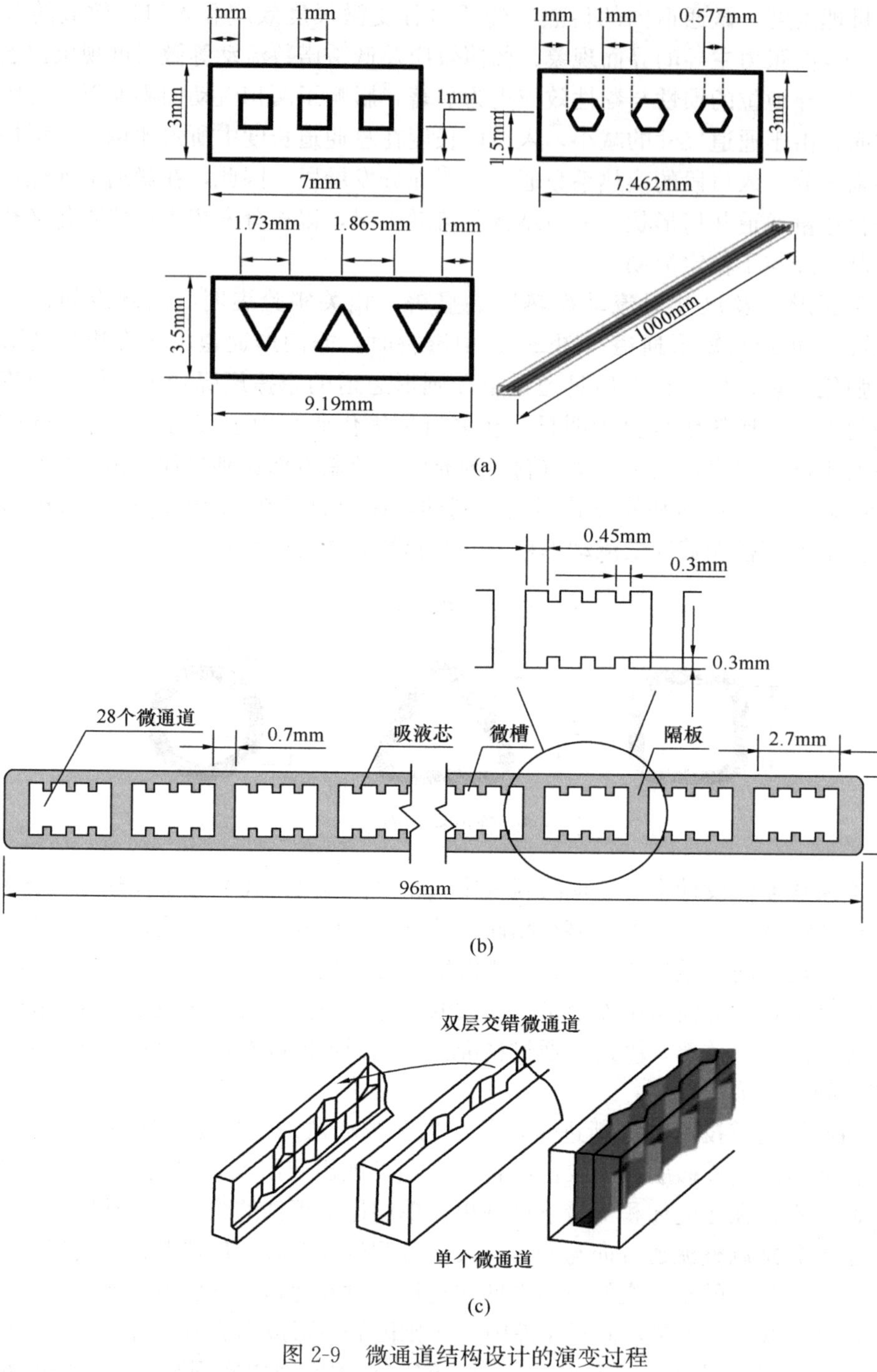

图 2-9　微通道结构设计的演变过程

(a) 微通道直扁管；(b) 微通道扁管内部增设微结构；(c) 微通道双层复杂结构

配更加均衡。在此过程中，均流腔结构的优化作用相对更为显著；具体而言，当均流腔与微通道入口之间的壁面曲率较小，而微通道入口与随后的直通道之间的壁面曲率较大时，流量分布的均匀性进一步增强。适当放大连接管管径亦能提升热量输送能力，而对所需驱动温差影响有限，说明在尺寸允许范围内增大管径是提升系统能力的有效手段。

在入口配置方面，不同的管道布置方式也会影响流量均匀性。相较于与集管平行的水平入口，当微通道换热器的入口管与集管呈正交或垂直配置时（图 2-10），可获得更佳的制冷剂流量分配效果；尤其在高质量流量和高干度工况下，正交入口管的表现最佳，且随着质量流量的增加，流量均匀性进一步改善。此外，通过在扁管入口处集成槽型分配器并优化其与扁管轴线的夹角（图 2-11），可进一步改善换热性能。研究发现，当夹角在 180°±6°范围内时，微通道换热器的进口压力、压力损失、制冷量及能效比均达到最优。与未配置分配器的微通道换热器相比，采用此角度布局的嵌入式槽型分配器设计可将室内空调系统的能效比提高约 11.8%。连接管管径亦是影响热管背板冷却系统热量输送能力的重要因素，适度增大连接管管径亦能提升热量输送能力，但对驱动所需的温差影响有限，说明在尺寸允许范围内增大管径是提升系统能力的有效手段。这些研究成果强调了入口结构与管路尺寸在微通道热管系统设计中的关键作用，表明通过对均流腔结构、入口管道配置及分配器角度的系统优化，可显著提升微通道换热器的流量分配均匀性与整体换热性能，并为进一步优化集成冷却解决方案提供了理论依据。

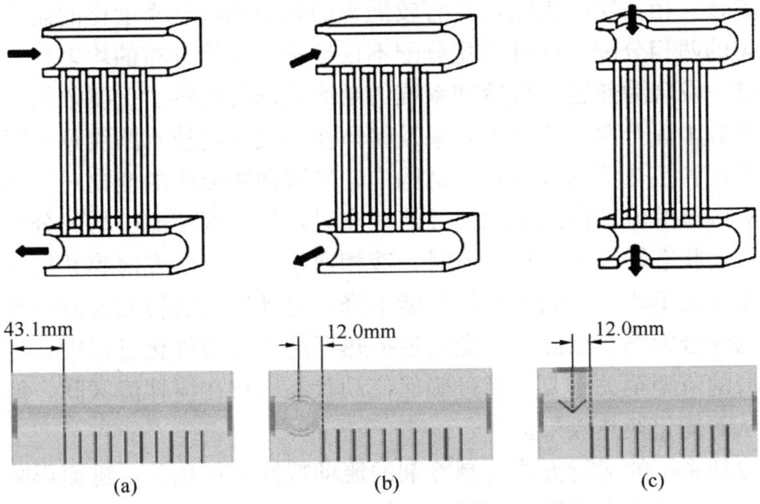

图 2-10　流体进口方向

（a）水平入口结构；（b）正交（常规）入口结构；（c）垂直入口结构

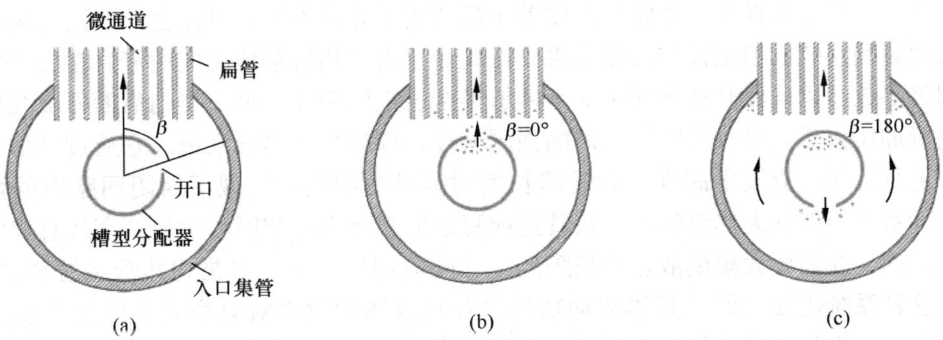

图 2-11　槽型分配器与微通道扁平管间夹角 β 示意图

（a）示意图；（b）$\beta=0°$；（c）$\beta=180°$

翅片亦是提升空气侧换热的关键因素，对多种翅片类型的数值模拟表明，百叶窗式翅片因其复杂的通道和扰动效果而具备最优的综合换热性能，其次为多孔式翅片，平直翅片的性能相对较差。此外，通过调整扁管高度、翅片间距等结构参数，可有效提高换热效率，但同时会增加空气侧阻力并影响换热器的总体占用空间。工程设计应在空间、阻力与性能之间寻求平衡，才能充分发挥“微通道—翅片”组合的集成优势，以实现性能与实用性的最佳平衡。

2.2.2 热管背板冷却系统运行驱动模式

柜级热管背板冷却系统中制冷剂在竖直管路中的流动行为及分配特性是决定系统整体性能的关键因素。研究表明，两相制冷剂的分配特性主要受液相最高爬升高度与气液分离高度相对位置的影响：当这两个高度在竖直管路内形成较大的重叠区域时，两相流动会呈现搅拌流态，这种流态能够有效促进液相与气相制冷剂在各通道间的均匀分配，从而显著提升系统的换热性能。同时，在集管分配制冷剂流量时，不同制冷剂由于其物理特性的差异，在换热器集管中会表现出截然不同的流动行为。其中，表面张力与密度比是两个最具影响力的物性参数。相关实验表明，具有较低表面张力和适宜密度比的制冷剂，能够在集管内实现更均匀的两相分配，这种优化分配不仅改善了流体分布的均匀性，还能带来较高的换热效率。这一发现为热管背板冷却系统的制冷剂选择提供了重要依据，证实了通过优化制冷剂物性参数来提升两相流分配效果及整体换热效率的技术路线具有明显的可行性。

在微通道平板管换热器的入口封头结构中，气液两相流型的变化对流体分配的影响同样显著。当封头区域的流动模式呈现搅拌流状态时，气液两相能够均匀分布，促进更高效的换热；而当流动状态转变为半环状流时，液相通常沿管壁形成薄膜并集中流动，这导致通道之间的流体分配不均，进而使换热性能下降。流动模式的转变受制冷剂流速、饱和度以及几何参数的综合影响。因此，在微通道换热器的设计与优化过程中，控制系统的流动工况及封头区域的流型至关重要。通过确保流动状态维持在搅拌流区间，能够实现气液分配的均匀性，从而优化换热效果。

热管背板冷却系统的运行方式与制冷剂的流动特性密切相关，进而影响整个系统的换热性能与稳定性。根据动力来源的不同，热管系统通常可分为两大类：一类依靠热端与冷端温差所产生的工质密度差在管路内自然循环，即重力式热管系统。它具有结构简单、无须外部驱动力、安装灵活等优点，但其效率依赖于管路的高度差、工质的充注量以及流动阻力。在一些特定条件下，如管路高度差不足或工质充注不当，可能会导致回流驱动力不足，从而影响系统的稳定性与换热效果。因此，重力式热管系统的应用需要在设计中精确控制相关参数，以确保其在不同工况下能够维持稳定的循环。另一类则借助外部泵体对制冷剂进行加压输送，形成封闭回路内的强制循环，即氟泵式热管系统。它通过外部泵体对制冷剂进行加压，克服了高度差和管路长度对流动的限制，实现了封闭回路内的强制循环。这种系统能够在大热流密度、长管道或复杂的多分支冷却网路中保持高效且稳定的制冷效果，因此在需要大规模散热或长距离冷却的应用场景中，氟泵式热管系统更具优势。然而，这种系统需要额外的泵体驱动功耗，并且泵体的效率对整个系统的能效也产生影响。因此，在设计氟泵式热管系统时，不仅要考虑其良好的冷却能力，还需综合考虑泵体的能耗及其对系统整体能效的影响。

这两类热管系统各有优势与局限，其适用性需根据具体应用场景综合评估。重力式热管系统凭借其无动力部件的结构优势，具有安装灵活、运行可靠且能效优异的特点，特别适用于常规热流密度条件下的节能冷却场景；然而，在高热流密度或空间受限的应用环境中，其传热性能可能受到显著制约。相比之下，氟泵式热管系统通过主动循环机制突破了重力式热管系统的传热距离限制，能够适应更高热流密度和更复杂管路的冷却需求，但由于泵体功耗，要求设计者在系统性能与能效之间寻求最佳平衡点。

因此，在实际工程应用中，热管背板冷却系统的选型与设计需综合考虑冷却需求、空间约束及能效目标等关键因素，通过优化驱动方式与系统匹配性来实现最佳的换热性能。值得注意的是，近年来有学者提出将蒸气压缩系统与热管技术相结合的复合驱动方案，该方案有望进一步拓展系统的适用温区并增强运行稳定性，为高热流密度场景提供更具竞争力的冷却解决方案。

1. 重力式热管系统

重力式热管系统（简称重力驱动模式）的运行机理基于气液相变过程中工质密度变化与重力势能的耦合作用。该系统无须外部动力，其循环驱动力来源于蒸发端与冷凝端之间的温度梯度所导致的工质密度差 $\Delta\rho$，以及两相工质在垂直方向上的高度差 Δh。在热力学平衡状态下，系统驱动力可表述为 $\Delta\rho g\Delta h$ 与流体流动沿程压降的动态平衡关系（其中，g 为重力加速度）。

当蒸发端热负荷增加时，制冷剂气化率上升，蒸气体积分数增大，导致蒸气柱平均密度显著降低。这一密度变化会增强浮升力效应，理论上应促进制冷剂循环速度的提升。然而，实际运行过程中，管路系统的局部阻力（如弯头、缩径等）和摩擦阻力会随流速的增加呈非线性增长，可能完全抵消密度差带来的驱动力增益。这种动态失衡将引发循环流量下降、热阻增大等“性能衰减”现象，严重时会导致蒸发段失效。

为维持系统稳定运行，需在热力学设计阶段综合考虑多参数的耦合影响，采取的关键措施包括：采用渐缩渐扩型流道设计，以降低弯头的局部阻力；通过数值模拟优化管径梯度分布，使蒸发段、绝热段和冷凝段的截面面积比符合制冷剂相变体积膨胀特性；在蒸发器入口设置多孔介质结构或旋流装置，促进气液两相均匀混合。这些措施可有效控制沿程阻力，提高相变界面更新频率，从而增强换热表面的润湿性和传热系数。

蒸发器与冷凝器之间的相对高度差对循环量的影响尤为直接。将高度差由 0.7m 增至 1.2m 时，可观测到分离式重力式热管的热传导能力提升约 12.5%，原因在于 Δh 的增加显著放大了浮升驱动力，从而在相同热负载下获得更大的循环量。然而，数据中心机柜与配电装置的结构高度通常受机房层高与标准机柜尺寸限制，额外增高冷凝模块往往会触及房顶与布线。在此背景下，通过局部抬升冷凝器或下沉蒸发器以增大有效 Δh 的空间十分有限，促使工程设计者转而关注降低压降、改进集流结构以及采用高表面张力工质等综合优化途径，以弥补高度差不足带来的驱动短板。

制冷剂充注率是影响重力式热管系统稳定性的另一关键因素，其优化选择直接关系到相变传热的稳定性和效率。当系统充注率低于临界值时，蒸发段液膜覆盖不充分将引发局部干涸现象，导致蒸发传热系数急剧下降，热阻显著增加；反之，过高的充注率会增大冷凝段液柱静压，不仅削弱有效高度差 Δh 的驱动作用，还可能诱发间歇性液塞流动，破坏系统的稳定循环。实验研究表明，随着充注率从欠充状态逐步提升至最优区间，系统传热性能呈现先快速上升后趋于饱和的非线性特征，而继续增加充注率则会导致传热效率下降。因此，在设计阶段需要综合考虑设备安装倾角、热流密度分布特性以及管路阻抗特性等多重因素，确定一个兼顾启动可靠性与稳态循环量的最佳充注率范围，并采用视液镜或电容式液位传感器等实时监测手段，对制冷剂充注率进行精细化调控。

尽管重力循环依靠被动驱动可显著简化系统并降低能耗，但其低流量调节裕度与启动迟滞属性在多蒸发器并联的柜级应用中暴露出不足。仅依赖重力驱动难以在多蒸发器并联的布局中实现均匀的制冷剂分配，必须对蒸发器—冷凝器回路施加额外循环动力，方能保证大规模数据中心的持续稳定运行。一方面，各条并联支路易因管路布置差异产生静态和动态不平衡，导致回路间循环量差异放大，出现部分蒸发器干涸而其他蒸发器过冷的现象；另一方面，当外界环境温度升高或机房负荷突变时，重力式热管系统的响应速度受限于自然浮升力变化，无法在短时间内恢复到新的稳态循环，尤其是在冬季利用自然冷源运行后进入过渡季节时，随着室外干球温度的上升，冷凝段的散热能力降低，系统浮升力随之下降，导致传热性能骤减而无法满足全年连续制冷需求。

为克服这些固有缺陷，目前普遍采用混合驱动策略。典型解决方案包括：在重力回路中集成低功耗辅助循环泵，在系统启动或工况恶化时提供补充驱动力；设置智能调节阀组和动态旁路系统，通过实时监测各支路制冷剂状态实施主动流量分配；开发基于相变材料（PCM）的缓冲装置，用于平抑瞬态热负荷的冲击。这些技术手段的综合应用，显著提升了重力式热管系统在复杂工况下的适应性和可靠性，使其能够满足数据中心全年不间断制冷的需求。

2. 氟泵式热管系统

在数据中心热管背板冷却系统的工程实践中，当面临长距离输送、有限安装高度差或多分支高热流密度等复杂工况时，重力式热管系统的性能局限性日益凸显。氟泵式热管系统（简称泵驱动模式）通过引入变频控制的液态制冷剂循环泵，在维持相变传热核心机理的基础上，通过机械辅助驱动实现了系统性能的突破性提升。

氟泵式热管系统的核心特征在于其融合了被动相变换热与主动流体输送的双重优势。变频泵以精确可控的方式对液态制冷剂施加适度扬程，确保制冷剂在复杂管网中的可靠循环。这种设计既保留了蒸发—冷凝过程的相变传热高效性，又突破了重力式热管系统对高度差和管路布局的严格限制。工程实践表明，该系统特别适用于跨机柜、跨排的分布式冷却网路构建，能够实现高热流密度设备的稳定温控。

氟泵式热管系统的动态性能表现出显著的环境温度相关性。当室外温度降至10℃以下时，氟泵式热管系统可完全满足数据中心的全年制冷需求，此时系统能效比随环境温度的降低呈单调递增特性。值得注意的是，在室内外温差超过10℃的工况下，该系统相较于传统的蒸气压缩制冷系统可实现最高36.6%的节能效果。这一性能优势源于两个方面：首先，系统充分利用了自然冷源的可获得性；其次，相变换热过程的高效性大幅降低了能量转换环节的不可逆损失。这种节能特性使氟泵式热管系统在温和地区和寒冷地区的数据中心建设中具有特殊的工程价值。

在氟泵式热管系统的优化研究中，制冷剂的热物性与运行参数的协同优化展现出显著的节能潜力。进一步分析氟泵式热管系统中制冷剂的特性发现，当质量流量适当减小后，其流动阻力和泵功率同步下降，为系统能效比的提升创造了有利条件。深入分析表明，制冷剂的相变焓值、饱和蒸气压曲线以及液态导热系数等关键参数，会通过影响蒸发冷凝温差和两相流型分布，进而决定系统的最佳运行工况。实验数据显示，采用热物性优化的新型环保制冷剂后，系统在部分负荷工况下的性能改善尤为突出。当室外环境温度为10℃且机房热负荷波动上升时，通过变频控制实现制冷剂流量与热负荷的精确匹配，可使系统制冷量稳定维持在31.2kW的峰值水平。此时系统能效比比传统的蒸气压缩制冷系统提升3～5倍，这一显著的性能提升主要来源于三个方面：首先是变频泵的功耗随流量调节呈三次方关系下降；其次是相变传热过程始终维持在最优热力学状态；最后是系统避免了蒸气压缩制冷系统的频繁启停带来的能量损失。

这种基于热物性优化和智能控制的协同策略，使氟泵式热管系统能够自动应对数据中心动态的冷却需求。特别是在过渡季节和部分负荷工况下，该系统通过实时调节制冷剂流量和压力，既能确保足够的冷却能力，又可最大限度地利用自然冷源，实现了能效与可靠性的统一。这一特性使氟泵式热管系统在中高纬度地区的数据中心应用中展现出独特的技术经济优势。

氟泵式热管系统在不同运行工况下各组件的能耗占比呈现显著差异。在接近系统启动阈值的低负荷工况下，能耗主要集中于蒸发器侧，其能耗占比高达40%，这主要源于相变传热过程中的界面热阻效应和部分干涸现象。同时，冷凝器侧因换热温差不足导致的传热不可逆损失和氟泵的机械损失占比也均超过20%。这种能耗分布特征揭示了该系统在低负荷工况下的主要性能瓶颈。当提高氟泵频率以增大循环量时，蒸发器侧能耗显著下降，而冷凝器侧能耗与泵功耗相对上升。由此可见，通过增大换热面积、优化冷凝器排风温度以及使氟泵运行趋近定熵过程，可同步削减上述环节的能耗并进一步提升系统综合能效。

3. 复合驱动方案

复合驱动方案是针对数据中心全年连续制冷需求提出的创新解决方案。该方案通过将热管相变换热系统与传统蒸气压缩制冷系统进行深度集成，构建了具有自适应能力的混合冷却架构。系统运行时可根据室外环境参数动态选择最优运行策略：在低温工况下优先启用热管相变换热系统，以最大限度利用自然冷源；当环境温度升高至设定值时，则自动激活蒸气压缩制冷系统，以补充不足冷量。

复合驱动方案体现了多重工程优化思想。首先，通过共享制冷剂回路和背板换热器，避免了独立系统并置带来的空间占用和初投资增加的问题；其次，采用智能控制系统实现运行模式的平滑切换，既保证了制冷的连续性，又优化了整体能效；最后，保留了热管的高效特性，同时在高温季节通过蒸气压缩制冷保障了运行的可靠性。

值得注意的是，复合驱动方案并非简单地替代传统的制冷系统，而是一种能效优化的重要手段。与独立部署两套系统相比，这种集成设计显著降低了设备占地面积和管路复杂程度，同时简化了运行维护流程。通过动态分配两种制冷方式的工作负荷，在满足机柜散热需求的前提下，实现了全年运行能效的最大化提升。

根据驱动方式差异，这种复合驱动方案分为重力驱动型和氟泵驱动型两种。重力驱动型复合系统采用并联架构设计，在传统蒸气压缩制冷回路的基础上集成自然循环支路，通过单向阀或电磁阀实现运行模式的自动切换。该系统表现出显著的季节性能特征，其能效水平与热管模式运行时长呈正相关关系。为提升热管段换热效率，可在热管换热器内分挡布置蒸发面积与制冷剂循环量匹配的方法，通过精确匹配换热面积与制冷剂循环量，有效解决了润滑油积聚导致的传热恶化问题。寒冷地区的工程实践表明，该技术方案可显著提升系统整体能效水平。另一种创新设计是采用串联复合系统架构，通过两套独立的制冷剂循环回路的协同工作实现高效运行。该系统采用分区控制策略，根据环境参数和负荷需求动态调整运行模式，不仅解决了复杂工况下的流量分配控制难题，同时大幅降低了系统能耗。通过优化关键阀件的结构设计，特别是改进三通阀的流道特性，有效减小了热管模式下的流动阻力，为系统在多变气候条件下的稳定运行提供了可靠保障。图 2-12 展示了该复合系统的典型工作原理和阀件优化设计。

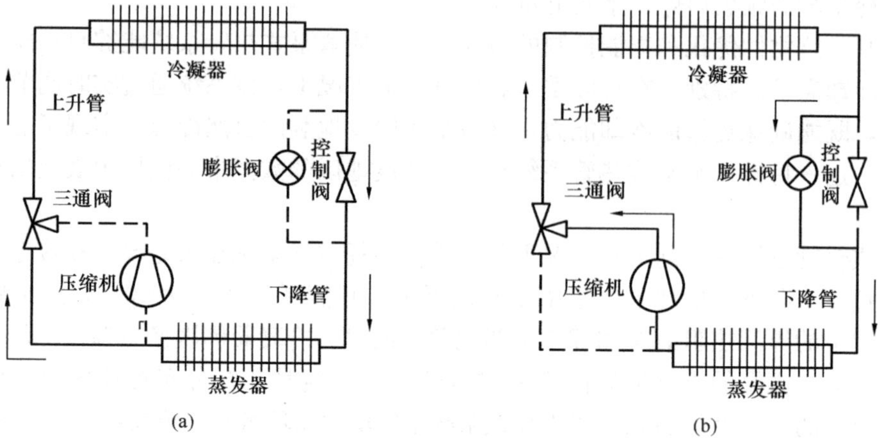

图 2-12　重力驱动型复合系统示意图

(a) 热管模式；(b) 蒸气压缩制冷模式

与重力驱动型复合系统不同，氟泵驱动型复合系统通过集成变频氟泵与蒸气压缩循环，实现了能效与可靠性的协同提升。其核心优势在于可根据室外环境温度智能选择最优运行模式：在低温工况下仅用氟泵驱动，充分发挥相变换热在自然冷源作用下的高效特性；当环境温度升高时则自动切换至蒸气压缩制冷模式，确保制冷能力稳定输出。该系统通过采用创新的板式换热器并联架构，实现了下述三种运行模式的平滑过渡：纯氟泵模式、纯蒸气压缩制冷模式以及混合运行模式。这种设计不仅解决了传统系统在模式切换时的稳定性问题，还通过优化制冷剂分配机制，有效改善了多蒸发器系统在高负荷工况下的供液均匀性。

从地域适应性角度分析，该系统在不同气候区均展现出显著的节能效果。寒冷地区由于自然冷源可利用时间长，系统能效表现尤为突出；即使在温和地区，通过合理的运行策略优化，仍可获得可观的节能收益。这种气候适应性使氟泵驱动型复合系统成为具有广泛应用前景的数据中心冷却解决方案。系统设计中的关键技术包括：变频氟泵流量的精确控制、并联回路的热力学优化以及智能切换算法的开发。这些技术共同保障了系统在不同工况下的高效稳定运行，为数据中心实现低碳化运营提供了可靠的技术支撑。

氟泵驱动型复合系统采用模块化设计理念，将氟泵驱动回路与蒸气压缩制冷有机融合，形成具有自适应特性的混合制冷架构。其技术优势主要体现在三个方面：首先，通过氟泵模式在低温工况下的高效运行，大幅提升了自然冷源利用率；其次，蒸气压缩制冷回路保障了系统在高温环境下可靠的制冷能力；最后，灵活的管路布置方案突破了传统重力式热管系统对安装高度的严格要求。

此外，系统运行特性表现出明显的温度依赖性。在低温区间（−15～15℃），纯氟泵模式凭借相变换热的高效性，实现卓越的能效，系统 *COP* 可达到 9.7～15.8；随着环境温度的升高（15～35℃），系统逐步过渡到混合运行模式，最终在高温工况下切换为纯蒸气压缩制冷模式，系统 *COP* 降低至 3.8～6.6。这种动态调节机制确保了系统在不同气候条件下的最优性能。当前的研究重点正从单一参数调控转向多变量协同控制。数据中心通过建立压缩机频率、氟泵转速和膨胀阀开度等多参数的耦合优化模型，实现对系统运行状态的精确调控。这种智能化控制策略不仅提升了瞬时能效，还通过预测性维护延长了设备寿命，推动复合驱动方案在高密度数据中心中的广泛应用。

2.2.3　热管背板冷却系统节能研究发展趋势

当前数据中心热管背板冷却系统的节能研究主要围绕两个关键维度展开：服务器集群热管理优化和冷却系统运行参数协同调控。

在服务器集群热管理方面，研究重点聚焦于建立基于深度学习的温度场预测模型，通过实时监测服务器进出口空气温度，动态调整计算负载分布，实现机柜内部热流密度的均衡化控制。该方法通过将服务器进、出口空气温度与预设温差的函数关系转化为功率分配系数，有效改善了局部过热现象，提升了散热系统的整体效率。在系统集成优化层面，研究呈现出多技术路线融合的趋势。其中，液冷服务器与空气自然冷却的协同控制算法展现出显著优势。通过智能调度不同冷却模式下的计算负载分配，实现了冷却系统能耗的显著降低。当这种动态分配模型与分离式热管冷却系统的热力学特性相结合时，可推导出适应不同气候特征的优化送风策略，为系统级能效提升提供了新的技术路径。相关研究成果不仅深化了对数据中心冷却系统能量传递过程的认识，更重要的是构建了从设备级热管理到系统级能效优化的完整技术体系。通过将服务器负载分配与冷却系统运行参数进行耦合优化，形成了具有自适应特性的闭环控制方法，为数据中心冷却系统的智能化升级奠定了理论基础。随着研究的深入，这种多尺度、多维度的协同优化方法正在推动热管背板冷却技术向更高能效方向发展。

在冷却系统运行参数协同调控方面，研究聚焦于送风参数调控、运行模式切换策略以及多变量耦合调控的方法。送风参数调控的研究建立了送风量、送风温度与气流组织之间的多目标函数关系，通过分析这些参数的非线性耦合效应，提出了最小化气流掺混损失的气流组织方式。在运行模式切换策略方面，研究确定了复合驱动方案在蒸气压缩模式与热管模式下基于室外环境温度的最佳模式切换阈值，指出当室外环境温度低于 15℃时，应切换至热管模式以获取最佳能效。另外，相关研究还持续探索包括设备启停时序、换热器配置优化以及阀门控制策略在内的综合调控方法。随着智能优化算法的引入，该领域的研究方法发生了显著转变。元启发式算法（如遗传算法、粒子群优化等）被广泛应用于解决多变量强耦合条件下的全局优化问题，实现了系统运行参数与设备工况的协同优化。同时，机器学习算法在系统参数预测和实时控制方面展现出独特优势，通过建立系统参数与运行状态的映射关系，为动态调节提供了新的技术手段。在系统建模与仿真方面，结合数值仿真平台与智能优化算法，形成了基于非线性约束优化的系统设计方法。这种方法不仅考虑了制冷量需求约束，还整合了能耗特性分析，为冷却系统的高效运行提供了量化设计工具。这些技术进步共同推动形成了从理论建模到智能控制的多层次优化框架，显著提升了数据中心冷却系统的能效水平和运行可持续性。

综上所述，当前数据中心柜级热管背板冷却系统在服务器集群热管理和冷却系统运行参数协同调控两个关键维度的运行优化研究已形成较为完善的技术体系。通过融合多目标优化理论与智能算法，已能够实现送风参数、运行模式切换阈值等多变量的全局协同优化，在确保制冷需求的前提下显著提升系统能效。然而，现有优化模型在约束条件设置方面仍存在明显不足。多数研究仅将制冷量需求作为主要约束条件，而未能充分考虑蒸发温度、压缩机排气温度等关键运行参数的安全阈值，以及冷却水温度等影响系统稳定性的重要因素。这种简化处理虽然降低了模型的复杂程度，但可能使优化结果在工程实践中面临可靠性挑战。未来的优化模型亟须引入多重性能与安全约束，开发能够平衡能效目标与可靠性要求的综合评价体系，研究长期运行工况下系统性能衰减的预测方法，推动优化模型从单纯追求能效极值向兼顾性能、可靠性与经济性的综合决策转变，为数据中心冷却系统的工程实践提供更可靠的理论支撑。

基于当前柜级热管背板冷却系统的研究进展，未来技术发展将呈现多维度深化的趋势。①在材料与结构创新方面，研究重点将集中于热管内部微纳结构的设计与新型高导热材料的应用。通过构建具有梯度孔隙特征的微通道网络，并结合表面改性技术，可显著提升毛细驱动力和轴向热输运能力，使系统在更紧凑的物理空间内应对持续增长的热流密度挑战。②在系统集成层面，新一代热管背板冷却系统将集中于与冷却分配单元及其他末端设备的深度融合。这种集成化设计需要解决冷媒网络拓扑优化、标准化接口协议以及动态负荷分配等关键技术问题，以构建具有弹性扩展能力的模块化冷却架构。通过优化系统级的热力耦合关系，可以实现跨模块的热量动态调配与能效协同优化。③智能控制技术的引入将推动系统向自适应调节方向发展。结合分布式温度传感网络和机器学习算法，建立热负载实时预测模型，并据此动态调整制冷剂流量、蒸发温度等关键参数，形成具有自学习能力的闭环控制系统。这种方法不仅能提升能效，还可显著改善温度控制的稳定性和响应速度。④在设计与优化方法方面，多物理场耦合仿真将成为重要的研究工具。通过建立包含流体流动、相变传热和结构力学等多物理过程的数值模型，可以对复杂的热管结构进行参数化分析和优化设计。这种基于仿真的设计方法能够加速新型热管几何构型和界面传热特性的研发进程，缩短从实验室研究到工程应用的转化周期。

由此可见，热管背板冷却系统正处于重要的技术转型期，其发展轨迹呈现出明显的阶段性特征。从技术演进维度来看，该领域已完成了基础理论研究和单元部件验证的初级阶段，正在向系统集成化和控制智能化的工程应用阶段跨越。具体而言，热管背板冷却系统正由单一实验验证阶段迈向系统集成与智能化控制的工程化应用阶段，研究重心也逐步从单纯的部件级性能提升转向整体解决方案的全链路协同与动态自适应管理，为高密度电子设备提供低能耗、高可靠的冷却方案。这些技术共同推动了数据中心冷却系统向低能耗、高可靠性方向发展，为构建符合“双碳”目标的绿色数据中心提供了关键技术支撑。未来随着新材料、新工艺的引入，热管背板冷却系统将在能效提升和热流密度管理方面展现出更大的潜力。

2.3 计算流体力学在柜级冷却中的应用

随着高功率密度计算设备的广泛应用，数据中心面临前所未有的热管理挑战。服务器集群的热流密度提升导致机房热环境的复杂性显著增加，表现为温度分布不均程度加剧、局部过热现象频发等。这些变化对数据中心冷却系统提出了更严格的要求：需要同时满足快速响应、均匀分配和高能效等多重目标。在此背景下，计算流体力学（CFD）凭借其多物理场耦合分析能力，已成为解决这些复杂问题的关键技术手段。

在柜级冷却系统的方案制定与优化过程中，CFD 作为揭示气流机理与评估设计优劣的核心手段，通过数值求解 Navier-Stokes 方程组，能够精确模拟数据中心内部复杂的气流组织与传热过程。需要特别说明的是，当前 CFD 在数据中心的应用主要集中于机房内部微环境的气流与温度场分析，而不涉及供配电系统、制冷机组等外围设施的全局热力耦合模拟。这种研究范围的界定既考虑了计算资源的合理分配，又确保了针对服务器散热这一核心问题的研究深度。

CFD 在柜级冷却系统优化中的应用呈现出明显的阶段性特征。第一阶段是概念设计验证，采用参数化建模方法快速构建机房几何模型，对冷热通道隔离、机柜排列方式等基础设计方案进行初步评估，并在局部采用细网格与高阶湍流模型，对送风口朝向、回风路径等关键结构进行预评估。第二阶段转入综合性能评估，通过设置不同的服务器负载工况和环境参数边界条件，比较各种设计方案下的流场均匀性、温度分布合理性以及系统阻力特性。这一阶段通常需要建立包括服务器简化模型在内的完整计算域，并采用更精确的湍流模型，以提高预测准确性。第三阶段侧重于问题诊断与改进，利用局部细化网格捕捉局部流动异常现象，如气流短路、涡流死区等，并通过流线可视化、温度梯度分析等方法揭示其形成机制。基于这些分析结果，可以提出针对性的结构改进或运行参数调整方案。第四阶段服务于运行维护优化，将 CFD 模拟结果与现场实际监测数据通过数据同化技术相结合，构建数字孪生模型。该模型能够实时反映数据中心机房气流状态变化，为冷却系统的动态调节提供决策支持，实现能效的持续改进。这种应用方式标志着 CFD 技术已从单纯的设计发展为集设计、诊断、优化于一体的综合解决方案。

在执行房间级流场和温度分布的计算分析仿真时，采用多尺度建模方法对保证预测精度至关重要。其中，柜级精细化建模作为连接设备级与房间级的中间尺度，在准确预测热环境方面发挥着关键作用。通常基于模块化建模思想，将单个或成组机柜视为具有特定热工特性的独立单元，在合理简化内部器件布局的前提下，假设机柜内部器件布局已符合部件级热设计要求，不会对房间级流场产生显著的不利影响，重点模拟机柜与环境空气之间的对流换热过程。这种建模策略既保证了计算效率，又能有效捕捉机柜进、出风口气流组织特性和内部导流装置的效果，以及局部温度场分布等关键参数。

柜级 CFD 模拟对工程实践具有重要的指导价值。行业调研显示，数据中心散热问题往往呈现出跨尺度特征，许多宏观层面的冷却效率低下问题，其根源可追溯至机柜内部的风道设计缺陷。常见的典型问题包括：电缆布线不当造成的流道阻塞、设备间隙导致的气流旁路，以及导风板配置不合理引发的冷热混合等。这些问题通过传统的房间级模拟往往难以准确识别，而引入柜级精细化建模后，工程师可以在设计阶段就预判这些潜在的流动异常，并针对性地优化机柜内部风道结构、设备布局和气流分配方案。这种多尺度模拟方法的应用，使得数据中心冷却系统设计从传统的经验主导模式转变为基于量化分析的优化模式。通过在虚拟环境中预先验证不同设计方案，不仅可以有效避免实际建设中的返工和改造，更能为高密度计算环境下的可靠散热提供科学保障。随着模拟精度的持续提升和计算效率的不断改善，柜级 CFD 模拟正在成为数据中心热管理领域不可或缺的工具，为提升系统能效和运行可靠性提供了强有力的技术支撑。

此类模型既可为概念设计阶段提供高层级的流场分析，也可在详细设计阶段对关键区域进行微观热力学优化，其模拟精度和适用性高度依赖于模型细节层级及校准策略。在概念设计阶段初期，通常构建简化模型来初步评估冷却系统的整体性能，这类模型能够预测房间级的气流组织和温度分布趋势，为机房空调机组（CRAC）或机房空气处理装置（CRAH）等核心冷却设备的选型与布置提供依据。此时的模拟侧重于宏观流场特征分析，如总送风量需求和大尺度温度梯度分布，但对服务器级能耗差异和局部复杂流动结构的捕捉能力相对有限。当设计进程进入详细设计阶段，模型需要引入更多工程细节并进行系统校准。这一阶段的建模工作须整合配电参数、设备负载特性等关键信息，并通过与现场监测数据的对比验证来提升模型的可靠性。特别值得注意的是，IT 设备的动态能耗特性会显著影响局部热环境，因此建立准确的负载—散热关联模型对于预测机柜内部的温度分布至关重要。通过在多工况下进行模型校准，可以显著提高对热负荷变化引起的流动结构调整的预测能力。

这种分层级的建模方法既保证了设计初期的工作效率，又确保了后期优化的准确性。在概念设计阶段识别出的宏观流动问题，如回风短路现象或冷热混合区域，可以在详细设计阶段通过局部网格加密和更精确的边界条件设置进行深入分析。同时，将实测数据与模拟结果进行系统性比对，不仅能够验证模型的有效性，还能为后续的设计优化提供量化依据。这种从宏观到微观、从定性到定量的渐进式仿真策略，已成为现代数据中心热管理设计的标准实践方法。

CFD 模型在数据中心气流组织预测中面临的核心挑战在于其对几何细节和边界条件的高度敏感性。即便经过严格的现场数据校准，CFD 模型预测结果仍会与实测值存在一定偏差，这种不确定性主要来源于以下几个方面：①几何细节的微小变化会对模拟结果产生放大效应。送风口倾角的细微调整、穿孔地板开孔率的局部变化，乃至机柜内部线缆和支架的布置方式，都可能通过改变局部流动阻力而显著影响整体气流分配。②多台 CRAC/CRAH 设备协同运行产生的复杂流场相互作用给模拟带来额外挑战。设备间的气流耦合会形成动态变化的压力场，诱发二次流和涡旋结构。这些非线性流动现象对网格划分策略提出了特殊要求：一方面需要在设备进出口区域实施边界层加密，另一方面又要在交互区域保证足够的网格分辨率以捕捉涡流演化过程。③湍流模型的选择也成为影响预测精度的关键因素，标准的 k-ε 模型在处理分离流和强曲率流时存在明显局限，而更精细的大涡模拟（LES）方法又面临计算量过大的问题。工程实践中往往需要根据具体流动特征，在模型精度和计算成本之间寻求平衡。

数据中心内 CRAC/CRAH 的布置方式会显著影响气流组织特性。当两台制冷设备采用对置布置时，其送风气流相互作用会形成独特的空气动力学特征。具体表现为两股对向气流在设备间形成闭合环流，该环流中心区域产生明显的低压核心区，其压力值显著低于架空地板下的平均静压值。这种压力分布特征会直接影响地板送风系统的气流分配：当低压区恰好位于地板格栅或多孔地板下方时，会抑制冷空气向上的穿透流动，甚至在某些工况下出现冷空气下沉回流的现象。此类复杂流动现象对边界条件的敏感性体现在多个方面。首先，送风口角度或机柜位置的微调即可使低压中心显著偏移，对整体气流分布产生非线性影响，易导致预测结果在空间定位上出现偏差。其次，机柜布置方式的调整会改变流动阻力分布，进而影响整个环流结构的稳定性。这种非线性特征使得 CFD 模拟在定量预测上面临挑战，特别是在精确预测局部送风量方面存在一定局限。为应对上述挑战，当前的研究主要从三个方向进行突破：发展自适应网格加密技术，以提高局部流动特征的捕捉能力；开发混合湍流模拟，以兼顾计算效率和精度；建立基于机器学习的误差补偿方法，通过历史数据修正系统偏差。这些技术进步正推动 CFD 从定性分析工具向定量预测工具的转变。

尽管存在定量预测的困难，CFD 模拟在揭示此类流动现象的本质机理方面仍具有独特价值。通过流线可视化和压力场分析，可以清晰地识别出气流环流结构的形成位置和影响范围，为优化设备布置提供重要参考。

此外，行业实践表明，采用 CFD 辅助设计可有效规避传统“设计—建造—测试—改造”模式带来的高昂成本。通过在虚拟环境中预演不同设计方案，设计人员能够提前识别潜在的气流组织缺陷和热管理问题，从而在施工前完成优化调整。随着数字孪生技术的发展，CFD 模拟的应用已从设计阶段延伸至系统全生命周期管理。通过将 CFD 模拟与实时监测系统相结合，形成了具有持续学习能力的动态优化平台。该平台可支持多种工程决策场景：在新设备部署时进行容量规划评估，在异常工况下实施故障诊断分析，以及在运行期间开展能效优化研究。这种闭环优化机制显著提升了数据中心冷却系统应对负载波动和环境变化的能力。值得强调的是，CFD 模拟的工程价值不仅体现在初始设计阶段，更贯穿于系统持续改进的全过程。通过定期更新模型参数和边界条件，保持模拟环境与实际系统的一致性，可以为数据中心的可靠运行和能效提升提供长期的技术支撑。这种动态建模方法正在成为确保高密度数据中心冷却系统经济性和可持续性的重要保障。

2.3.1　设计优化

在柜级冷却系统的概念设计阶段，CFD 模拟作为高效的预评估工具发挥着关键作用。此阶段的核心价值在于通过建立简化模型快速验证基础冷却架构的可行性，以验证整体设计思路的可行性并识别设计敏感点，并为后续详细设计提供方向性指导。鉴于项目初期往往缺乏精确的 IT 设备负载功率与上线时间信息，设计人员通常按照最大设计负荷和风量均匀分布原则构建计算模型，这种理想化处理虽然牺牲了部分细节精度，但能够有效把握系统级的流动与传热特性。模型构建过程中，设计人员通常也会着重保留影响气流组织的关键几何要素，包括但不限于送回风通道的空间布局、热通道与冷通道边界、架空地板开孔分布模式、机柜外形尺寸等核心参数，用最小化的物理细节构建理想化工况模型，获得对总体气流组织、温度场与压降分布的定性把控。基于此类轻量化模型，在成本可控的前提下系统评估不同冷却系统的性能，如传统 CRAC/CRAH 与新型列间冷却模块的兼容性分析、不同室外气候条件下自然冷却方案的适用性研究，以及多样化冗余配置下的气流组织稳定性验证等。

待设计框架基本成型后，CFD 模拟进入深度验证与优化阶段，主要围绕以下方面展开系统性分析：

（1）冷却技术路线评估。通过建立参数化模型，对 CRAC、CRAH、列间/顶置冷却器、带节能器及直接新风冷却等多种冷却方案进行模拟对比，重点评估各方案在典型工况下的气流组织效率、热回流抑制效果以及系统阻力特性，为技术选型提供数据支撑。

（2）设备布置优化。结合建筑结构特征（包括数据中心体量、柱网间距、层高限制等）和电气布局要求，对冷却单元的空间配置进行多方案比选。通过模拟冷量分配与机柜热负荷的匹配关系，确定最优的设备数量、规格及安装位置，确保冷却资源的高效利用。

（3）气流通道参数设计。基于流体力学基本原理，对架空地板和吊顶高度、风管截面尺寸及风管弯头曲率等关键参数进行迭代优化。在满足风量需求的前提下，优化主要气流通道参数，以平衡压降与风量需求，并降低风机能耗，实现能效与性能的平衡。

（4）送风系统精细化设计。按照最短送、回风路径与气流均匀分布要求，根据气流组织最优原则，对地板格栅、顶棚风口及风管出口等末端装置的布置方案进行验证和调整。重点保证送风均匀性和气流路径合理性，避免局部气流短路或停滞现象。

（5）冷热通道隔离效果验证。对数据中心机房封闭方案进行全工况模拟，定量评估不同隔离策略对热回流控制的效果。通过对比 *PUE*、*EER* 等关键指标的变化，为隔离方案的选择提供依据。

（6）热负荷分布优化。基于预测的功率分配模式，对高密度机柜区域进行针对性设计。通过优化设备布局和冷却资源配置，降低局部过热风险，提高系统可靠性。

（7）负载率性能验证。模拟冷却系统在不同负载率下的运行特性，评估设计方案在部分负荷工况下的适应性和能效。同时，验证冗余配置下的系统可靠性，确保满足运维要求。

（8）综合能效分析。建立多维度的能效评价体系，对不同设计组合的全生命周期能源绩效进行比较分析，为最终方案决策提供量化依据。

尽管在概念决策尚未最终确定前，并不需要将 CFD 模型开发至极端精细的程度，但在确认方案可行性与敏感性分析时，适度增加几何与物理细节能够为决策提供更可靠的依据。借助这样一个“半精细”模型，得以模拟不同设计假设对冷却性能的潜在增强或削弱作用，从而在早期阶段对关键方案进行筛选与优化，而无须进行详细建模工作。模型细化通常集中在以下方面：①对 CRAC/CRAH 或列间冷却装置内部风扇的类型、布置与性能曲线进行明细化建模，以精确再现送、回风路径及压降特性；②控制系统特性，包括传感器布局、反馈控制算法与执行器模型，尤其是对环境条件敏感的冷量调节与可变风量控制逻辑，评价可变风量与冷量调节逻辑对室内环境的影响；③考虑交错机柜、顶置交换机、空插槽策略等非对置设备布局，以及高功率密度设备无法填满整柜的实际场景；④体现机柜与地板的安装方式、空插位封堵、导轨与顶部/底部缝隙，以捕捉回流短路与局部阻塞效应；⑤开展通道遏制系统设计，包括冷通道和热通道封闭结构的泄漏路径识别，以及为维持冷—热隔离而配置的风闸、隔板和密封控制措施。

对于需要深入优化机柜热环境的情况，建立高保真柜级 CFD 模型具有重要的工程价值。将柜级模型与房间级模型联动，基于模拟结果，针对不同应用场景提出定制化改进措施。相关研究已证明，在高密度交换机环境中，通过调整交换机安装高度、采用侧通风模块或优化设备间隙，可有效缓解局部热点；对导风板尺寸、风道断面及缆线走向的调整优化，可以显著提升冷空气利用率并降低风机能耗。总体而言，柜级模拟结果既为房间级气流组织提供了补充视角，也为后续实现精细化热管理和提升数据中心能效提供了技术支撑。

2.3.2 模拟评估、故障排除和升级扩容

在数据中心全生命周期管理中，CFD 技术构建了贯穿“设计—运维—改造”的技术

闭环。该技术可通过精确重建包括风道系统、机柜布局和制冷设备在内的完整几何模型，并结合实际运行参数设定边界条件，能够在虚拟环境中完整再现数据中心的流场与温度场特征。这种分析方式为运行决策提供了可靠的量化依据，同时避免了业务中断风险。

1. 模拟评估

CFD 技术可用于精确预测机房关键区域的气流速度场与温度场分布，其在数据中心方案评估中的核心价值主要体现在三个方面：①通过流场可视化技术准确识别气流组织缺陷，如冷热气流掺混、气流短路等典型问题；②定量评估不同改造方案对系统性能的改善效果，包括风道优化、设备布局调整等；③预测系统扩容后的热环境变化，为容量规划提供科学依据。这种基于模拟的决策方法显著降低了改造工程的不确定性，在控制运维成本的同时提升了系统的可靠性和能效水平。完成模型验证后，通过与设计工况或行业标准的对比分析，可以系统识别多种典型热管理问题，包括回风气流短路导致的冷热掺混、送风系统分配不均造成的局部过冷或过热，以及机柜群间热负荷差异引发的热点聚集现象。这种诊断分析为后续优化措施的制定提供了明确方向。

为进一步提升评估精度，当前 CFD 模拟还可引入动态负载集成技术。通过将实时采集的服务器工作负载数据导入模拟环境，建立热负荷与冷却能力的动态匹配模型。这种实时耦合分析方法能够量化评估不同区域热负荷与散热资源的匹配程度，为机柜功率部署策略和机房负荷调度方案的优化提供科学依据。实践表明，这种基于动态负载的模拟评估方法，可以有效预防因负载不均衡导致的热管理失效风险。此外，通过开展模拟评估，运维团队能够及时发现潜在风险，制定预防性维护策略，并优化升级改造方案，从而确保冷却系统始终处于最佳运行状态。这种闭环管理模式正在成为数据中心热管理的典型实践。

2. 故障排除

在故障诊断与排除过程中，CFD 技术与实时监测系统形成了优势互补的分析体系。通过将传感器采集的运行数据与模拟结果进行多维度比对，能够准确追溯各类异常现象的物理成因。当监测到特定机柜出现温度异常波动时，CFD 可快速构建故障场景的数字孪生模型，通过流场可视化技术精确定位气流组织失效的具体位置。

故障溯源主要聚焦于三个关键环节：首先，分析送风系统有效性，包括评估地板格栅布置的合理性及其开孔面积的匹配度；其次，诊断制冷设备运行状态，识别 CRAC 送风参数异常或气流分配不均等问题；最后，验证通道封闭的完整性，检测可能存在的密封失效导致的冷热气流掺混现象。这种系统化的诊断方法能够有效区分设备性能衰减、气流组织缺陷等不同类型的故障模式。

基于此类模拟，通过调整送风口面积或回风通道阻力系数等小幅改造，在多个案例中已被验证可将局部热点发生率降低 30%以上，从而显著提升系统运行稳定性与能效水平。

3. 升级扩容改造

在数据中心升级扩容工程中，CFD 技术已成为核心决策工具。该技术通过多方案虚拟验证，有效指导了以下关键升级改造环节：

（1）新型冷却系统选型评估。通过建立包括新风系统、列间冷却单元等新型冷却设备的全尺寸模型，可准确预测不同技术路线下的气流组织特性和温度分布规律。这种预测能力使工程师能够在实施前评估各方案的热性能提升潜力，确保在控制能耗增长的前提下实现冷却能力的显著提升。

（2）混合冷却系统集成分析。针对液冷组件与传统风冷系统的协同运行，CFD 技术能够精确模拟冷媒分配、热交换界面等关键参数，为高密度计算区域的混合冷却方案设计提供了重要依据，有效避免了不同冷却方式之间的性能干扰。

（3）设备布局优化。通过虚拟排布新型 IT 设备，可以预测扩容后的数据中心热环境的变化，重点评估高功率密度机柜的散热需求与现有冷却资源的匹配度，为设备部署策略提供优化建议。

实践证明，这种基于 CFD 模拟的改造规划方法，能够有效避免传统扩容过程中常见的冷却能力不足、气流组织恶化等问题。通过精准预测系统性能变化，确保改造后的冷却系统始终与 IT 负载保持最佳匹配状态。并且在改造方案比选过程中，CFD 技术特别关注各方案对关键能效指标的影响。通过建立 *PUE* 预测模型，预测不同方案对 *PUE* 的影响趋势，量化评估不同改造路径的能效收益，帮助运维团队在资本性支出（CAPEX）与运营性支出（OPEX）之间取得最优平衡，制定分期实施的能效提升路径。这种分析支持制定分阶段实施的改造策略，既控制了投资风险，又确保了持续的能效改进。

在持续演进的数据中心环境里，性能评估、故障排除与升级扩容改造并非孤立的，而是借助 CFD 数字孪生模型循环迭代。实时监测数据不断校准边界条件，模拟结果反向指导现场调节，形成闭环控制，推动数据中心向智能化运维与绿色低碳目标稳步迈进。

2.3.3 运维管理

在数据中心运维管理领域，CFD 技术提供了一种数据中心内部空气流动与热分布可视化的手段，正逐渐从设计辅助工具转变为日常运维的核心决策支持系统。这一转变源于现代数据中心面临的双重挑战：一方面，计算设备功率密度的持续攀升对精确热管理提出了更高要求；另一方面，绿色节能的要求促使冷却系统必须实现精细化运行。

与传统的基础设施管理（DCIM）工具依赖静态设计容量与实时监测数据不同，CFD 技术能够通过建立数据中心热环境的数字孪生模型，通过求解流体力学方程，精确预测气流组织特性和温度分布规律，突破过度设计和冷却资源浪费的局限，实现对热环境的动态、预测性管理。这种预测能力使运维团队能够突破传统经验管理的局限，实现以下关键功能：①在设备重新部署或系统升级前，通过模拟评估不同方案对局部热环境的影响，避免实际部署后的热失控风险；②基于流场可视化技术，准确定位潜在的热点区域和异常气流回路，为预防性维护提供科学依据；③通过多工况模拟，优化冷却资源配置，实现能效与可靠性的最佳平衡。

工程实际中可基于模拟结果预测不同设备部署方案或运行策略变更对数据中心中长期能耗的影响，从而避免非理性扩容或过度冷却等低效运行模式。通过把模拟输出与机器学习模型耦合，可在实时采集 IT 负载、送风参数与室外气象条件后，预测未来温度场的演化趋势，并据此动态调节送风量、送风温度及制冷模式。该闭环策略可在保障柜级温度稳定的同时，把无效冷却抑制到最小。当运维系统检测到负载峰值来临时，算法会优先调用模拟—预测结果评估各调度路径的热安全裕度，再驱动可变速风机或精密阀门逐步介入，实现主动温控而非被动响应。如此一来，数据中心能够在维持服务质量前提下动态靠近最佳 *PUE* 区间，为实现智能化、低碳化运维奠定坚实的物理与算法基础。

在柜级热环境优化实践中，CFD 技术可深入解析冷热通道隔离失效、送风路径紊乱及热回绕等复杂现象。通过建立热力学评价指标体系（如热影响因子），可量化评估相邻机柜之间的热耦合效应，进而指导隔离板、风闸与阻尼件的精细布设，从源头抑制局部过热。此外，对于大规模布局场景，快速流体模拟（FFD）在保证可接受精度的同时，可以在短时间内完成热场评估，为运行阶段的“按需—微调”策略提供了高时效性支撑。

在能效优化层面，CFD 技术不仅为设备部署决策提供定量分析，还可量化各冷却策略对 PUE 的影响。以冷通道封闭为例，经模拟评估后仅通过气流隔离即可令机柜入口温度平均下降约 3℃，继而使 PUE 降低超过 0.15；对于中等规模数据中心，通过调优送风路径与设备布局，冷却能力提升 15%，并在保证可靠性的前提下关闭冗余模块，年能耗降低约 18%。这些实例表明，CFD 主导的迭代优化已成为实现数据中心能耗与可靠性双增益的有效抓手。

在运行维护阶段，将 CFD 嵌入数据中心的运维体系，虽然需要高水平的建模能力与大量计算资源，但对超大规模数据中心与企业级数据中心而言，这一投入往往能带来显著的能效与可靠性收益。相较于依赖点位传感器的传统监测方式，CFD 能够同步解析数以百万计的网格节点，对风道几何细节、机柜错位布置以及多机柜列间的复杂耦合效应给予可视化呈现。尤其在服务器热功率密度持续攀升、设备更替频繁的背景下，任何局部结构微调（如地板开孔尺寸、线缆路径或机柜侧挡板拆装等）都可能在全局气流网络中引发连锁偏差。只有借助细粒度的流场解析，运维团队才能在不影响业务连续性的前提下预判风险并制定纠偏方案。尽管小型数据中心同样面临冷热通道混合与热点问题，但由于其运行边界相对宽松、回旋余地较大，在成本—收益权衡下，CFD 的应用仍主要集中在对热性能约束更严苛的大型数据中心。

综上所述，CFD 模拟已从单纯的诊断与优化工具，演进为数据中心运行管理中的核心技术。通过物理机理分析（实时监测数据）与数据驱动方法（预测模型）的深度融合，形成了具有自学习、自优化特征的智能运维体系，为数据中心的可持续发展提供了坚实的技术支撑。未来随着计算能力的持续提升和算法的不断优化，CFD 技术在数据中心精细化管理中的作用将进一步增强。

本章参考文献

[1]　黄翔，邵双全，吴学渊，等．绿色数据中心高效适用制冷技术及应用[M]．北京：机械工业出版社，2021.

[2]　TUCKERMAN D B, PEASE R F W. High-performance heat sinking for VLSI [J]. IEEE Electron Device Letters, 1981, 2(5): 126-129.

[3]　KANDLIKAR S G , GRANDE W J . Evolution of Micro Channel Flow Passages——Thermohydraulic Performance and Fabrication Technology[J]. Heat Transfer Engineering, 2003, 24(1): 3-17.

[4]　WEBB C Y Y L . Friction pressure drop of R-12 in small hydraulic diameter extruded aluminum tubes with and without micro-fins[J]. International Journal of Heat and Mass Transfer, 1996, 39(4): 801-809.

[5]　中国制冷学会数据中心冷却工作组．中国数据中心冷却技术年度发展研究报告 2022[M]．北京：中国建筑工业出版社，2023.

[6]　尤文焘，郁林枫．浅谈微通道换热器[J]．中国石油和化工标准与质量，2019，39(1)：141-143.

[7]　ENOKI K , MIYATA K , MORI H , et al. Boiling Heat Transfer and Pressure Drop of a Refrigerant Flowing Vertically Upward in Small Rectangular and Triangular Tubes[J]. Heat Transfer Engineer-

ing, 2013, 34(10/12): 966-975.

[8] 赵金宏. 基于微通道拓扑优化的大面积轻质结构高效换热特性研究[D]. 哈尔滨: 哈尔滨工业大学, 2022.

[9] 肖润锋, 侯予, 吕坤鹏, 等. 大深宽比微通道热沉流动换热特性数值模拟及优化[J]. 低温工程, 2018, (6): 1-7.

[10] XIE G, CHEN Z, SUNDEN B, et al. Numerical Predictions of the Flow and Thermal Performance of Water-Cooled Single-Layer and Double-Layer Wavy Microchannel Heat Sinks[J]. Numerical Heat Transfer, Part A: Applications, 2013, 63(3): 201-225.

[11] 曹子勇. 双层交错三角形凹穴微通道热沉流动与传热特性研究[D]. 常州: 常州大学, 2022.

[12] 胡张保, 张志伟, 金听祥, 等. 采用微通道蒸发器的分离式热管充液率实验研究[J]. 制冷学报, 2015, 36(4): 98-102.

[13] 袁鑫森, 袁俊飞, 王林, 等. 入口结构对微通道内两相流量分配特性影响[J]. 低温与超导, 2022, 50(7): 50-56, 62.

[14] KIM N, KIM D, BYUN H. Effect of inlet configuration on the refrigerant distribution in a parallel flow minichannel heat exchanger[J]. International Journal of Refrigeration, 2011, 34(5): 1209-1221.

[15] ZHANG Z, CHEN M, ZHANG W, et al. Thermodynamic, economic and environmental performance of a flute-type distributor embedded micro-channel evaporator for RACs[J]. Sustainable Energy Technologies and Assessments, 2022, 50(3): 101827.

[16] ZOU Y, HRNJAK S P. Effects of fluid properties on two-phase flow and refrigerant distribution in the vertical header of a reversible microchannel heat exchanger-Comparing R245fa, R134a, R410A, and R32[J]. Applied Thermal Engineering, 2014, 70(1): 966-976.

[17] REDO A M, JEONG J, GIANNETTI N, et al. Characterization of two-phase flow distribution in microchannel heat exchanger header for air-conditioning system[J]. Experimental Thermal and Fluid Science, 2019, 106: 183-193.

[18] OKAZAKI T, SUMIDA Y, MATSUSHITA A. Development of vapor compression refrigeration cycle with a natural-circulation loop[R]. Shizuoka: Mitsubishi Electric Corp., 1999.

[19] OKAZAKI T, SESHIMO Y. Cooling system using natural circulation for air conditioning[J]. Transactions of the Japan Society of Refrigerating and Air Conditioning Engineers, 2011, 25(3): 239-251.

[20] LEE S, SONG J, KIM Y, et al. Experimental study on a novel hybrid cooler for the cooling of telecommunication equipments[C]//International Refrigeration and Air Conditioning Conference at purdue, 2006.

[21] LEE S, KANG H, KIM Y. Performance optimization of a hybrid cooler combining vapor compression and natural circulation cycles[J]. International journal of refrigeration, 2009, 32(5): 800-808.

[22] WANG Z, ZHANG X, LI Z, et al. Analysis on energy efficiency of an integrated heat pipe system in data centers[J]. Applied Thermal Engineering, 2015, 90: 937-944.

[23] 王铁军, 王冠英, 王蒙, 等. 高性能计算机用热管复合制冷系统设计研究[J]. 低温与超导, 2013, 41(8): 63-66.

[24] HAN L, SHI W, WANG B, et al. Energy consumption model of integrated air conditioner with thermosyphon in mobile phone base station[J]. International journal of refrigeration, 2014, 40: 1-10.

[25] YANG Y, WANG B, ZHOU Q. Energy saving analysisof free cooling system in the data center[J].

Procedia Engineering, 2017, 205: 1815-1819.

[26] MA Y, MA G, ZHANG S, et al. Experimental investigation on a novel integrated system of vapor compression and pump-driven two phase loop for energy saving in data centers cooling[J]. Energy Conversion and Management, 2015, 106: 194-20240.

[27] DONG J, LIN Y, DENG S, et al. Experimental investigation of an integrated cooling system driven by both liquid refrigerant pump and vapor compressor[J]. Energy and Buildings, 2017, 154: 560-568.

[28] 白凯洋，马国远，周峰，等．全年用泵驱动回路热管及机械制冷复合冷却系统的性能特性[J]. 暖通空调，2016，46(9)：109-115.

[29] FUTAWATARI N, TSUKIMOTO H, KOHATA Y, et al. Packaged air conditioner incorporating free cooling cycle for data centers[C]//2016 IEEE International Telecommunications Energy Conference (INTELEC). IEEE, 2016: 1-6.

[30] LI X, ZHANG C, DONG J, et al. Feasibility investigation on a novel rack-level cooling system for energy-saving retrofit of medium-and-small data centers[J]. Applied Thermal Engineering, 2023, 229: 120644.

[31] SUN X, ZHANG C, HAN Z, et al. Experimental study on a novel pump-driven heat pipe/vapor compression system for rack-level cooling of data centers[J]. Energy, 2023, 274(7): 127335.

[32] 张卓．基于自然冷能利用的氟泵/蒸汽压缩复合制冷系统实验研究[D]. 哈尔滨：哈尔滨工业大学，2016.

[33] 林郁聪．基于氟泵增压的复合空调系统实验研究[D]. 广州：华南理工大学，2020.

[34] 魏昊天．数据中心蒸发冷却复合空调系统性能研究[D]. 沈阳：东北大学，2020.

[35] 薛达．蒸发冷却式热管与蒸气压缩复合机房空调系统性能实验研究[D]. 沈阳：东北大学，2021.

[36] 仝小溪．数据中心服务器机柜动态温度场实时预测及重构技术研究[D]. 长沙：中南大学，2023.

[37] NADJAHI C, LOUAHLIA H, LEMASSON S. A review of thermal management and innovative cooling strategies for data center[J]. Sustainable Computing: Informatics and Systems, 2018, 19: 14-28.

[38] WANG L, VON L G, HUANG F, et al. Task scheduling with ANN-based temperature prediction in a data center: a simulation-based study[J]. Engineering with Computers, 2011, 27: 381-391.

[39] MOORE J D, CHASE J S, RANGANATHAN P, et al. Making Scheduling"Cool": Temperature-Aware Workload Placement in Data Centers[C]//USENIX annual technical conference, General Track, 2005: 61-75.

[40] SHARMA R K, BASH C E, PATEL C D, et al. Balance of power: Dynamic thermal management for internet data centers[J]. IEEE Internet Computing, 2005, 9(1): 42-49.

[41] LI L, ZHENG W, WANG X, et al. Data center power minimization with placement optimization of liquid-cooled servers and free air cooling[J]. Sustainable Computing: Informatics and Systems, 2016, 11: 3-15.

[42] ZHANG Q, TU R, YANG X. Optimization operation of data Center's distributed air conditioning system based on supply-demand matching[J]. Energy, 2024, 306: 132575.

[43] PATEL C D, BASH C E, SHARMA R, et al. Smart chip, system and data center enabled by advanced flexible cooling resources[C]//Semiconductor Thermal Measurement and Management IEEE Twenty First Annual IEEE Symposium. IEEE, 2005: 78-85.

[44] CHEUNG H, WANG S. Optimal design of data center cooling systems concerning multi-chiller system configuration and component selection for energy-efficient operation and maximized free-cooling

[J]. Renewable energy, 2019, 143: 1717-1731.

[45] LING L, ZHANG Q, YU Y, et al. Energy saving analysis of the cooling plant using lake water source base on the optimized control strategy with set points change[J]. Applied Thermal Engineering, 2018, 130: 1440-1449.

[46] HE Z, XI H, DING T, et al. Energy efficiency optimization of an integrated heat pipe cooling system in data center based on genetic algorithm [J]. Applied Thermal Engineering, 2021, 182: 115800.

[47] CHEN X, TU R, YANG X. Parameter prediction optimizationof data center's heat dissipation system using machine learning algorithms[J]. Applied Thermal Engineering, 2023, 232: 121047.

[48] WANG S, TU R, CHEN X, et al. Thermal performance analyses and optimization of data center centralized-cooling system[J]. Applied Thermal Engineering, 2023, 222: 119817.

[49] BEGHI A, CECCHINATO L, DALLA M G, et al. Modelling and control of a free cooling system for data centers[J]. Energy Procedia, 2017, 140: 447-457.

第 3 章 柜级微通道热管换热器性能分析

数据中心柜级背板冷却系统主要由蒸发器、冷凝器及回流管路组成。在系统运行过程中，传统重力回流热管常面临充液率不足的问题，导致蒸发器端液膜中断，进而引发局部干涸与传热恶化；而采用泵驱模式时，若泵功率配置不当，则可能造成流量不足，诱发气塞现象和通道局部过热，最终影响系统的整体传热效率。鉴于微通道热管换热器内部结构尺度微小、流动形态复杂且相变界面高度耦合等特点，使得常规可视化实验手段难以准确捕捉制冷剂流态、相变过程及两相体积分布等关键参数，这些参数对微通道热管换热器的换热性能具有决定性影响。为深入探究制冷剂体积流量在热管系统运行机制中的作用机理，有必要借助 CFD，系统研究微通道热管换热器内部制冷剂流态及其对换热性能的影响规律。

3.1 微通道热管换热器设计

柜级背板冷却系统要求蒸发器在背板处紧凑排布且具备高效冷却能力，因此在减少额外布线空间的条件下，必须同步优化几何尺度与传热性能。以水力直径 D_h 为判据，换热器管道可划分为常规通道（$D_h>3mm$）、小通道（$1mm<D_h\leqslant 3mm$）和微通道（$10\mu m<D_h\leqslant 1mm$）。针对换热器通道内发生相变换热的情况，凡 D_h 小于 3mm 的皆可归纳于微通道。微通道依托高比表面积与强化对流界面，使蒸发潜热得以迅速释放，能够应对背板密排功率器件产生的瞬态热流密度；同时，微尺度几何突破了传统热管以毛细芯直径为上限的设计限制，显著缩减了换热器总体包络尺寸。基于上述优点，柜级背板冷却系统蒸发段宜选用微通道热管换热器作为核心散热单元。

微通道换热器由下集液管、若干并联微通道扁管、翅片百叶与上集气管组成。系统运行过程中，液态制冷剂首先汇入下集液管，经分配后沿扁管内各微通道均匀上升。在通道壁面（特别是高比表面积区域）的强化传热作用下，制冷剂迅速沸腾并以两相流形式迁移，释放出的蒸气随后在上集气管并流并排出蒸发器，与冷凝段形成封闭循环。扁管外围的百叶翅片则兼具导流与增大外部对流面积的双重作用：一方面维持背板侧气流均匀，另一方面减少壳程热阻，使内部相变蒸发潜热更高效地向环控空气侧传递。

从流动机理来看，微通道中的流体行为主要受到微尺度效应和入口段效应的共同制约。前者包括显著的表面张力、稀薄气体—液体交互以及低雷诺数诱导的黏性主导特性。当制冷剂呈两相流状态时，气泡生成、合并及破裂的界面动力学与常规尺度截然不同，既改变局部压降分布，又对瞬时换热系数产生决定性影响，使得微尺度效应在传热与流动过程中发挥了决定性作用。后者则源于边界层在微通道入口处的形成与发展。在宏观尺度下，由于入口段长度相对较短，其影响可被忽略；但在微通道管路中，由于入口段长度在通道总长度中所占比例大幅增加，速度和温度边界层难以快速充分发展，入口段效应对整体传热与阻力特性的影响不容忽视。已有实验与模拟结果表明，入口段往往呈现高于充分发展段的局部换热能力，这为微通道热管换热器在特定应用场景中实现高效换热提供了重要理论支持。

3.1.1 微通道热管换热器设计计算模型

1. 微通道热管进风量及换热器面积

微通道热管换热器的换热性能与流动性能主要受三类参数支配：①进风质量流量 M 决定空气侧可携带的显热并直接影响蒸发端压力损失；②迎风面积 A_a 与进风速度 u_a 共同决定面风速与整体压降平衡；③空气物性（密度 ρ_a、比热容 $c_{p,a}$）在送回风均温下取值，对显热传递能力具有一次性权重。设计环节需先满足机柜内部布置空间，对可用换热面积进行反向约束，然后再迭代匹配风量及管翅片排布，确保制冷量 Q_e 在额定条件下达到要求。

根据美国标准 ASHRAETC 2021[1] 与服务器制造商手册确定机柜进、出风温度与室内温度后，可先行确定空气侧显热需求。换热器所需进风体积流量 V_a 可根据能量守恒定律计算如下：

$$V_a = \frac{M}{\rho_a} = \frac{Q_e}{\rho_a\ c_{p,a}(T_{a,in} - T_{a,out})} \tag{3-1}$$

式中 Q_e ——微通道热管换热器设计制冷量，kW；

$c_{p,a}$ ——机柜送回风均温下的空气比热容，kJ/(kg·℃)；

ρ_a ——机柜送回风均温下的空气密度，kg/m^3；

M ——微通道热管换热器进风质量流量，kg/s；

$T_{a,in}$ ——蒸发器进风温度,℃；

$T_{a,out}$ ——蒸发器出风温度,℃。

机柜背板风机作为微通道热管换热器的进风驱动力，根据既定设计进风速度 u_a，推算相应迎风面积A_a ：

$$A_a = \frac{V_a}{u_a} \tag{3-2}$$

2. 空气侧对流换热系数

空气侧传热能力直接决定微通道热管换热器对大热流密度服务器的响应速度。为在有限背板深度内提升空气侧换热效率，微通道扁管两侧布置百叶翅片，既扩大了有效换热面积，又通过百叶导流产生附加二次流，从而强化边界层更新。空气与固体接触的总面积可拆分为两部分：①扁管外壁与空气直接接触的“直接换热面积”；②百叶翅片表面积构成的“间接换热面积”。微通道热管换热器的百叶翅片以预设开窗角度嵌入扁管间隙，整体呈三角形通道，百叶翅片的周期性折转使流场呈现连续截面变换与交替附面层破坏，对流换热系数显著提高。

空气侧局部传热能力采用 Kim 等人针对百叶翅片提出的 j 因子关联式进行评估，考虑了开窗角度、翅片间距及百叶高度等多重几何影响因素，具体表达如下：

---

[1] 《数据处理热环境指南》(Thermal Guidelines for Data Processing Environments)。

$$j = Re_{\mathrm{LP}}^{-0.487}\left(\frac{L_a}{90}\right)^{0.257}\left(\frac{\delta_p}{L_p}\right)^{-0.13}\left(\frac{H_d}{L_p}\right)^{-0.29}\left(\frac{F_d}{L_p}\right)^{-0.235}\left(\frac{H_l}{L_p}\right)^{0.68}\left(\frac{H_p}{L_p}\right)^{-0.279}\left(\frac{\delta_f}{L_p}\right)^{-0.05} \tag{3-3}$$

式中　Re_{LP}——空气侧雷诺数；

L_a——百叶开窗角度，°；

δ_p——翅片间距，m；

L_p——百叶窗间距，m；

H_d——翅片高度，m；

F_d——翅片宽度，m；

H_l——百叶高度，m；

H_p——扁管中心距，m；

δ_f——翅片厚度，m。

求得 j 因子后，可根据下式计算空气侧综合对流换热系数 h_a：

$$h_a = \frac{jRe_{\mathrm{LP}}Pr_a^{\frac{1}{3}}\lambda_a}{L_p} = j\frac{\rho_a v_a c_{p,a}}{Pr_a^{\frac{2}{3}}} \tag{3-4}$$

式中　Pr_a——空气侧的普朗特数；

λ_a——空气的导热系数，W/(m·K)；

ρ_a——空气的密度，kg/m³；

v_a——热管背板的迎面空气流速，m/s；

$c_{p,a}$——空气的比热容，J/(kg·K)。

其他符号同前文。

3. 制冷剂侧传热系数

微通道热管换热器通常采用铝等不透明金属制成，内部制冷剂流动呈现显著的尺度耦合与相变耦合特征，难以通过实验手段直接获取壁面温度与局部流速分布。因此，设计计算时将流动划分为单相区与两相区，并以单根微通道扁管为代表进行解析。

首先确定单位时间内通过微通道扁管的制冷剂质量流量 G_r，其表达式见式（3-5）。该式以换热器名义制冷量 Q_e 与制冷剂进、出口焓差为基础，可快速估算运行工况下的制冷剂流量分配。

$$G_r = \frac{Q_e}{h_{out} - h_{in}} \tag{3-5}$$

式中　h_{out}、h_{in}——微通道扁管进、出口制冷剂的焓值，kJ/kg。

微通道几何参数直接影响传热与压降。扁管内每条微通道都具有湿周 P_{mc} 及水力直径 D_{mc}，二者由微通道管路的长度 L_{mc} 和宽度 W_{mc} 决定，如式（3-6）与式（3-7）所示。高湿周—低水力直径组合在维持相同截面流量的前提下显著提高了对流换热潜力。

$$P_{mc} = 2(L_{mc} + W_{mc}) \tag{3-6}$$

$$D_{mc} = \frac{4L_{mc}W_{mc}}{(L_{mc} + W_{mc})} \tag{3-7}$$

式中 L_{mc}——微通道管路的长度，m；

W_{mc}——微通道管路的宽度，m。

微通道扁管作为流通制冷剂的管路，其实际有效流通面积 A_r 及微通道内部与金属壁面接触的换热面积 A_{mc} 为：

$$A_r = nL_{mc}W_{mc} \tag{3-8}$$

$$A_{mc} = 2n(L_{mc} + W_{mc})h_{mc} \tag{3-9}$$

式中 n——微通道扁管中微通道管路数量；

h_{mc}——微通道管路的高度，m；

其他符号同前文。

（1）单相区

在单相液流区，制冷剂努塞尔数 Nu_r 以式（3-10）给出，可同时反映微通道短程效应与湍流强化程度。

$$Nu_r = \frac{0.5f_r(Re_r - 1000)Pr_r}{1 + 12.7\sqrt{0.5f_r}(Pr_r^{2/3} - 1)}\left[1 + \left(\frac{D_{mc}}{L_{mc}}\right)^{2/3}\right] \tag{3-10}$$

由 Nu_r 可进一步求得液相对流换热系数 h_r：

$$h_r = \frac{Nu_r \lambda_r}{D_{mc}} \tag{3-11}$$

流动阻力 f_r 为：

$$f_r = 0.25(0.79\ln Re_r - 1.64)^{-2} \tag{3-12}$$

基于连续流动假设，单相区制冷剂压降 Δp_r 可按下式估算。

$$\Delta p_r = 4f_r \frac{l}{D_{mc}} \rho_r \frac{u_r^2}{2} \tag{3-13}$$

雷诺数 Re_r 可表示为：

$$Re_r = \frac{G_r(1 - X)D_{mc}}{A_r \mu_l} \tag{3-14}$$

式中 Pr_r——液态制冷剂的普朗特数。

λ_r——液态制冷剂的导热系数，W/(m·K)；

ρ_r——液态制冷剂的密度，kg/m^3；

u_r——液态制冷剂在微通道内的平均流速，m/s；

G_r——液态制冷剂单位流通面积的质量流量，kg/(m^2·s)；

X——干度，即制冷剂蒸气的质量分数；

μ_l——液态制冷剂的动力黏度，Pa·s。

其他符号同前文。

（2）两相区

随着制冷剂逐渐蒸发进入两相区，流动及传热机理由成核沸腾与对流气液交替主导。

其特征量以沸腾数 Bo［式（3-15）］与液相韦伯数 We_l［式（3-16）］衡量界面动力学，沸腾数 Bo 为评价流动沸腾中热通量与相变潜热—动量耦合关系的无量纲数，液相韦伯数用于描述惯性力与表面张力之比。随后采用改进马蒂内利数 X_{tt}［式（3-17）］耦合气—液黏性与密度比。基于这些无量纲数，分别求得成核沸腾换热系数 h_{nb}［式（3-18）］与对流沸腾换热系数 h_{cb}［式（3-19）］，并以向量叠加的形式组合为综合两相换热系数 h_{tp}［式（3-20）］。该模式可充分捕捉微通道中气泡生成与再附着所带来的局部换热峰值效应。

$$Bo=\frac{N_1 q}{G_r(h_2-h_1)} \tag{3-15}$$

$$We_l=\frac{G_r^2 D_{mc}}{A_r^2\rho_l\sigma} \tag{3-16}$$

$$X_{tt}=\left(\frac{\mu_l}{\mu_g}\right)^{0.1}\left(\frac{1-X}{X}\right)^{0.9}\left(\frac{\rho_g}{\rho_l}\right)^{0.5} \tag{3-17}$$

$$h_{nb}=\left[2345Bo^{0.7}P_R^{0.38}(1-x)^{-0.51}\right]\left(0.023Re_r^{0.8}Pr_l^{0.4}\frac{\lambda_r}{D_{mc}}\right) \tag{3-18}$$

$$h_{cb}=\left[5.2Bo^{0.7}We_l^{-0.54}+3.5\left(\frac{1}{X_{tt}}\right)^{0.94}\left(\frac{\rho_g}{\rho_l}\right)^{0.25}\right]\left(0.023Re_l^{0.8}Pr_l^{0.4}\frac{\lambda_f}{D_{mc}}\right) \tag{3-19}$$

$$h_{tp}=(h_{nb}^2+h_{cb}^2)^{0.5} \tag{3-20}$$

式中　N_1——扁管数量；

q——扁管壁面的热流密度，W/m²；

h_1、h_2——扁管出、入口的制冷剂相变潜热差，J/kg；

ρ_g、ρ_l——气态、液态制冷剂的密度，kg/m³；

σ——制冷剂表面张力，N/m；

μ_l、μ_g——气态、液态制冷剂的动力黏度，Pa·s；

P_R——蒸发压力与临界压力的比值。

其他符号同前文。

将空气侧对流换热系数 h_a 与制冷剂侧两相换热系数 h_{tp} 及金属壁热阻、污垢热阻 R_f 进行串并联耦合，可得到以扁管内表面为基准的整体传热系数 K［见式（3-21）］。该公式反映了空气、金属、制冷剂三重热阻的分担关系，是检验翅片结构优化与冷媒流量匹配效果的关键指标。

$$K=\frac{1}{\dfrac{1}{\eta_a h_a}+\dfrac{A_i}{h_{tp}A_a}+\dfrac{\delta}{\lambda_f}+R_f} \tag{3-21}$$

式中　η_a——翅片效率，考虑翅片在传热过程中的效率衰减；

h_a——空气侧对流换热系数，W/(m²·K)；

h_{tp}——制冷剂侧两相换热系数，W/(m²·K)；

A_i——制冷剂侧传热面积，m²；

A_a——空气侧换热面积，m²；

δ——换热管壁厚度，m；

λ_f——翅片导热系数，W/(m·K)；

R_f ——蒸发器污垢热阻，$(m^2 \cdot K)/W$。

最终，制冷剂侧可传递的实际换热量 Q'_e 依赖于传热系数 K、微通道总换热面积 A_{mc} 及对数平均温差 Δt_m［式（3-22）］。此处 Δt_m 以蒸发温度 t_e 为基准，结合制冷剂进、出液温度构成跨温驱动力。

$$Q'_e = KA_{mc}\Delta t_m = KA_{mc}\frac{t_{a,in} - t_{a,out}}{\ln[(t_{a,in} - t_e)/(t_{a,out} - t_e)]} \tag{3-22}$$

式中 $t_{a,in}$ ——蒸发器进风温度,℃；

$t_{a,out}$ ——蒸发器出风温度,℃。

其他符号同前文。

3.1.2 微通道热管换热器试制

为对柜级微通道热管背板冷却系统的传热行为进行可控实验研究，微通道热管换热器本体按 3.1.1 节建立的设计模型进行定制，同时预留实验平台后期运行压力可能升至 2.8MPa 的裕度，故将耐压等级设定为 3.0MPa，对应最大名义换热能力为 10kW。该微通道热管换热器安装在 42U 标准机柜（600mm×1200mm×2000mm）尾部出风区，与服务器风道串联布置，以确保热流自机柜内部流出后立即与蒸发器换热，减少中段热泄漏。

核心散热单元为 41 根平行布置的微通道扁管，每根扁管内均匀分布 24 条水力半径为 0.166mm 的矩形微通道，如图 3-1 所示。扁管间相邻中心距为 8.06mm，间隙区填充开窗式百叶翅片，翅片片距为 1mm，可在有限深度内实现高比表面积与持续扰流。该翅片—扁管组合采用全铝熔盐钎焊一次成形工艺，保证了内腔的气密性与外部散热片的导热完整性，随后历经氦检与水压双重试漏，以满足 3MPa 压力工况下无可见渗漏的验收标准。

微通道扁管与百叶翅片的几何开窗、搭接形式如图 3-2 所示，机柜和微通道热管换热器的具体参数汇总于表 3-1。

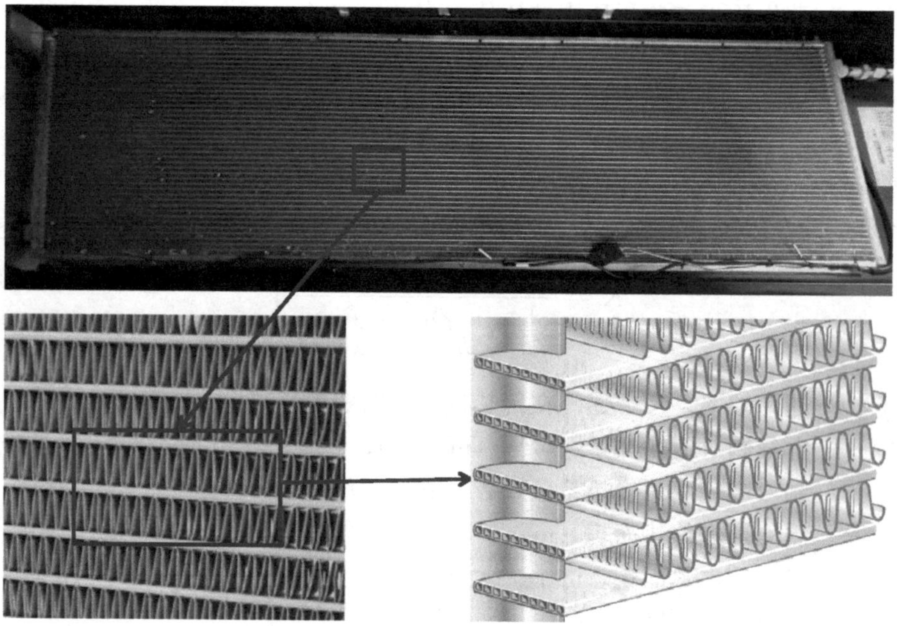

图 3-1 微通道热管换热器实物局部图

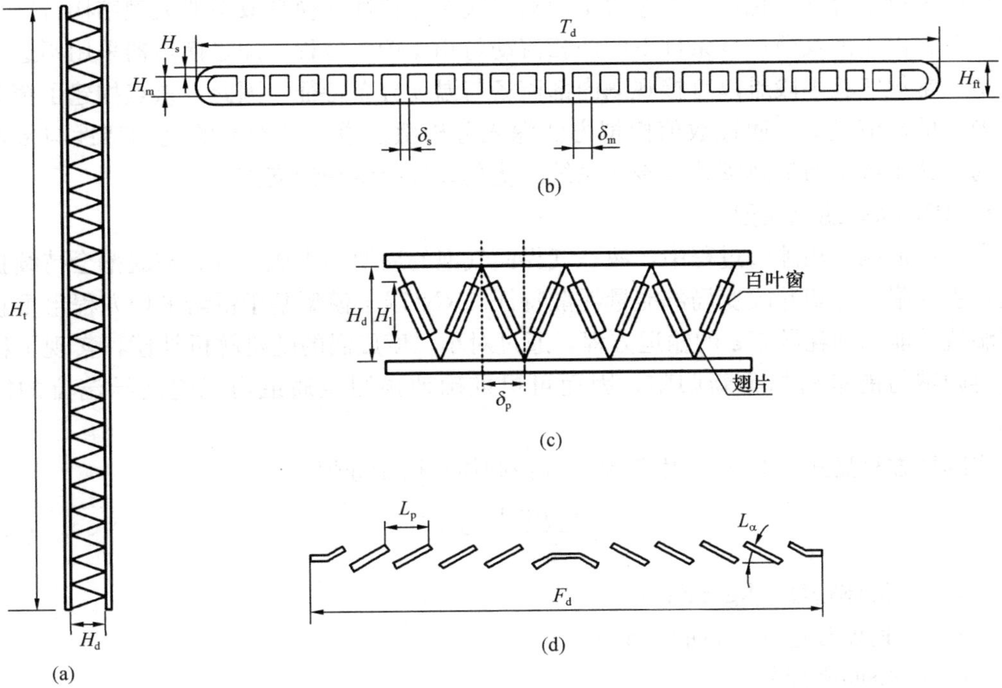

图 3-2　微通道热管背板结构图

(a) 扁管及百叶翅片正视图；(b) 微通道扁管截面图；(c) 百叶开窗正视图；(d) 百叶开窗侧视图

机柜及微通道热管换热器参数表　　**表 3-1**

项目	参数	项目	参数
机柜型号	42U	单根微通道扁管内微通道数量	24
机柜尺寸（mm）（宽×深×高）	600×1200×2000	微通道长度 δ_m（mm）	0.63
		微通道宽度 H_m（mm）	0.7
微通道热管背板尺寸（mm）（宽×高×深）	400×1472×25.2	微通道间距 δ_s（mm）	0.3
		翅片间距 δ_p（mm）	1.75
集气/液集流管管径（mm）	30	翅片尺寸（mm）（长×宽×厚）	25.4×8.247×0.1
微通道扁管数量	41		
微通道扁管长度 T_d（mm）	25.4	百叶角度 L_α（°）	28
微通道宽度 H_{ft}（mm）	1.3	百叶间距 L_p（mm）	1
微通道扁管间距 H_d（mm）	8.06	百叶高度 H_l（mm）	6.8

3.2　数值模拟基础模型

数值模拟着重刻画蒸发端微通道热管换热器内制冷剂的两相流动与传热过程。该微通道热管换热器的空气侧直接与 IT 设备排出的高温气流接触，通过显热交换实现热量传递。为增强空气侧传热效果，换热器采用了具有翅片—百叶窗式开孔的特殊结构。在建模过程中，考虑到翅片几何结构的复杂性，同时兼顾计算可行性与计算量的平衡，对空气侧几何模型进行了合理简化，重点保留了影响气流通道特性和换热效率的关键结构特征。在制冷剂侧，由于涉及微尺度条件下的两相流动与相变传热过程，加之换热器采用不透明铝材制造，常规实验手段难以直接观测内部流场与温度分布特征。因此，重点构建了蒸发侧两相换热的数值模型，通过数值模拟方法深入分析微通道内制冷剂的流动特性与传热机理，为后续柜级微通道热管背板冷却系统的优化设计提供理论支撑。

3.2.1 RNG k-ε 湍流模型

在制冷剂侧两相沸腾过程中，液—气界面气泡的周期性生成、合并与脱落会持续扰动主流，引入附加剪切并改变局部能量耗散特征。RNG k-ε 模型基于雷诺平均方程组重新推导了湍流动能 k 和耗散率 ε 的输运方程，通过对小尺度旋涡的随机解析补偿，实现了耗散项的再归纳与能量谱的重新归整，因而可更准确地预测微通道内气泡诱导湍流的能量分布。

连续性方程见式（3-23），用于保证各控制体积质量守恒。

$$\frac{\partial(\rho u_i)}{\partial x_i}=0 \tag{3-23}$$

式中 ρ——流体密度，kg/m³；

u_i——速度分量（i 方向），m/s；

x_i——空间坐标分量，m。

动量方程［式（3-24）］中，雷诺应力采用有效黏度假设封闭，μ_t 随局部 k 和 ε 自洽更新；附加浮力项 ρg_i 用于反映相变过程中密度梯度所致的体力效应。能量方程［式（3-25）］中，在源项 S_h 叠加了蒸发潜热释放所对应的体积热源，以反映两相转换对温度场的耦合影响。

$$\frac{\partial(\rho u_i u_j)}{\partial x_j}=-\frac{\partial p}{\partial x_i}+\frac{\partial}{\partial x_j}\left[(\mu+\mu_t)\left(\frac{\partial u_i}{\partial x_j}+\frac{\partial u_j}{\partial x_i}-\frac{2}{3}\frac{\partial u_k}{\partial x_k}\delta_{ij}\right)\right]+\rho g_i \tag{3-24}$$

$$\frac{\partial(\rho u_j c_p T)}{\partial x_j}=\frac{\partial}{\partial x_j}\left[\left(\lambda+\frac{\mu_t c_p}{\sigma_T}\right)\frac{\partial T}{\partial x_j}\right]+\frac{\partial u_i}{\partial x_j}\left[(\mu+\mu_t)\left(\frac{\partial u_i}{\partial x_j}+\frac{\partial u_j}{\partial x_i}-\frac{2}{3}\frac{\partial u_k}{\partial x_k}\delta_{ij}\right)\right]+S_h \tag{3-25}$$

式中 p——压力，Pa；

μ——动力黏度，N·s/m²；

μ_t——湍流黏性系数，kg/(m·s)；

δ_{ij}——克罗内克 δ 函数，当 $i=j$ 时为 1，否则为 0；

g_i——重力加速度在第 i 方向的分量，m/s²；

c_p——定压比热容，J/(kg·K)；

T——温度，K；

λ——流体导热系数，W/(m·K)；

σ_T——湍流普朗特数（湍流传热修正系数），无量纲；

S_h——能量方程中的源项（蒸发潜热释放所对应的体积热源），W/m³。

湍流动能 k 与耗散率 ε 的输运方程分别由式（3-26）与式（3-27）给出。方程右端包括由浮力引起的附增动能 G_b、由速度梯度产生的湍动动能 G_k，以及可压缩性修正 Y_M 和附加耗散修正 R_ε。RNG 重整化过程对传统 k-ε 的常数 $C_{1\varepsilon}$、$C_{2\varepsilon}$ 以及附加项 $C_{3\varepsilon}$ 进行了再标定，使模型在具有显著密度梯度和大曲率流线的沸腾流中表现得更为稳健。

$$\frac{\partial(\rho k u_j)}{\partial x_j}=\frac{\partial}{\partial x_j}\left[Pr_{\mathrm{k}}(\mu+\mu_{\mathrm{t}})\frac{\partial k}{\partial x_j}\right]+G_{\mathrm{b}}+G_{\mathrm{k}}-\rho\varepsilon-Y_{\mathrm{M}} \tag{3-26}$$

ε 方程为：

$$\frac{\partial(\rho\varepsilon u_j)}{\partial x_j}=\frac{\partial}{\partial x_j}\left[Pr_{\varepsilon}(\mu+\mu_{\mathrm{t}})\frac{\partial\varepsilon}{\partial x_j}\right]+C_{1\varepsilon}\frac{\varepsilon}{k}(G_{\mathrm{k}}+C_{3\varepsilon}G_{\mathrm{b}})-C_{2\varepsilon}\rho\frac{\varepsilon^2}{k}-R_{\varepsilon} \tag{3-27}$$

式中　k——湍流动能，m^2/s^2；

ε——湍流耗散率；

Pr_{k}、Pr_{ε}——k 方程、ε 方程中的湍流普朗特数；

μ——动力黏度，$N\cdot s/m^2$；

μ_{t}——湍流黏性系数，$kg/(m\cdot s)$；

G_{b}——由浮力产生的湍流动能，m^2/s^2；

G_{k}——由速度梯度产生的湍流动能，m^2/s^2；

Y_{M}——可压缩性修正；

R_{ε}——附加耗散修正；

$C_{1\varepsilon}$、$C_{2\varepsilon}$、$C_{3\varepsilon}$——经验系数。

通过在计算域内部署 RNG k-ε 模型，采用适配两相界面的源—汇耦合方法，可在无须过度细化网格的前提下，捕捉微通道中多尺度气泡—液膜—主流的相互作用，对局部换热系数及压降进行可靠预测，从而为后续性能优化提供准确的热流耦合信息。

3.2.2　VOF 模型

为精确捕捉蒸发端气—液两相界面的拓扑变化，选用流体体积（Volume of Fluid，VOF）方法作为多相流求解框架。VOF 在每个控制体内引入体积分数变量，利用守恒方程追踪不同相态、相界面的分布，可在不增加额外网格的前提下解析界面迁移与变形过程，适用于微通道热管换热器内部剧烈相变的情况。

在 VOF 模型中，假设各相之间互不渗透，且每一个控制单元内各相体积分数之和恒为 1。因此，可以引入第 n 相的体积分数 α_n 来描述控制单元内相的分布状态：

$$\sum_{n=1}^{m}\alpha_n=1 \tag{3-28}$$

$\alpha_n=0$：控制单元中不存在第 n 相；

$\alpha_n=1$：控制单元完全由第 n 相充满；

$0<\alpha_n<1$：控制单元中存在第 n 相与其他相的相界面。

鉴于热管内不凝性气体（如空气等）可忽略，因此在 VOF 模型中仅需考虑制冷剂的液相与气相，二者的体积分数分别为 α_{l} 与 α_{v}，满足 $\alpha_{\mathrm{l}}+\alpha_{\mathrm{v}}=1$。在此基础上，VOF 模型通过对各相体积分数的追踪，表现了气—液两相界面随时间演变的动态过程，以质量源项 S_{m} 表示蒸发—冷凝过程中的相间传质，其数学表达式如下：

$$\frac{\partial}{\partial t}(\alpha_{\mathrm{v}}\rho_{\mathrm{v}})+\nabla(\alpha_{\mathrm{v}}\rho_{\mathrm{v}}\boldsymbol{u}_{\mathrm{v}})=S_{\mathrm{m}} \tag{3-29}$$

式中　ρ_{v}——气相密度，kg/m^3；

$\boldsymbol{u}_{\rm v}$ ——气相速度矢量，m/s；

$S_{\rm m}$ ——质量源项，表示气液两相之间的质量传递，kg/s。

虽然涉及气—液两相流动，但 VOF 方法仍采用单一动量方程求解速度场。式（3-30）以体积平均密度 ρ 建立动量守恒，压力梯度、重力项与黏性扩散项共同决定速度分布。在此过程中，气、液两相共用一个速度场，动量方程可表示为：

$$\rho\frac{\partial \boldsymbol{u}}{\partial t}+\rho\boldsymbol{u}\nabla\boldsymbol{u}=-\nabla\boldsymbol{p}+\rho\boldsymbol{g}+\nabla\mu(\nabla\boldsymbol{u}+\nabla^{\rm T}\boldsymbol{u})+f \tag{3-30}$$

式中 ρ ——体积平均密度，kg/m^3；

$\boldsymbol{u}$ ——速度矢量，m/s；

$\boldsymbol{p}$ ——压力矢量，Pa；

$\boldsymbol{g}$ ——重力矢量，m/s^2；

f ——界面力源项。

能量方程沿用单场形式［式（3-31）］，体积分数加权得到的比能 E 由式（3-32）给出。忽略物质扩散与黏性耗散后，能量源项 $S_{\rm E}$ 专用于耦合潜热释放与吸收。

$$\frac{\partial}{\partial t}(\rho E)+\nabla[\boldsymbol{u}(\rho E+\rho)]=\nabla(k\nabla T)+S_{\rm E} \tag{3-31}$$

$$E=\frac{\alpha_{\rm l}\rho_{\rm l}E_{\rm l}+\alpha_{\rm v}\rho_{\rm v}E_{\rm v}}{\alpha_{\rm l}\rho_{\rm l}+\alpha_{\rm v}\rho_{\rm v}} \tag{3-32}$$

式中 E ——比能量，J/kg；

k ——体积平均导热系数，W/(m·K)；

$S_{\rm E}$ ——能量源项，代表制冷剂蒸发、冷凝过程中的能量传递，W/m^3；

$\alpha_{\rm l}$、$\alpha_{\rm v}$ ——液相、气相体积分数（液相/气相在控制体积中所占比例）；

$\rho_{\rm l}$、$\rho_{\rm v}$ ——液相、气相密度，kg/m^3；

$E_{\rm l}$、$E_{\rm v}$ ——液相、气相比能，J/kg。

为确保模型的准确性，动量方程和能量方程中所涉及的体积平均参数（如密度、动力黏度、导热系数等）均采用体积平均法计算，其表达式如下：

$$P=\alpha_{\rm l}\rho_{\rm l}+\alpha_{\rm v}\rho_{\rm v} \tag{3-33}$$

通过上述耦合，VOF 方法可同时解析微通道内气泡生成、合并与破裂引发的界面跃迁及其对流动—传热场的反馈，为揭示制冷剂两相换热机理提供可靠的数值基础。

3.2.3 表面张力模型

在微通道尺度下，气液界面处的毛细压力梯度对流场与相变传热具有显著影响，为在 VOF 方法中正确体现这一机理，可采用连续体表面力（CSF）方法，将表面张力以体积力形式并入动量方程。CSF 通过在界面区施加附加源项，使得网格无须随界面变形而动态调整，便可捕捉因曲率变化所引发的压强突变，契合微通道中高曲率小尺度气泡快速演化的特征。

在保持表面张力系数 σ 沿界面恒定且只沿界面法线方向作用的假设下，气、液两相压差满足拉普拉斯关系［式（3-34）］。界面法向量 $\boldsymbol{n}$ 定义为某一相体积分数梯度的单位向量［式（3-35）］，界面曲率 k 则由该单位法向量的散度表示［式（3-36）］。考虑固—液—气三相交线的润湿效应，界面单位法向量 $\boldsymbol{n}$ 在壁面附近由壁面法向单位向量 $\boldsymbol{n}_{\rm w}$ 和切向单位向量 $\boldsymbol{n}_{\rm t}$ 组成，具体表达见式（3-37），其中 θ 为接触角。通过该处理，VOF 可在不引入额外边界条件的情况下自然满足接触角约束。

$$p_l - p_v = \sigma\left(\frac{1}{R_1} - \frac{1}{R_2}\right) \tag{3-34}$$

$$\boldsymbol{n} = \nabla \alpha \tag{3-35}$$

$$k = \nabla \cdot \boldsymbol{n} = \nabla \cdot \left(\frac{n}{|n|}\right) \tag{3-36}$$

$$\boldsymbol{n} = \boldsymbol{n}_w \cos\theta + \boldsymbol{n}_t \sin\theta \tag{3-37}$$

式中　p_l——界面处液相侧的压力，Pa；

p_v——界面处气相侧的压力，Pa；

R_1、R_2——正交方向上的曲率半径，m；

α——某相（液相或气相）的体积分数，%；

$\boldsymbol{n}$——接触线处的单位法向量；

$\boldsymbol{n}_w$——壁面法向单位向量，垂直于固体边界；

$\boldsymbol{n}_t$——壁面切向单位向量，平行于固体边界；

θ——接触角，rad。

表面张力可通过界面处的压力突变表示，并借助散度定理将其转化为体积力形式，作为动量方程的源项引入。鉴于模型中仅含制冷剂液相与气相，且对应曲率与体积分数梯度满足 $k_l = -k_v$、$\nabla\alpha_l = \nabla\alpha_v$，CSF 体积力可简化为式（3-38）。源项 F_{cs} 随局部曲率 k_l 及体积分数梯度 $\nabla\alpha_l$ 动态变化，从而实现界面处毛细力与惯性、黏性、浮力等体积力的自然耦合，为后续揭示气泡成核、合并与破裂过程中的流动—传热耦合特性奠定了基础。

$$F_{cs} = \sum_{\text{pairs}ij,\, i<j} \sigma_{ij} \frac{\alpha_i \rho_i k_i \nabla \alpha_i + \alpha_j \rho_j k_j \nabla \alpha_j}{0.5(\rho_i + \rho_j)} = \sigma_{lv} \frac{\rho k_l \nabla \alpha_l}{0.5(\rho_l + \rho_v)} \tag{3-38}$$

3.2.4　蒸发—冷凝模型

基于用 LEE 模型的蒸发—冷凝过程的质量传递模型以局部温度 T 和对应饱和温度 T_{sat} 之间的差值驱动相变，将相变速率与局部过热或过冷度直接关联，并分别设定蒸发与冷凝的经验系数 C_{evap} 与 C_{cond}，以调节由温差引起的制冷转移速率。LEE 模型结构简单、物理意义直观，能够稳定、高效地模拟多相流（如 VOF 模型）中的相变现象，适用于各类工程热交换与相变问题。其单位体积内的相变质量传递率 $\dot{m}$ 可表示为：

$$\dot{m} = \begin{cases} C_{evap} \dfrac{\rho_l}{\rho_l - \rho_v}(T - T_{sat})，当 T > T_{sat} 时（蒸发） \\ C_{cond} \dfrac{\rho_v}{\rho_l - \rho_v}(T - T_{sat})，当 T \leqslant T_{sat} 时（冷凝） \end{cases} \tag{3-39}$$

式中　C_{evap}——蒸发经验系数；

C_{cond}——冷凝经验系数；

ρ_l——液相的密度，kg/m^3；

ρ_v——气相的密度，kg/m^3；

T——当前单元的温度，℃；

T_{sat}——局部饱和温度（通常根据局部压力确定），℃。

3.3 流程解析及求解设置

微通道热管换热器作为数据中心柜级背板冷却系统的核心制冷部件，其换热能力不仅取决于自身的几何结构，还与系统的整体运行性能密切相关。为了量化关键参数——制冷剂体积流量对背板冷却系统热管理效果的影响，本节建立了微通道热管背板的三维数值模拟模型，并选用 VOF 模型和相变传热模型，对制冷剂在微通道内的两相流动与相变换热过程进行耦合模拟。模型几何基于典型背板微通道结构，通道宽度、翅片间距和热管布局等均按实验平台实测尺寸精确构建，以保证模拟结果的物理真实性。

3.3.1 模拟流程

在模型求解前，根据系统组件实测相关需求，对流场与热场的控制方程、初始条件及边界条件进行了严格设置。控制方程包括连续性方程、动量方程以及能量方程，湍流效应采用 RNG k-ε 模型。在初始条件方面，制冷剂入口被假定为饱和液相，温度统一设定为蒸发器入口温度；边界条件则包括入口定速体积流量、出口定压释放、通道壁面给定恒定热流密度。求解过程中，采用压力—速度耦合的 SIMPLE 算法，并设定残差收敛准则为 10^{-6}，以确保计算精度；在多工况扫描时，对不同流量点（例如 0.04m^3/h、0.08m^3/h、0.12m^3/h、0.16m^3/h、0.20m^3/h、0.24m^3/h 等）分别进行稳态求解，监控关键监测点的温度和相分布收敛情况。

模型求解流程如图 3-3 所示。首先，根据微通道实物模型进行网格划分，并在微通道区域加密网格以捕捉两相界面；其次，依次激活多相流模型、相变模型及湍流模型，输入物性与边界条件；然后启动求解器，监测残差及入口、出口热通量的实时变化；最后，收敛后进行后处理分析，提取管内制冷剂气液两相分布图谱，并计算总体换热量和压降。通过对比不同体积流量下的模拟结果，揭示流量变化对背板微通道内相变换热效率、流动状态的内在影响，为后续实验验证及参数优化提供定量支撑。

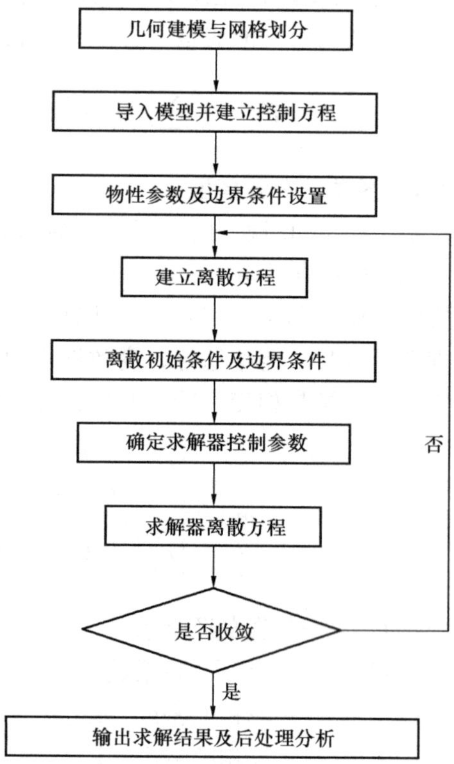

图 3-3 模型求解流程

（1）几何建模：在建模工具中构建流体域模型，包含进、出集液管及微通道，且模型设计时充分考虑微通道内制冷剂流动和热交换过程。

（2）网格划分：利用网格生成器对流体域进行网格划分，针对微通道区域采用加密网格策略，以准确捕捉局部流动细节。通过在微通道壁面附近部署更高密度的网格单元，可显著提高温度场与速度场梯度的求解精度。

（3）控制方程选择：根据制冷剂在微通道热管换热器内的实际流动特性，选择并配置适宜的求解控制方程组。

（4）物性参数设置：分别为液相与气相制冷剂设置不同的密度、黏度、导热系数等物性参数，以确保多相流模拟中物理模型的准确性。

（5）边界条件设置：根据实际问题需求设置边界条件，并确定收敛判定标准。定义进、出口边界（inlet 与 outlet）和吸热壁面（heat _ wall）。进、出口的流量和温度条件根据实验数据及厂商提供的参数进行设置。

（6）参数初始化与求解：对所有模拟变量进行合理初始化，开展数值求解。通过设定合适的残差收敛阈值和迭代步数，确保计算过程的数值稳定性及结果的收敛可靠性。

（7）后处理分析：对模拟数据进行可视化处理，生成截面图、云图等后处理成果，评估微通道内部的流态分布与传热性能，并为后续结构与工况优化提供定量化依据。

3.3.2　求解设置

1. 相关假设

在求解设置层面，为确保数值模拟的可行性与计算效率，首先对物理过程进行合理假设：①微通道扁管沿垂直方向仅发生一维传热，且散热板与换热层之间的整体传热系数视为恒定；②流体通道内的液相介质被视作不可压缩流体，以便简化连续性方程中的密度变动项；③所有固体材料（包括扁管、翅片及机柜支撑结构）均假定为各向同性，其热物性参数在计算过程中保持不变；④集液管与集气管的自身换热量相对蒸发段可忽略，因此在能量方程中不做显式耦合；⑤制冷剂在各扁管及其内部微通道的流量分配被视为均匀，以避免因局部偏流导致的不可控数值振荡。

2. 物理几何模型

基于表 3-1 所列微通道热管换热器尺寸，采用建模工具完成物理几何模型建模，如图 3-4 所示。模型包括进、出集液（气）管及 41 根微通道扁管，其内部微通道截面与试制品保持一致；为避免百叶翅片的复杂几何形状导致的过度网格细化，在建模阶段省略翅片与开窗结构，并按照 3. 1. 1 节给出的修正方法，将翅片—百叶对流强化效应等价为扁管外壁对流换热系数的修正因子，从而既保留了空气侧传热增强特征，又显著降低了网格数量与求解成本，使后续流—热耦合计算在保证精度的前提下高效完成。

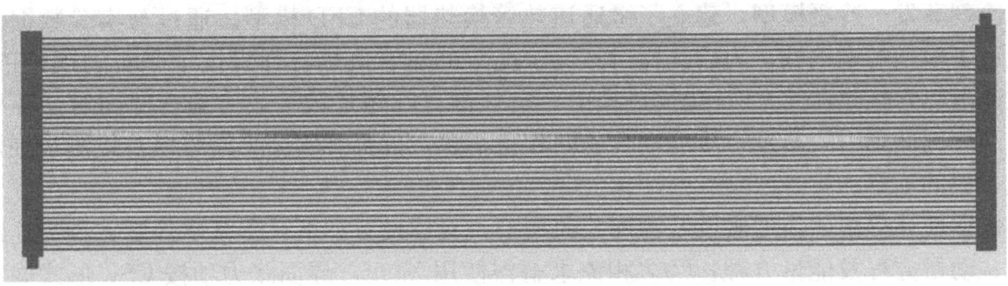

图 3-4　微通道热管换热器物理几何模型图

3. 网格划分

在流体域模型完成后，网格划分由网格生成器执行，遵循“整体均衡—局部加密”策略。先对全集流域进行初始剖分，再在微通道截面及壁面边界层区域进行细化，以提升气—液界面附近的流动与传热解析精度（图 3-5）。微通道的局部细化网格有助于捕捉流动特性和温度分布的细节。最终计算域离散为 703941 个单元（Cells），由 1476912 个面（Faces）彼此相连，并通过 772932 个节点（Nodes）精确刻画计算域的几何特征。该网格设计在保证关键流—热耦合区域解析精度的同时，控制了总体规模，兼顾了计算效率与数值稳定性。

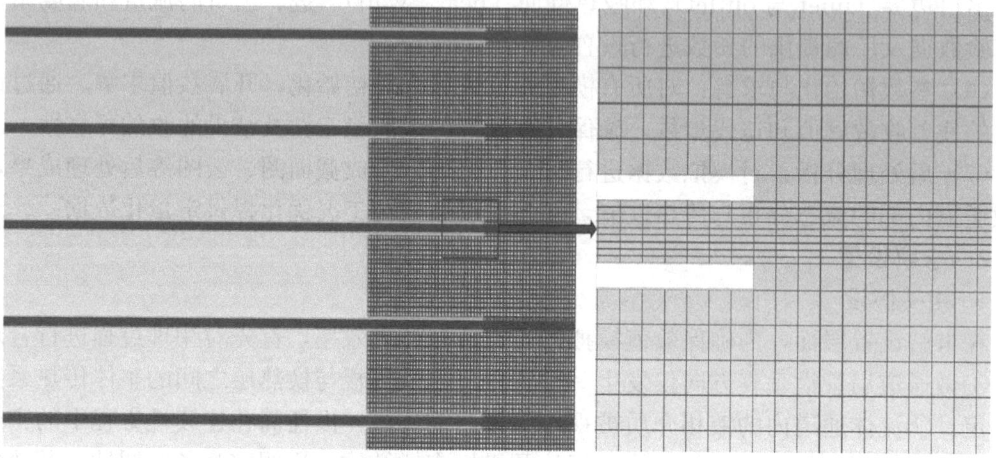

图 3-5　微通道扁管与集液管交叉处局部网格示意图

网格质量评估采用单元正交质量作为唯一考核指标，全部网格单元的正交质量均达到 1，说明单元网格近似理想正交形态，可有效避免网格畸变带来的离散误差并避免由此引发的数值不稳定。因而，该网格划分满足 CFD 计算对网格正交性的质量要求，为随后的流动—传热数值分析奠定了基础。

4. 控制方程

如前所述，微通道热管换热器尺寸微小且空气侧百叶翅片结构复杂，实验中难以对制冷剂侧的流态、相变过程、温度场分布及两相流体积分数等关键参数进行精准测量与分析，而这些参数又是反映微通道热管换热器内部换热特性的重要指标，对深入研究微通道分离式热管的传热机理具有重要意义。因而采用扁管及空气侧百叶翅片的简化模型，并结合制冷剂蒸发—冷凝模型，建立了微通道热管换热器的 CFD 模型。通过与实验数据的对比验证了模型的准确性，为后续探讨不同工况下的热管换热特性提供了坚实的理论依据。在微通道热管换热器的 CFD 建模过程中，空气侧百叶翅片被等效为扁管壁面对流强化因子，制冷剂侧则引入蒸发—冷凝耦合的两相流描述，以弥补实验手段难以直接测量细尺度相变参数的不足。

依据前述提出的物理假设及物理几何模型，具体设置如下：①基本控制方程为连续性方程、动量方程及能量方程；②多相流求解器使用 VOF，界面张力项按 CSF 形式嵌入动量方程；③制冷剂分为液态与气态两相，利用 LEE 模型描述蒸发—冷凝过程中的质量、热量和反应等的相互作用；④湍流与能量传递采用 RNG k-ε 模型湍流模型，并开启能量方程；⑤整体计算域考虑重力影响，重力加速度取 9.81m/s^2。

5. 边界条件设置

为保证数值模型与微通道热管换热器试制组件测试工况的一致性，流体入口设定为速度入口边界，出口设定为压力出口边界；入口处制冷剂以 100%液相形式进入计算域，使初始相分数分布满足LEE模型对饱和液的要求。入口温度取22℃，集流管前置上升气管处平均流速为0.221m/s，对应质量流量与实验标定一致；压力条件按照实际运行差压设置，集管进口初始压力设为1.498kPa，出口压力设为1.478kPa，在出口侧施加比进口侧低0.2kPa的压力出界条件，以形成所需的排气压差，并将回流气体体积分数定义为1。

微通道壁面采用对流换热边界，外部来流空气温度设为35℃；根据j因子修正结果，壁面综合换热系数设为88.07W/(m^2·K)，从而在不显式建模百叶翅片的情况下保持空气侧传热强化效应与实物相符。

6. 求解器设置

求解器配置首先围绕离散格式与压力—速度耦合展开：整体采用半隐式压力耦合算法SIMPLE（Semi-Implicit Method for Pressure Linked Equations），并将压力项离散格式设为基于交错网格的高精度方法，以提高计算精度。VOF体积分数方程选用几何重构法进行离散，使气—液界面保持锐利且质量守恒；动量方程、能量方程及湍流输运方程均采用二阶迎风格式，在保证数值稳定性的同时提升局部梯度的精度。空间梯度计算基于最小二乘法的单元中心格式，网格面物理量取两侧单元中心值的算术平均值，以降低非正交网格带来的截断误差。

瞬态求解采用变步长显式算法来捕捉制冷剂流动与相变的快速演化。库朗数作为时间步与网格尺寸耦合的稳定性约束，其最大物理上限为250；为兼顾界面解析精度与收敛速率，设定库朗数不大于1。收敛判据设置为：质量方程残差不大于10^{-4}，能量方程残差不大于10^{-9}，其余方程残差收敛至10^{-6}；达到上述阈值后，通过监控关键截面的速度、温度与体积分数变化趋势适时调整参数结构以稳定流场状态，满足后可视为结果收敛。

3.4　流动换热特性数值分析

采用计算流体力学方法，对新型试制微通道热管换热器的流动与换热特性进行系统研究。建立数值模型，模拟不同制冷剂体积流量下微通道热管换热器内部的流动与传热过程。通过数值模拟，重点考察制冷剂流量变化对微通道内流动形态、压降特性及换热效率的影响规律，为优化微通道热管换热器性能提供理论依据。

3.4.1　实验平台搭建与结果验证

1. 实验平台搭建

为验证数值模型的可靠性，依托“数据中心节能与低碳技术实验室”，在环境室内部搭建了微通道热管换热器性能测试台（图3-6）。采用将微通道热管换热器安装于机柜背部的布置方式，背板风机为微通道热管换热器提供所需风量，同时通过暖风机调节热管背板的进风温度，以复现数值模拟所设定的边界条件。

实验系统由42U标准机柜（600mm×2000mm×1200mm）、微通道热管换热器、背板风机组、风冷冷凝器、暖风机（型号XLHE-F10K，见图3-7、图3-8，主要参数列于表3-2）、氟泵以及实时监测系统等部件构成。机柜正面配置单开网孔门（通透率大于70%），侧板采用静电喷塑碳钢材料，以保证结构强度与气流通畅。背板风机组采用轴流

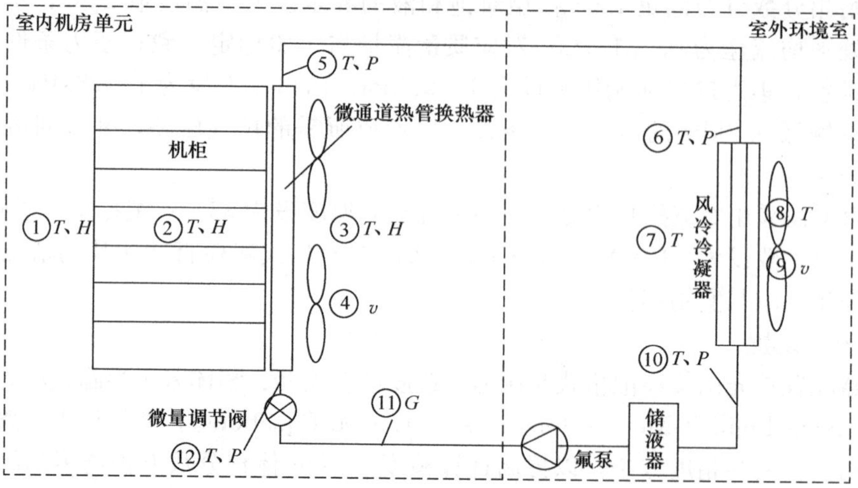

图 3-6 微通道热管换热器性能测试平台及测点示意图

图 3-7 室内侧微通道热管换热器实验平台实物图

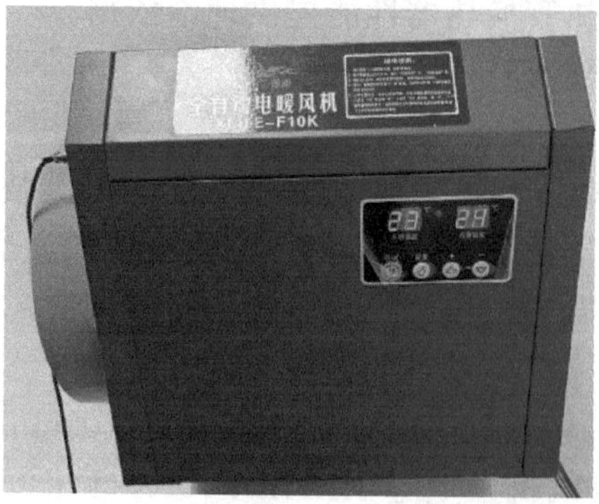

图 3-8 XLH E-F10K 型暖风机

风机，提供足够的风压来驱动机柜内外空气循环，氟泵则为制冷剂在微通道内的闭路循环提供动力。通过调节室外冷源温度来控制微通道热管换热器的进液温度，并利用暖风机对进风进行加热，使实验运行工况与数值模型保持一致，从而确保后续对比分析的准确性与可重复性。

XLH E-F10K 型暖风机参数　　　　**表 3-2**

参数	数值	参数	数值
电源电压/频率	380V/3～50Hz	热功率	10kW
控制温度	20～55℃	输出风量	1080m³/h
建议使用面积	<90m²	产品尺寸	475mm×335mm×480mm

2. 实验监测系统

实验监测系统的测点布置如图 3-6 所示。温湿度监测仪分别安置于测点①、②、③、⑦和⑧，用于记录机柜进风、蒸发器进风、蒸发器出风以及冷凝器进、出风的温湿度；热线风速仪设置在测点④和⑨，用于测定蒸发器与风冷冷凝器的出风风速；质量流量计安装于测点⑪，用于测量蒸发器总进液体积流量；压力变送器与 K 型热电阻则布置在测点⑤、⑥、⑩和⑫，以同步采集系统管路内制冷剂的压力与温度。各类实验设备的型号、测量精度及量程详见表 3-3。

实验设备的型号、测量精度和量程　　　　**表 3-3**

测量参数		设备型号	测量精度	量程
温湿度	机柜进风干球温度	ASTH02-A01	±0.5℃	−10～50℃
	机柜进风相对湿度		±3%	0～95%
	壁面温度（含制冷剂侧温度）	WRNT-035-GK-FD2JPFV	±0.75%	0～200℃
压力	制冷剂侧压力	35CP02-04	±1%	0～4.6MPa
风量	风机组出风风速	Testo405i	±0.1m/s	0～30m/s
流量	制冷剂流量	QDWL-D10-VD	±1%	0.1～1.2m³/h
功率	系统耗能	YM-M5-BE	1W	0.1～600kW

图 3-9　磁吸式 ASTH02-A01 型温湿度传感器

(1) 机柜内部、进出风温湿度测量

根据机柜温湿度测点附近工况及所处位置，选用磁吸式 ASTH02-A01 型温湿度传感器（图 3-9），通过 RS 485 通信总线传输数据，测量范围：温度为 −10～50℃，精度为 ±0.5℃；相对湿度为：0～95%，精度为 ±3%。温湿度传感器贴附于待测位置，以保证监测过程中安装便捷且不影响气流组织。

(2) 热管背板壁面温度与制冷剂温度测量

针对热管背板及制冷剂温度的监测需求，在测点处选用 K 型热电偶（图 3-10），其测温范围为 0～200℃、精度为 ±0.75%。测量前先用冰水混合物对传感器进行校准，以确保基准准确。测试过程中，壁面温度通过将热电偶感温端紧贴热管背板表面获取；制冷剂温度则在铜管外壁布置感温端，并使用铝箔胶带及管路保温材料对测点进行包覆，以减小外界热干扰，提高测量稳定性。

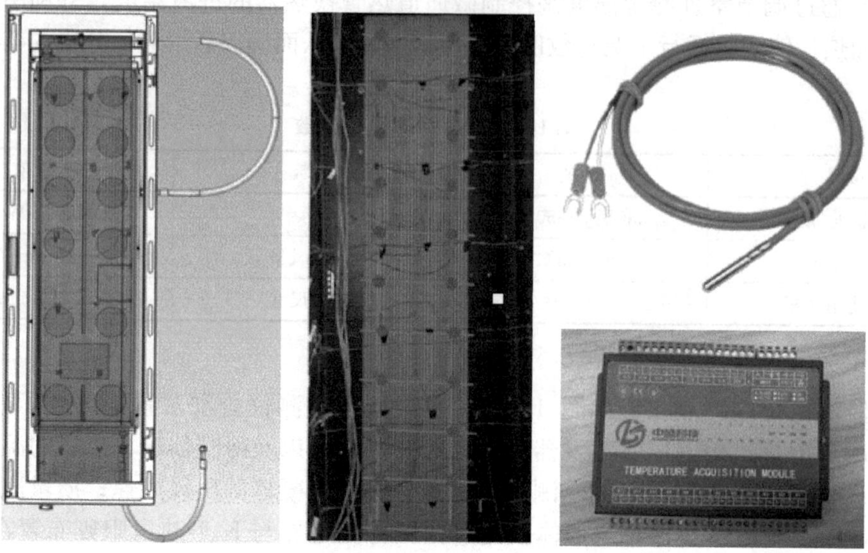

图 3-10　热管背板 K 型热电偶及温度采集模块

(3) 制冷剂压力测量

为获取各设备进、出口制冷剂的相对压力，在系统管路上选用 35CP02-04 型压力变送器（图 3-11），其测量范围为 0～4.6MPa，额定输出信号为 0.5～4.5V DC，测量精度为±1%。

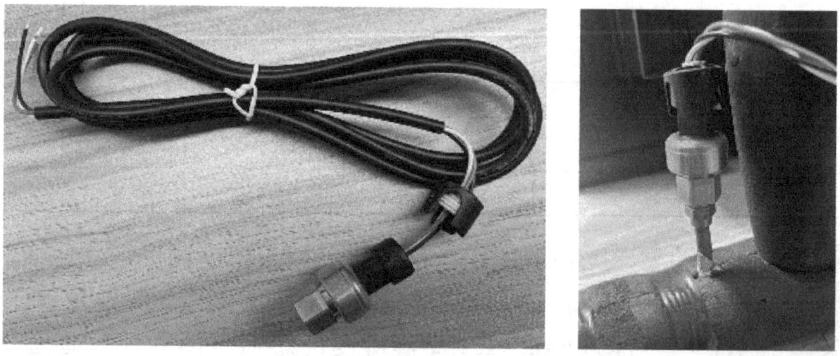

图 3-11　35CP02-04 型压力变送器

(4) 空气风速与温度测量

为监测蒸发器出风特性，在热管背板后方各风机组出风口处布置 Testo405i 便携式热线风速仪（图 3-12）。该仪器的风速量程为 0～30m/s，风速测量精度为±0.1m/s，温度测量精度为±0.5℃。实验中逐时逐点测量各风机组出风风速并取平均值，以确定蒸发器出风速度和对应的温度。

(5) 体积流量测量

制冷剂体积流量由 QDWL-D10-VD 型液体涡轮流量计（图 3-13）测定，其量程为 0.1～1.2m^3/h，测量精度为±1%，耐压 6.3MPa，可满足微通道热管换热器高压运行工

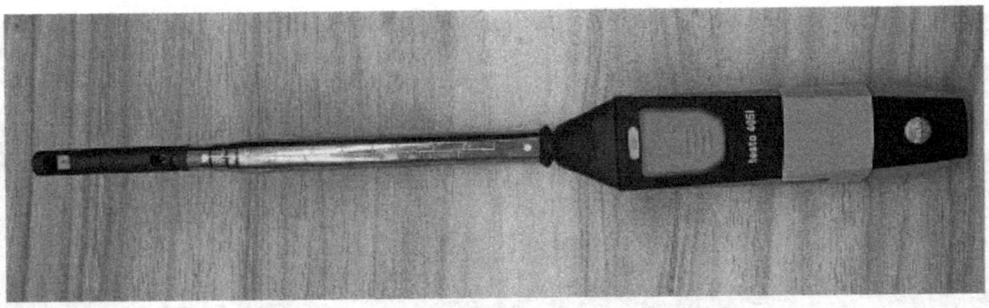

图 3-12　Testo405i 便携式热线风速仪

况下的流量监测需求。

（6）智能三相电表

系统功率采用 YM-M5-BE 型智能三相电表（图 3-14）进行实时监测，适用于 380V、50Hz 供电条件，功率测量精度为 1W，可为后续能效评价提供准确的电能数据。

图 3-13　QDWL-D10-VD 型液体涡轮流量计

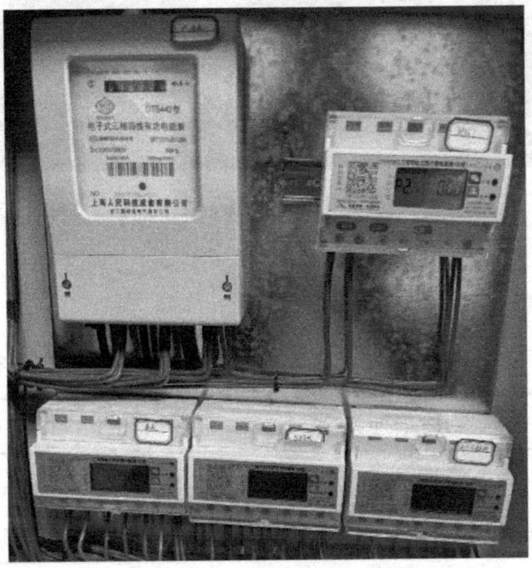

图 3-14　YM-M5-BE 型智能三相电表

实验平台的数据采集采用 ZS-PT100-12-R-RJ45 型温度传感器，并通过 RS 485 通信总线获取压力与流量信号。所有测量结果经一体化数据采集器统一发送至数据在线记录平台（图 3-15），采集时间间隔为 15s，实现对系统运行状态的实时监测与完整数据记录。

3. 制冷剂选择

柜级两相热管系统所使用的制冷剂对换热性能与安全性至关重要。目前，国内外常用的制冷剂以氟利昂类为主，此类制冷剂在常温常压下为气态，泄漏时不会以液态形式损害设备，并具有适宜的沸点与较高的潜热。合理选择制冷剂可显著提升背板蒸发器的换热效率与运行可靠性。但是相关研究也指出，需进一步关注新型绿色工质的开发和应用，以满足未来更高环境标准的要求。

在数据中心热管背板冷却系统设计中，制冷剂的选择不仅影响热管理效率，还关系到安全性、环境影响及与系统材料的相容性。R410A 作为一种广泛应用于空调与制冷系统中的高效制冷剂，在多个方面表现出了相较于 R32 和 R134a 的显著优势（表 3-4），特别是在热管背板冷却系统的应用中。以下从物理特性、安全性及相容性等几个方面对其进行

图 3-15　数据在线记录平台

详细探讨。

标准大气压下三种不同制冷剂的物性　　表 3-4

制冷剂种类	R410A	R32	R134a
液态密度（g/cm^3）①	1083.782	979.511	1225.883
液态定压比热［kJ/(kg·K)］①	1.656	1.877	1.404
液态导热系数［W/(m·K)］①	0.092	0.129	0.083
液态动力黏度（uPa·s）(293K)	126.111	119.494	207.753
沸点（K）	221.4	221.5	246.9
臭氧消耗潜能 ODP	0	0	0
全球变暖潜能 GWP_{100}	1920	677	1300
安全性	A1	A2L	A1

①　温度为 293K。

注：A1 表示无火焰传播、低慢性毒性，A2L 表示轻度可燃、低慢性毒性。

（1）物理特性：R410A 具有良好的传热性能和较大的潜热容量，相较于 R134a，它在单位质量下能够实现更高的热交换效率。

（2）安全性：R410A 作为无毒无臭的制冷剂，化学性质稳定，不易燃、不致中毒，适合数据中心等高安全需求场所，且 R410A 的工作压力比 R32 和 R134a 高，在系统稳定性方面更占优势，与 R32 相比，其更稳定，不易燃。

（3）相容性：R410A 与铝材的兼容性良好，不会引发腐蚀或材料损害，能在高温高压条件下保持化学稳定。与 R134a 相比，其长期作用下对铝材影响更小，可保障系统的可靠性和耐久性。

4. 数值模型对比验证方法

为检验所建微通道热管换热器数值模型的可信度，在泵驱模式下开展对比实验，将不同高度测得的背板壁面温度、制冷量及出液温度与模拟结果进行对比。制冷剂以液态形式进入微通道热管换热器，在微通道内部完成两相流动与相变后以气态排出，随后经管路和风冷冷凝器返回循环。

实验工况设定如下：制冷剂质量流量为 0.16kg/m³，入口温度与蒸发温度均为 22℃，换热器迎面风量为 3000m³/h。制冷剂体积流量通过调节氟泵频率实现，进液温度则结合室外温度与冷凝器风量进行精细控制，以保证与数值模拟边界条件一致。

实验实施过程：①利用暖风机将房间内部空气升温至 35℃，并对全部传感器与模拟采集系统完成校准，确保设备状态正常；②将背板风机组风量固定为 3000m³/h（根据实际实验需求设置为最大值，以研究制冷剂侧的实际效果），并在整个实验过程中保持恒定；③系统在每组设定条件下稳定运行 30min，达到热平衡后开始记录数据，采集的数据包括机柜进风、微通道热管换热器进风、微通道热管换热器出风、风机组出风的温度及风速，以及管路关键节点位置的压力等，所有数据由数据采集系统同步保存，以确保完整性与精确性。为保证结果的可靠性，每组工况重复三次，且测试前均重新启动系统以统一初始条件。所有测量值经统计处理后取平均值，以便与数值模拟输出进行严格对比。

5. 数据分析

为量化评估微通道热管换热器的换热性能，需先行计算蒸发器出口过热度与制冷量等关键评价指标。蒸发器出口过热度 ΔT_{sh} 用于评价蒸发器的换热效率，以判断制冷剂在蒸发器中的供应充足性及末端分布状况，其计算公式如下式所示：

$$\Delta T_{sh} = T_{e,out} - T(p_s)\big|_{p_s=p_{e,out}} \tag{3-40}$$

式中 ΔT_{sh}——蒸发器出口过热度,℃；

$T_{e,out}$——蒸发器出口制冷剂温度,℃；

$T(p_s)$——与制冷剂压力相对应的饱和温度（由软件 Solkane9.0.1 查询),℃；

$p_{e,out}$——蒸发器出口制冷剂压力，Pa。

实验工况下微通道热管背板冷却系统的制冷量 Q_e 依赖于空气侧显热差，可按下式计算：

$$Q_e = c_{p,a}M(T_{a,in} - T_{a,out}) = c_{p,a}\rho_a V_a(T_{a,in} - T_{a,out}) \tag{3-41}$$

式中 $c_{p,a}$——送回风均温下的空气比热容，kJ/(kg·℃)；

M——蒸发器的空气质量流量，kg/s；

ρ_a——空气密度，送回风均温下的空气密度，kg/m³；

V_a——蒸发器的空气体积流量，m³/s；

$T_{a,in}$——蒸发器进风温度,℃；

$T_{a,out}$——蒸发器出风温度,℃。

在数值模拟场景中，微通道热管背板冷却系统的制冷量 Q'_e 通过制冷剂焓差求得[式（3-42)]：

$$Q'_e = \dot{m}(h_{e,out} - h_{e,in}) = \rho_e G(h_{e,out} - h_{e,in}) \tag{3-42}$$

式中 $\dot{m}$——制冷剂的质量流量，kg/s；

ρ_e——蒸发器进口制冷剂密度，kg/m^3；

G——蒸发器进口制冷剂流量，m^3/s；

$h_{e,out}$——蒸发器出口制冷剂焓值，J/(kg·℃)；

$h_{e,in}$——蒸发器进口制冷剂焓值，J/(kg·℃)。

6. 误差分析

实验期间，外部环境波动、操作方式差异以及测量装置精度等均可能导致实验数据引入系统性误差与随机性误差。常规做法是通过规范操作流程来提高测量的可重复性，并以多次独立测试的平均值削弱随机误差。然而，仪器自身的系统误差则难以通过改进操作加以消除，须通过不确定度分析加以量化。本实验关注的关键参数包括机柜进、出风温度，热管背板壁面温度，管路表面温度，蒸发器与冷凝器进、出口压力，以及热源加热功率等。

在对微通道热管换热器的换热性能进行评估时，微通道热管背板冷却系统的制冷量与系统 COP 均由多参数函数计算而得。依据 Moffat 提出的不确定度计算方法，令待评估量 R 与直接测量的参数 X_1，X_2，$X_3 \cdots X_n$ 的函数关系下如式所示：

$$R = R(X_1, X_2, X_3 \cdots X_n) \tag{3-43}$$

相应 R 的不确定性 δR 为：

$$\delta R = \left[\sum_{i=1}^{n} \left(\frac{\partial R}{\partial X_i} \delta X_i \right)^2 \right]^{\frac{1}{2}} \tag{3-44}$$

因此，测量值 R 的相对不确定度 $\delta R/R$ 可由下式计算：

$$\frac{\delta R}{R} = \frac{\left[\sum_{i=1}^{n} \left(\frac{\partial R}{\partial X_i} \delta X_i \right)^2 \right]^{\frac{1}{2}}}{R} \tag{3-45}$$

制冷量 Q、系统 COP 的不确定度计算公式如下：

$$\frac{\delta Q}{Q} = \frac{\left[\left(\frac{\partial Q}{\partial V} \delta V \right)^2 + \left(\frac{\partial Q}{\partial T_{a,in}} \delta T_{a,in} \right)^2 + \left(\frac{\partial Q}{\partial T_{a,out}} \delta T_{a,out} \right)^2 \right]^{\frac{1}{2}}}{Q} \tag{3-46}$$

$$\frac{\delta COP}{COP} = \frac{\left[\left(\frac{\partial COP}{\partial V} \delta V \right)^2 + \left(\frac{\partial COP}{\partial T_{a,in}} \delta T_{a,in} \right)^2 + \left(\frac{\partial COP}{\partial T_{a,out}} \delta T_{a,out} \right)^2 + \left(\frac{\partial COP}{\partial W} \delta W \right)^2 \right]^{\frac{1}{2}}}{COP} \tag{3-47}$$

根据以上公式及表 3-3 所列各测量设备的精度，计算得实验条件下微通道热管背板冷却系统的制冷量的不确定度为 6.10%，系统 COP 的不确定度为 3.40%。

7. 组件性能实测

为进一步验证数值模拟的可信度，依托图 3-6 所示实验平台，在与数值模拟相同的边界条件下进行三组实验，分别将制冷剂流量、进液温度及迎面风速设置为数值模拟中对应的定值，保持其他运行参数恒定。各测试数据在允许的波动范围内变化不大，符合实验设计的预期。

采集到的瞬时数据经统计处理后，计算得到壁面温度、制冷量、制冷剂出液温度等关键指标的平均值，如表 3-5 所示。

多组实验测试结果　　表 3-5

参数	距换热器集液管不同高度处壁面温度（℃）					制冷量（kW）	制冷剂出液温度（℃）
	0.25m	0.50m	0.75m	1.00m	1.25m		
实验组 1	22.01	22.13	22.17	22.69	24.9	9.475	25.59
实验组 2	22.46	22.58	22.61	23.26	25.59	9.833	26.22
实验组 3	21.92	21.99	22.01	22.57	24.48	8.975	25.28
均值	22.13	22.23	22.26	22.84	24.99	9.428	25.70

表 3-6 中比较了微通道热管换热器在不同高度处壁面温度、制冷量与出液温度的模拟值和实验值。结果显示，两组数据呈现一致的变化趋势，但实验值普遍略高于模拟值，其原因为：一方面，受仪器精度影响，实验测量过程中不可避免地存在误差；另一方面，温度传感器探头与制冷剂之间隔有铜管，即便使用保温棉将温度探头与室内空气间隔开，仍会导致集气管处制冷剂温度测量略有偏差。数据比对发现，各变量误差均控制在 10%以内，说明模拟结果与实验结果符合度较高，数值模型精度满足计算需求。

模拟结果与实验结果对比　　表 3-6

参数	距换热器集液管不同高度处壁面温度（℃）					制冷量（kW）	制冷剂出液温度（℃）
	0.25m	0.50m	0.75m	1.00m	1.25m		
实验值	22.13	22.23	22.26	22.84	24.99	9.428	25.70
模拟值	22.06	22.55	23.04	23.70	24.64	9.951	25.23
相对误差（%）	0.32	1.44	3.50	3.77	1.40	5.54	1.83

3.4.2　流动与换热特性分析

微通道热管换热器内部的流动与换热过程呈现复杂的气液两相流特征。基于数值模拟结果，可观察到制冷剂在流动过程中发生显著的相态转变，其气相与液相的分布直接影响换热效率与流动阻力。在微通道管路结构中，制冷剂的局部流动行为表现出明显的非均匀性。气相区域流速较高，湍流效应增强，而液相区域则呈现黏性主导的层流特征。这种气液分布的动态变化，是决定微通道热管换热器整体性能的关键因素之一。

1. 微通道热管换热器制冷剂局部流动特性

图 3-16 展示了制冷剂沿微通道热管换热器高度方向的气液分布情况。在不同制冷剂体积流量下，微通道热管换热器上、中、下三段的流动形态呈现明显差异，图中深色区域代表液相，浅色区域代表气相。在微通道热管换热器下段，液态制冷剂加热至饱和温度后，首先在管壁附近生成细微气泡并附着于壁面；随着高度升高，微通道内液相制冷剂持续受外部空气的加热不断气化，气泡尺寸不断增大并相互聚合，进而形成较大的聚合气泡。受浮力与制冷剂流体剪切拖曳力的共同作用，气泡沿壁面滑移并脱离管壁上升，呈现典型的泡状流特征。进一步沿高度方向观察可见，制冷剂相态由液相向气相逐步转化，气相体积分数持续增加，表现为气泡长度（气相占比）在管长方向上单调递增。

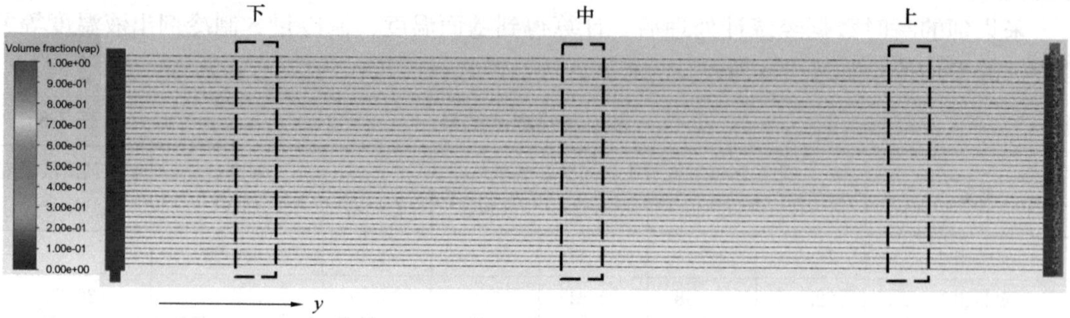

图 3-16　制冷剂沿微通道热管换热器高度方向的气液分布情况

注：Volume fraction（vap）为体积分数（体积百分比）。

图 3-17～图 3-19 对比了不同制冷剂体积流量时（0.08m³/h、0.16m³/h、0.24m³/h）微通道热管换热器上、中、下三段的局部位置流态情况。结果表明，提升制冷剂体积流量能够抑制沿高度方向的两相剧烈变化。当制冷剂体积流量为 0.08m³/h 时，微通道热管换热器上段和中段的气相占比（气泡长度）显著高于 0.16m³/h 和 0.24m³/h 两种工况，且上段的气相占比较中段大。随着制冷剂体积流量的增加，在 0.16m³/h 和 0.24m³/h 两种体积流量下，微通道热管换热器中、上段的气相变化较为平缓，表明增大体积流量有助于制冷剂在高度方向实现更均匀的相变过程。不同制冷剂体积流量下微通道热管换热器在不同的高度液相占比不同，也会在一定程度上影响该换热器作为蒸发器时的出口过热度（同时受到蒸发器出口制冷剂压力的影响）。

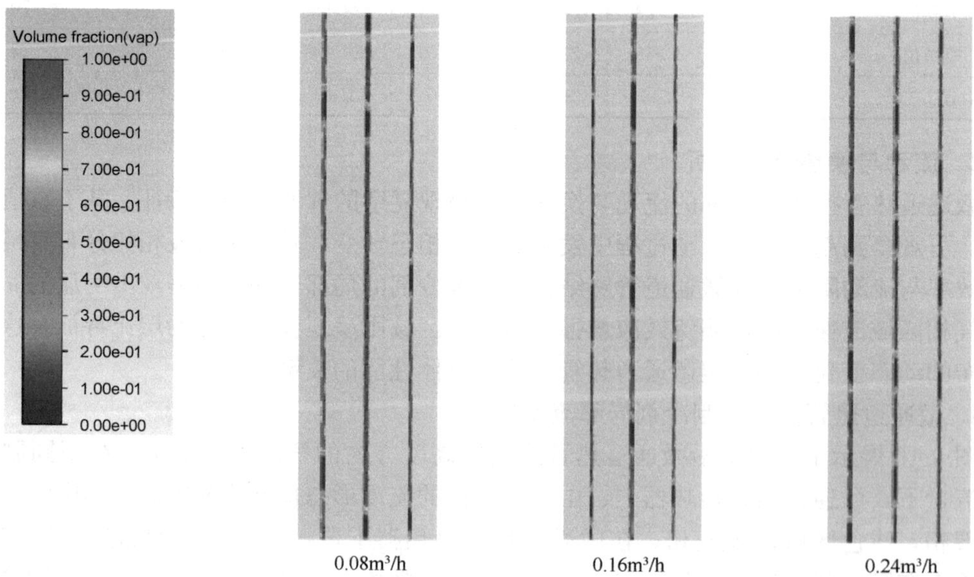

图 3-17　不同制冷剂体积流量下微通道热管换热器上段局部位置（高度 1.2～1.22m）流态

注：Volume fraction（vap）为体积分数（体积百分比）。

为进一步验证数值模型的相态分布预测，在实验平台的管路关键位置布置视液镜，对蒸发器进、出口管路中制冷剂的流态进行直观观测，如图 3-20 所示。在设定的体积流量

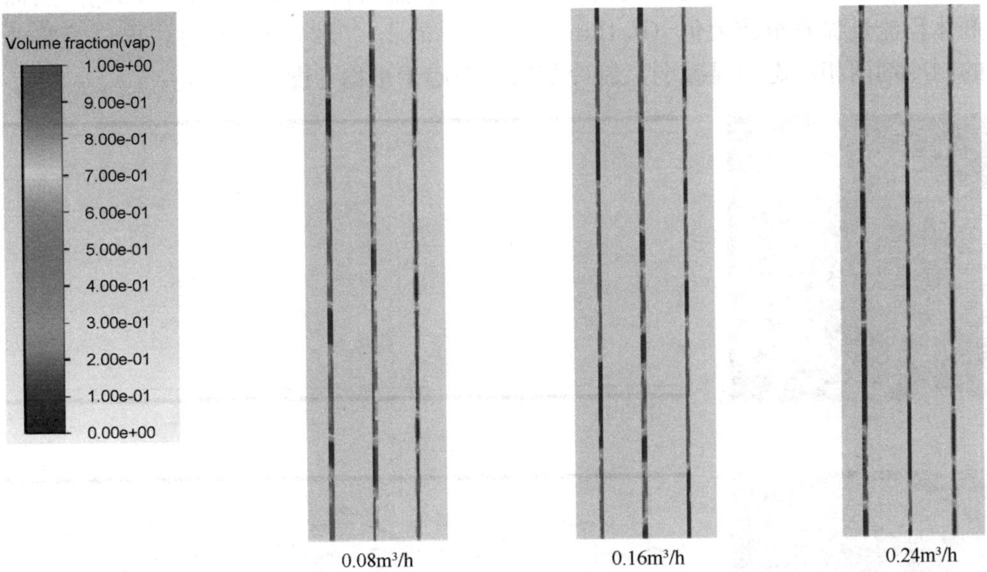

图 3-18　不同制冷剂体积流量下微通道热管换热器中段局部位置（高度 0.7～0.72m）流态

注：Volume fraction（vap）为体积分数（体积百分比）。

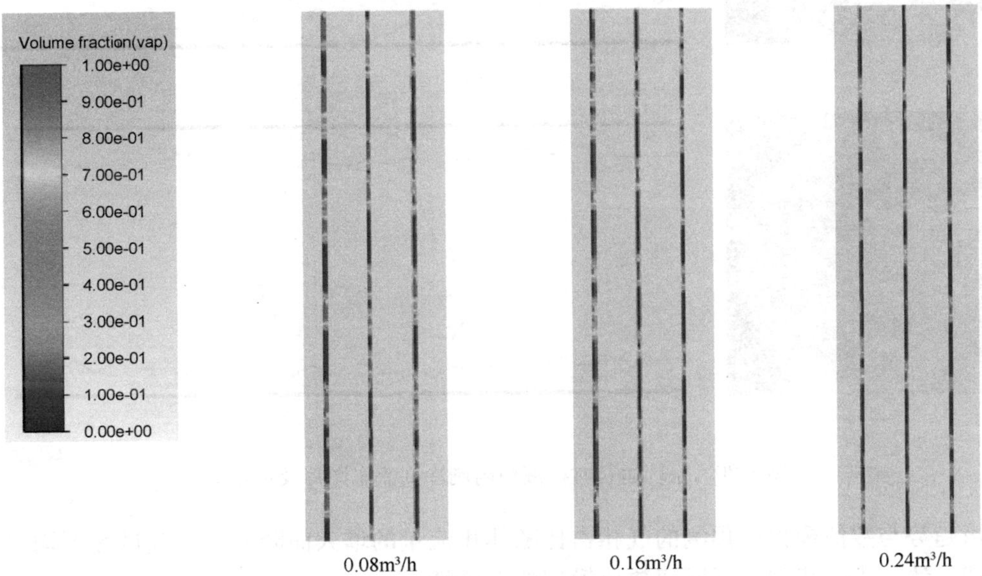

图 3-19　不同制冷剂体积流量下微通道热管换热器下段局部位置（高度 0.2～0.22m）流态

注：Volume fraction（vap）为体积分数（体积百分比）。

下，蒸发器进口处的视液镜始终未见到气泡波动，表明蒸发器进液管路始终保持液态单相流动状态［图 3-20(a)］。与之相对，在蒸发器出口管路处，视液镜则显示出明显的气液混合两相流态。

随着管道内制冷剂体积流量的减小，蒸发器出口管路处的气液混合流态也随之发生变化。当制冷剂体积流量较小（0.08m^3/h、0.12m^3/h）时，出口管路处制冷剂的两相流态更加明显，管内气、液界面处出现剧烈的波动，湍流特征显著［图 3-20(b)］。然而，当制冷剂体积流量提升至较大值（0.16m³/h、0.20m³/h、0.24m³/h）时，出口管路处所观察到的制冷剂两相流态明显减弱，制冷剂的流态趋于平稳［图 3-20(c)］。

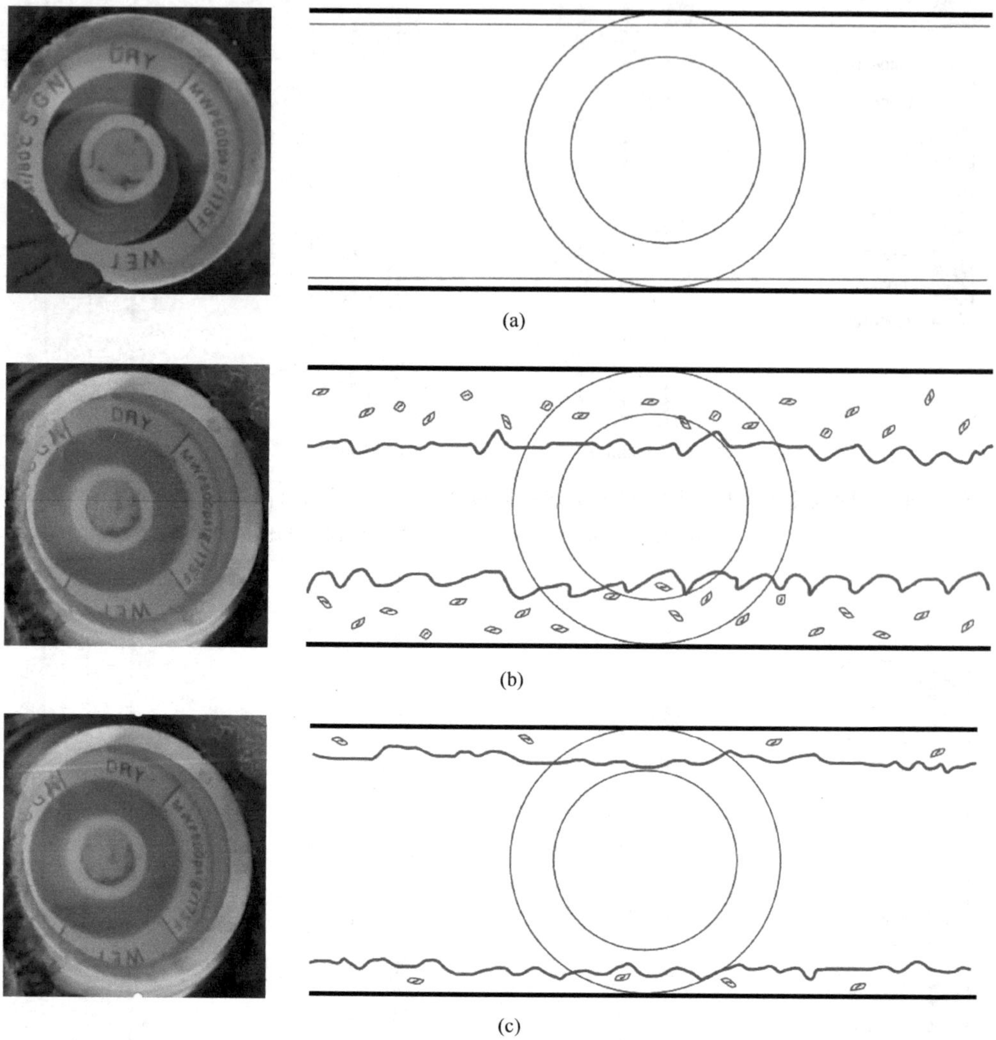

图 3-20　系统运行时视液镜内制冷剂流态图片及示意图

该趋势与数值模拟中预测的气相占比随体积流量的增大而降低、相变过程更均匀的结果保持一致，进一步印证了所建数值模型的准确性。

2. 不同制冷剂体积流量下制冷剂液相沿换热器高度方向的变化趋势

由于微通道热管换热器结构细长，通过流态图难以全面刻画管内制冷剂流态分布情况，故本小节统计了不同制冷剂体积流量下，沿微通道热管换热器高度方向的制冷剂液相体积分数分布，如图 3-21 所示。由图可知，无论体积流量大小，制冷剂液相的体积分数沿高度方向均呈逐步下降趋势。当制冷剂体积流量较小（0.08m³/h）时，0～0.3m 的高度范围内，微通道热管换热器内制冷剂液相体积分数下降趋势明显，这导致在微通道热管换热器较高位置液相占比相对偏低，而气相制冷剂的比热容较小，从而削弱了微通道热管换热器的换热性能。随着制冷剂体积流量从 0.16m³/h 增大到 0.28m³/h，液相体积分数下降的趋势明显减缓，表明此时有更多制冷剂未参与两相换热，而是始终保持较多比例的液相状态在环路内循环，系统已达到相对饱和状态。

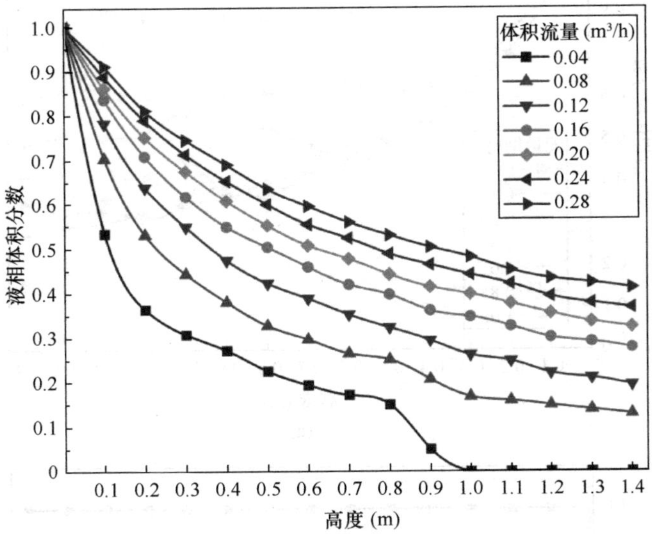

图 3-21　不同体积流量下制冷剂液相体积分数沿微通道热管换热器高度方向的分布

当制冷剂体积流量降至 0.04m³/h 时，在约 1.0m 高度处液相体积分数降为零，该位置可视为两相区与过热区的分界面。其上部空间被过热蒸气完全填充，由于气相制冷剂的比热容较小，该段的换热性能显著衰减。此时仅 0～1.0m 区段（占全程高度的 71.43%）维持两相流并承担主要的热量传递，其余高度则无法参与有效换热，表明在极低体积流量条件下系统换热性能受限。

3. 制冷剂液相体积分数随时间的变化

图 3-22(a) 给出了制冷剂体积流量为 0.16m³/h 的条件下，微通道热管换热器内液相体积分数随无量纲时间的变化曲线。初始时刻，通道中制冷剂均为液相，气、液相界面平直且分布明确，此阶段尚未出现明显的相变现象。随着加热负荷持续作用，局部液体首先在壁面附近达到饱和温度并开始气化，随后出现气泡成核与上升过程，原本的纯液相区逐渐转化为气—液两相区；管内制冷剂液相体积分数随高度呈持续下降趋势，气泡生成、合并与迁移导致两相区不断扩大，气、液分界面随时间推移向微通道热管换热器顶部移动，直至全通道进入两相流动状态。如图 3-22(b) 所示，在制冷剂体积流量为 0.08m³/h 条件下，相较于体积流量较大的工况，低体积流量促使系统稳定时制冷剂在微通道内的同高度液相占比更低，但仍能保证全高度范围内制冷剂的两相稳定分布，也表明微通道热管换热器在制冷剂体积流量较小的工况下仍可实现全段两相换热，从而充分利用换热面积。

由图 3-23 可知，随着制冷剂体积流量的增大，系统达到最佳工况的响应时间明显缩短。当体积流量由 0.16m³/h 提升至 0.28m³/h 时，响应时间从 5.40s 缩短至 3.68s，降幅约 31.9%。尽管体积流量超过 0.16m³/h 后对微通道热管换热器稳态性能的提升作用开始减弱，但较大的体积流量仍可显著加快系统进入最佳状态的响应时间。相比之下，在极低

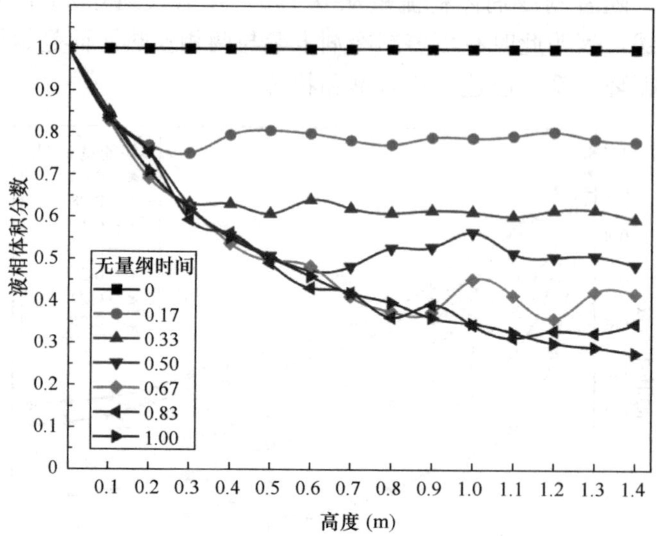

(a)

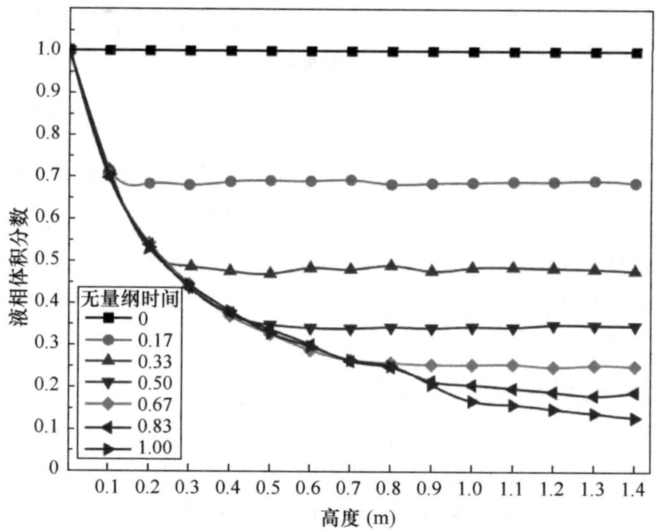

(b)

图 3-22 不同制冷剂体积流量下微通道热管换热器不同高度液相体积分数随无量纲时间的变化

(a) 制冷剂体积流量为 0.16m³/h；(b) 制冷剂体积流量为 0.08m³/h

制冷剂体积流量（0.04m³/h）下，系统响应时间延长至 12.11s，此时的整体加权气相体积分数为 0.599，明显高于其他工况，进一步凸显了制冷剂体积流量对制冷剂液相动态响应和液膜分布的双重影响。

在 0.16～0.28m³/h 的体积流量区间内以 0.04m³/h 递增采样时，相邻体积流量下的加权气相体积分数的差值维持在 0.045 左右；而当流量降至 0.12m³/h 与 0.16m³/h 之间时，该差值升至 0.055，并随着制冷剂体积流量的进一步降低，这一差值持续增大，表明低体积流量下液膜分布对气相比例的敏感性显著增强。

由综合实验平台运行表现可知，制冷剂体积流量为 0.16m³/h 可视为当前工况下的最

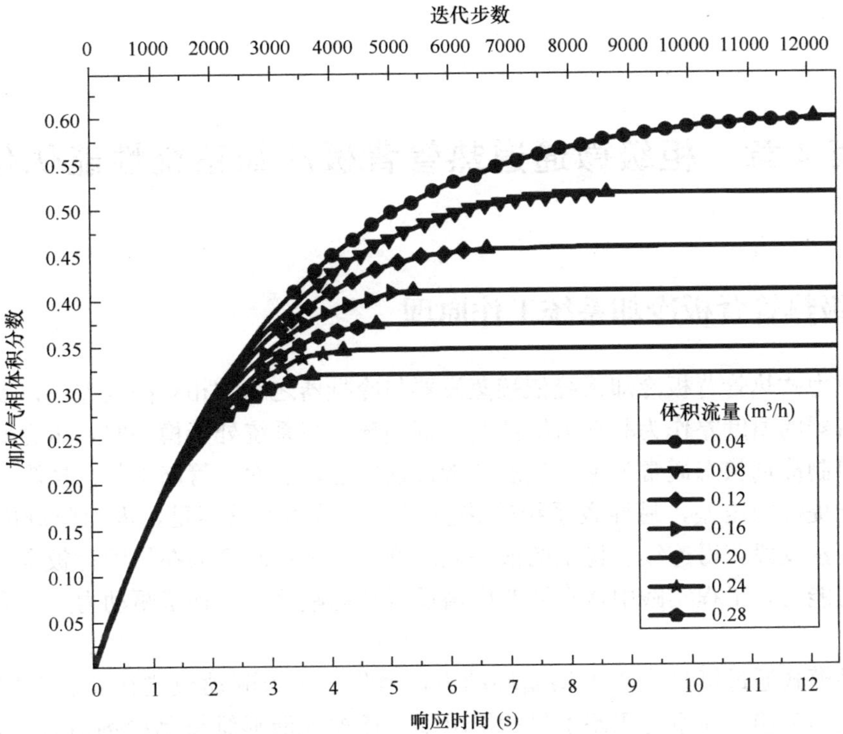

图 3-23　不同制冷剂体积流量下系统达到最佳工况的迭代步数及响应时间

优值。当制冷剂体积流量低于该最优值时，适度提高体积流量能够有效增强微通道热管换热器的换热性能；而一旦流量达到或超过最优范围，进一步增加制冷剂体积流量对微通道热管换热器换热性能的提升效果减弱，但可有效缩短系统达到最佳工作状态的响应时间。

本章参考文献

[1] STEINKE M E, KANDLIKAR S G. An Experimental Investigation of Flow Boiling Characteristics of Water in Parallel Microchannels[J]. Journal of Heat Transfer, 2004, 126(4): 518-526.

[2] 尤文泰，郁林枫．浅谈微通道换热器[J]．中国石油和化工标准与质量，2019，39(1)：141-143.

[3] KIM M, BULLARD W C. Air-side thermal hydraulic performance of multi-louvered fin aluminum heat exchangers[J]. International Journal of Refrigeration, 2002, 25(3): 390-400.

[4] WANG X, BAN X, ZHANG Y, et al. Surface Tension Model Based on Implicit Incompressible Smoothed Particle Hydrodynamics for Fluid Simulation[J]. Journal of Computer Science and Technology, 2017, 32(6): 1186-1197.

[5] YUAN X L, ZHOU X T, PAN Y Q, et al. Phase change cooling in data centers: A review[J]. Energy and Buildings, 2021, 236(4): 110764.

[6] MOFFAT R J. Describing the uncertainties in experimental results[J]. Experimental Thermal and Fluid Science, 1988, 1(1): 3-17.

第 4 章　柜级微通道热管背板冷却系统性能优化

4.1　柜级热管背板冷却系统工作原理

传统重力式热管背板冷却系统依赖蒸发器与冷凝器之间的相对高度差，以及机柜背板与室外冷凝器的温度差作为驱动力维持制冷剂循环。当系统处于稳态时，重力驱动下的热管背板出口制冷剂状态通常为饱和气态或者过热气态。然而，管路中的摩擦阻力削弱了重力驱动所能提供的压差，易导致系统管路内制冷剂循环流量不足，进而限制冷量传输效率。为保证蒸发段获得连续、稳定的液态制冷剂，并增强制冷剂在热管背板全高度范围内的均匀覆盖能力，工程实践中常在回路中增设低功耗氟泵，以补偿驱动力并提升系统运行可靠性。

泵驱动模式通过氟泵直接提供循环动力，消除了重力驱动模式在安装布置上对高度差、温度差的依赖。在重力压差不足的情况下，该模式能够维持制冷剂沿背板均匀分布，从而显著提高换热性能与系统稳定性。在系统实际运行过程中，如果制冷剂流量过低，蒸发段上部可能发生干涸（内部壁面没有液膜的覆盖），导致换热器壁面温度骤升且削弱换热性能；相反，如果制冷剂流量过高，则易使过多的液态制冷剂在冷凝段聚集，会增加冷凝段出口的过冷度且降低有效换热量。由此可见，合理调控制冷剂流量对风冷微通道热管背板冷却系统在数据中心机柜中的安全、稳定与高效运行至关重要。重力驱动与泵驱动两种模式的工作压焓图如图 4-1 所示。

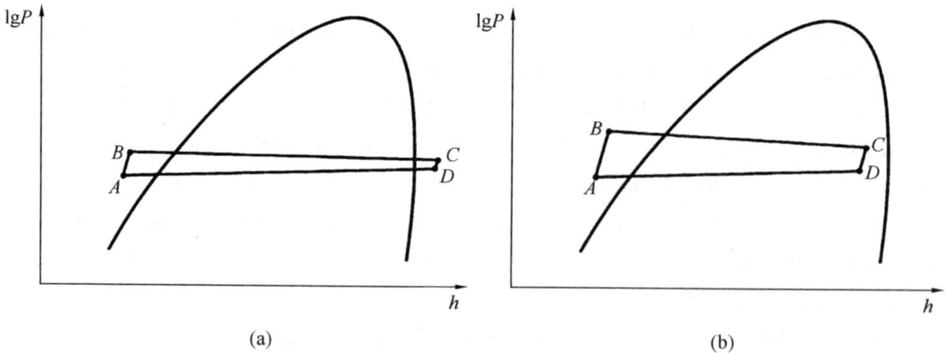

图 4-1　风冷微通道热管背板冷却系统压焓图

（a）重力驱动模式；（b）泵驱动模式

1. 重力驱动模式

在重力驱动模式下，氟泵停止运行，循环动力完全由蒸发器与冷凝器之间液位的相对高度差所产生的静压差和温度差提供。重力驱动模式的压焓图如图 4-1（a）所示。液态制冷剂自冷凝器出口回流进入液管，在压差作用下输送至蒸发器（A-B）；在蒸发段中液态制冷剂吸热后逐步气化（B-C），气态制冷剂沿上升气管进入风冷冷凝器（C-D）；气态制冷剂在风冷冷凝器中放热冷凝为液态（D-A），完成闭路循环。重力驱动模式在室外气温较低、室内外温差明显时使用，可充分利用自然冷源，但其循环压差受限于系统布置高度差与管路阻力，易出现流量不足的问题。

2. 泵驱动模式

在泵驱动模式下，氟泵投入运行并向循环回路提供额外压差。泵驱动模式的压焓图如图 4-1（b）所示。液态制冷剂经氟泵加压后回流进入液管，输送至蒸发器（A-B）；在蒸发器中液态制冷剂吸热气化（B-C），高温制冷剂经上升气管进入风冷冷凝器（C-D）；气态制冷剂在冷凝器内放热冷凝为液体（D-A），完成循环。与重力驱动模式相比，泵驱动模式在 A-B 段可提供更大的驱动力，克服了重力驱动模式对安装落差的依赖，显著改善制冷剂在蒸发段的分布均匀性与循环稳定性，适用于高度差有限或需保持恒定流量的工况。此外，与重力驱动模式相比，泵驱动模式下制冷剂在流经 B-C 段时，由于压力调控的精确性和强制对流效应，制冷剂通常维持气液两相混合状态而非完全气化状态。

数据中心柜级微通道热管背板冷却系统由室内空气循环、管内制冷剂循环与外部冷源三部分构成，其主要组件包括微通道热管换热器（蒸发器）、上升气管、下降液管、储液罐、氟泵、风冷冷凝器及电子膨胀阀，其运行原理如图 4-2所示。

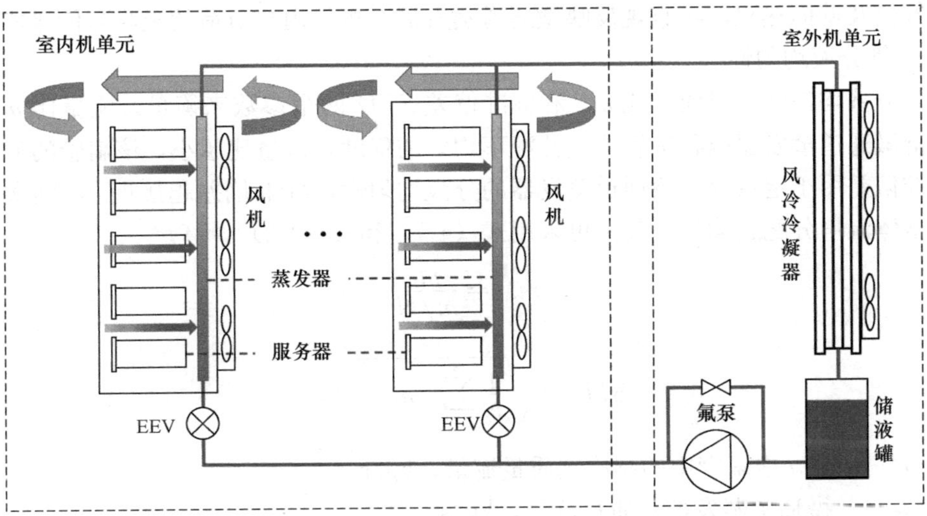

图 4-2　柜级微通道热管背板冷却系统运行原理图

（1）室内空气循环：机柜前侧设置全开式栅格进风口，冷空气经该进风口进入机柜后，在背板风机组形成的风压推动下穿过服务器模块，吸收其运行热量并降低其内部温度；升温后的热空气被引导至机柜背部蒸发器，完成与制冷剂之间的热交换后排出机柜，完成机柜内部空气循环，从而维持机柜内部及机房环境的热平衡。

（2）管内制冷剂循环：蒸发端吸收热空气中的热量，制冷剂在微通道内相变气化，携带热量并随制冷剂在压差驱动下流向风冷冷凝器；在风冷冷凝器内，制冷剂向外部冷源放热并冷凝为液态，经储液罐调节后在氟泵驱动下返回蒸发端，形成闭式循环。

（3）外部冷源：通过风冷冷凝器将制冷剂释放的热量散入室外环境，利用自然冷源完成热排放，可在不依赖额外水资源的条件下提供冷却能力，实现能效优化。

4.2 微通道蒸发器运行性能模拟

微通道蒸发器的运行性能是影响数据中心柜级冷却系统的性能和节能水平的关键。本节对不同工况条件下微通道蒸发器的冷却效果与分液特性进行数值模拟，研究运行参数对微通道蒸发器工作特性的影响规律。在冷却性能研究方面，考察了供液方式、制冷剂质量流量、入口过冷度、入口干度、空气温度以及空气侧对流换热系数等关键参数的影响，并采用定量评价指标进行性能评估。在分液特性研究方面，着重分析了供液方式、制冷剂质量流量、入口过冷度和入口干度等参数对微通道蒸发器扁管间制冷剂分配均匀性的影响，同样采用定量评价指标进行评估。

4.2.1 评价指标

为定量评估微通道蒸发器的冷却效果及扁管内制冷剂分液的均匀性，本节引入两类评价指标：冷却效果与扁管分液均匀性。

1. 冷却效果

微通道蒸发器的冷却效果以制冷剂与空气的总换热系数表征。该指标综合了制冷剂侧、空气侧及壁面热阻，可直观反映微通道蒸发器对机柜内热负荷的吸收与传递能力。

2. 扁管分液均匀性

扁管分液均匀性通过流量比 m_i^* 和标准偏差 STD 两个参数来衡量。流量比 m_i^* 用于定量评价微通道蒸发器内各扁管流量分配不均匀的程度，流量比越小，该扁管的流量越不足。标准偏差用于定量评价微通道蒸发器的分液均匀性，标准偏差越接近 0，则微通道蒸发器内整体流量分配越均匀。其值可采用式（4-1）和式（4-2）计算。

$$m_i^* = \frac{m_i}{m/N} \tag{4-1}$$

$$STD = \sqrt{\frac{1}{N}\sum_{i=1}^{N}(m_i^* - 1)^2} \tag{4-2}$$

式中　m_i——第 i 根扁管中的制冷剂质量流量，kg/s

m——微通道蒸发器总质量流量，kg/s；

N——扁管数量。

4.2.2 系统运行参数对微通道蒸发器换热效果的影响

为精确分析微通道蒸发器的换热特性，通过数值模拟方法系统考察了不同运行参数对微通道蒸发器性能的影响。将微通道蒸发器扁管沿高度方向划分为 24 个等间距控制单元，每个单元长度为 0.05m。

微通道蒸发器内制冷剂的流动换热过程可分为三个特征区域：首先是过冷区，制冷剂温度从入口温度逐渐升高至饱和温度，此阶段制冷剂液相体积分数为 1，保持液态单相流动；其次是两相区，制冷剂由饱和液态蒸发为饱和气态，该过程中制冷剂温度保持在饱和温度，气相体积分数随流动过程逐渐增加；最后是过热区，制冷剂完全气化后温度继续上升，呈现气态单相流动特性。需要说明的是，不同运行工况下，这三个区域可能不会全部出现，实际存在的区域数量取决于具体工况条件。

1. 微通道蒸发器供液方式

微通道蒸发器供液方式决定了制冷剂在微通道内的流动与相变行为，从而直接影响其传热能力。本节比较两种典型供液方式：方式 1（下集管进、上集管出）与方式 2（上集管进、下集管出）。运行工况参照系统运行工况进行设置，即在制冷剂质量流量为 0.013kg/s、制冷剂入口温度与饱和温度均为 20℃、空气温度为 37℃、空气流速为 0.8 m/s的共同边界条件下，分析微通道蒸发器供液方式对其换热效果的影响。

对于上述两种供液方式，方式 1 的制冷量更大。图 4-3 为不同供液方式下制冷剂气相体积分数及对应的制冷剂侧换热系数随高度的变化；方式 1 下制冷剂侧平均换热系数达到 1153.8W（m^2·K），比方式 2 提升 1.9%。其原因在于：方式 1 下制冷剂沿重力方向逆向流动，液态制冷剂的流动阻力更大、速度更慢，而低密度气相制冷剂以较高速度向上逸出，可迅速离开蒸发端。气态制冷剂及时排出后，壁面被液态制冷剂充分润湿，增大了与壁面的接触面积，强化了相变传热过程，最终提升了整体换热性能。

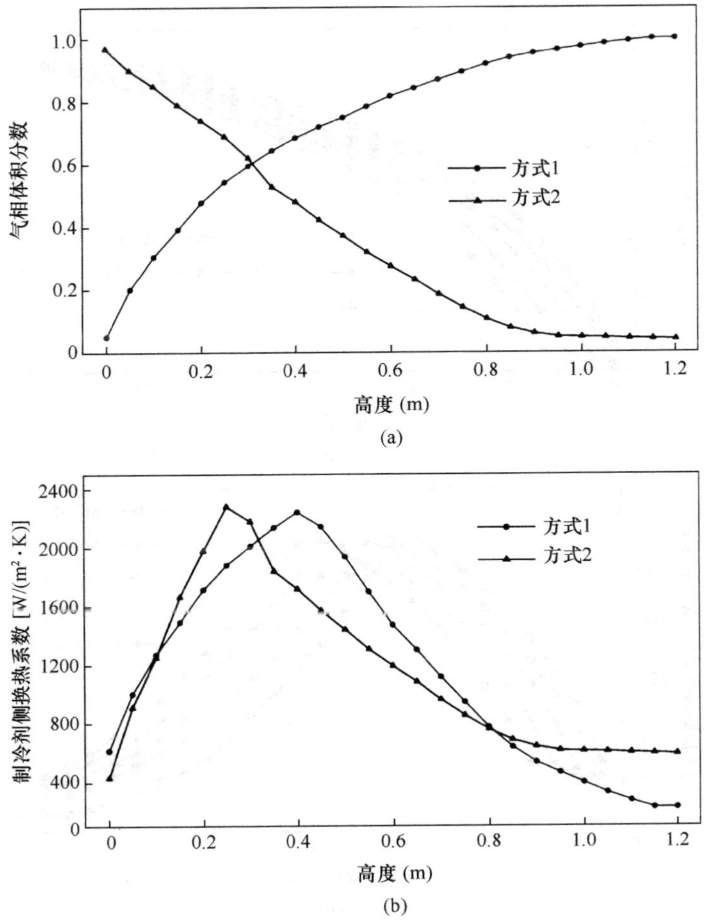

图 4-3　不同供液方式下制冷剂气相体积分数和换热系数随高度的变化

（a）气相体积分数；（b）换热系数

2. 入口过冷度

制冷剂入口过冷度 *SC* 决定了微通道蒸发器内过冷区、两相区和过热区的长度，进而影响其整体换热性能。基于下集管进、上集管出的供液方式（方式 1），保持制冷剂饱和温度为 20℃、质量流量为 0.013kg/s，空气侧温度为 37℃、空气流速为 0.8m/s 不变，考察入口过冷度为 0℃、1℃、2℃、3℃、4℃时微通道蒸发器的换热效果。

图 4-4 展示了不同入口过冷度下制冷剂气相体积分数和换热系数随高度的变化。随着 *SC* 由 0℃增至 4℃，微通道蒸发器内制冷剂气相体积分数逐步降低，过冷区长度随之延长，而过热区逐渐缩短，直至在过冷度超过 1℃时消失。当 *SC* 达到 4℃时，过冷区已延伸至 0.1m。其原因在于制冷剂入口过冷度越大，制冷剂与空气之间的显热换热量越大，需要更长的加热路径才能使制冷剂达到饱和状态，因此两相区及过热区的起始位置相应后移。制冷剂入口过冷度的增加还对制冷剂侧换热系数产生影响，随着过冷区扩大、过热区缩小，液相比例上升，而液态制冷剂的换热系数显著高于气相制冷剂，故换热系数呈轻微升高趋势。由此可见，通过调节入口过冷度，可在一定范围内优化微通道蒸发器的相区分布与传热性能。

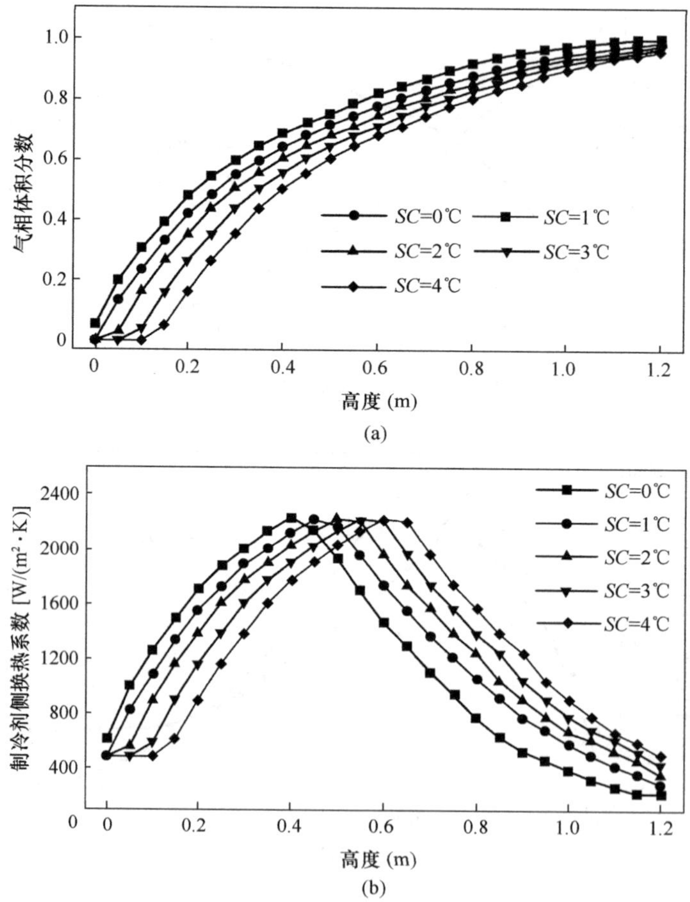

图 4-4 不同入口过冷度下制冷剂气相体积分数和换热系数随高度的变化

（a）气相体积分数；（b）换热系数

随着制冷剂入口过冷度的升高，微通道蒸发器的制冷性能随之增强，原因在于空气与制冷剂之间的温差及换热面积基本保持不变，而整体换热系数因制冷剂液相比例的上升而增大。然而，制冷量的增幅呈现递减趋势，主要归因于过冷区逐渐拉长、两相区逐渐缩短，而两相区的换热系数普遍高于过冷区。需要指出的是，调整制冷剂入口过冷度仅改变微通道蒸发器内部各相区的长度，无法影响制冷剂流量与相变温度等关键因素，因此通过提高制冷剂入口过冷度来提升微通道蒸发器换热效果的潜力相对有限。

3. 入口干度

在蒸气压缩模式下，液态制冷剂在进入蒸发器前先流过膨胀阀节流，节流过程中制冷剂将产生少量闪发蒸气，并与液态制冷剂一起流入蒸发器。基于下集管进、上集管出的供液方式（方式 1），并保持制冷剂质量流量为 0.013kg/s，制冷剂入口温度和饱和温度均为 20℃，空气温度为 37℃，空气流速为 0.8m/s 的工况，研究制冷剂入口干度 X 分别为 0、0.02、0.04、0.06 和 0.08 时微通道蒸发器的换热效果。

与改变制冷剂入口过冷度类似，改变制冷剂入口干度通过改变各相区的位置和长度来影响换热系数。不同入口干度下制冷剂气相体积分数和换热系数随高度的变化如图 4-5 所

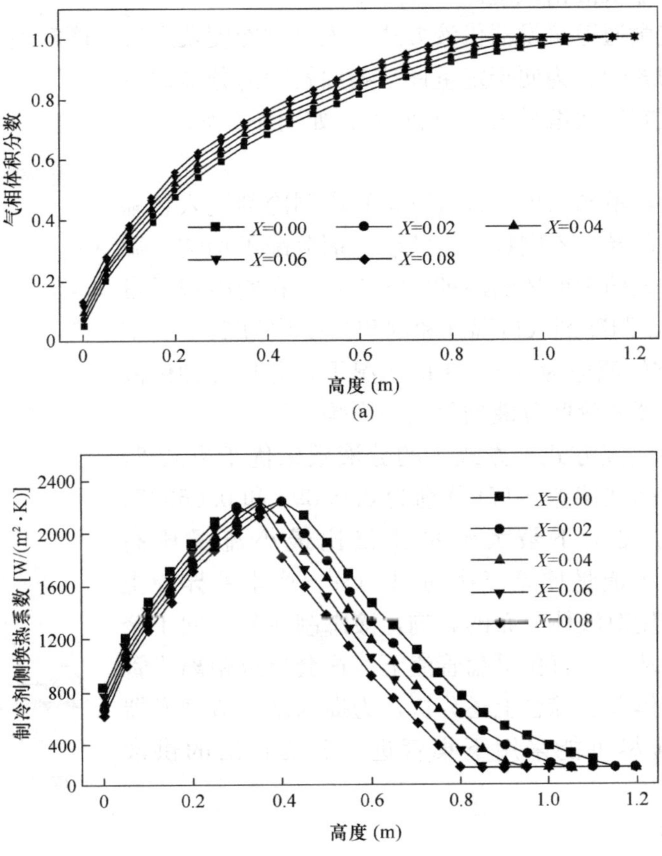

图 4-5　不同入口干度下制冷剂气相体积分数和换热系数随高度的变化

（a）气相体积分数；（b）换热系数

示。随着制冷剂入口干度的增大，微通道蒸发器内制冷剂侧换热系数呈下降趋势，这是因为两相区长度缩短、过热区长度延长，且过热区的制冷剂侧换热系数远小于两相区。所有工况均未出现过冷区；当制冷剂入口干度从 0 增大到 0.08 时，过热区长度由 0.05m 延长到 0.40m。这是因为制冷剂入口干度越大，将制冷剂加热到饱和态所需的换热面积越小、距离越短。在此过程中将会提升系统的制冷性能，主要因为制冷剂质量流量不变，汽化潜热减小，两相区换热量减小。虽然过热区长度增大可增加过热区换热量，但增加程度远不及两相区换热量的减少。因此，在运行过程中，应尽量增大膨胀阀开度，以减少闪发蒸气的生成，提高微通道蒸发器换热效果。

4.2.3 系统运行参数对微通道蒸发器扁管间分液效果的影响

微通道蒸发器由多根平行排列的扁管组成，其分液均匀性直接影响换热效率。当制冷剂在各扁管间分配不均时，将产生两种不利现象：部分扁管因流量不足导致制冷剂过早蒸发完毕，而另一些扁管则因流量过大使得液态制冷剂未能充分蒸发即被排出。这种不均匀分布不仅降低了换热面积的利用率，也影响了制冷剂汽化潜热的有效发挥，最终导致整体换热性能下降。此外，系统在蒸气压缩模式下运行时，微通道蒸发器出口液态制冷剂含量过高还可能引发压缩机液击风险。

本节重点研究微通道蒸发器供液方式、入口过冷度及入口干度等关键参数对微通道蒸发器分液均匀性的影响。为便于定量评估各扁管间的分液效果，采用编号法对扁管进行标识，将扁管从左至右依次编号为 1 至 26 号，如图 4-6 所示。

1. 供液方式

由于重力作用，不同的供液方式下集管内制冷剂流入各扁管的阻力不同，进而导致不同扁管内的制冷剂分配不均匀。微通道蒸发器供液方式即为前述的两种供液方式。在制冷剂质量流量为 0.013kg/s、制冷剂入口温度和饱和温度均为 20℃、空气温度为 37℃、空气流速为 0.8m/s 的工况下，分析两种供液方式对微通道蒸发器扁管间分液均匀性的影响。

对于上述两种供液方式，方式 1 的分液效果优于方式 2。方式 1 和方式 2 的标准偏差 *STD* 分别为 0.03897 和 0.06967。如图 4-7 所示，方式 1 下最大流量比仅比最小流量比高 12.4%，而方式 2 下流量比差值达到 29.4%。产生差异的主要原因在于重力作用对液体分布的影响，液态制冷剂倾向于聚集在扁管入口，并从入口直接沿扁管流下。这会导致距离集管入口附近的扁管液体多。综合上述分析，为提高微通道蒸发器的分液均匀性，应尽可能采用下集管进、上集管出的供液方式。

图 4-6 微通道蒸发器扁管编号

2. 入口过冷度

不同的入口过冷度会导致集管内气态制冷剂的生成量不同，进而导致制冷剂流入各扁管的阻力不同。基于下集管进、上集管出的供液方式（方式 1），在制冷剂饱和温度为 20℃、制冷剂质量流量为 0.013kg/s、空气温度为 37℃、空气流速为 0.8m/s 的工况下，分析制冷剂入口过冷度 *SC* 分别为 0℃、1℃、2℃、3℃、4℃时微通道蒸发器扁管间的分液均匀性。

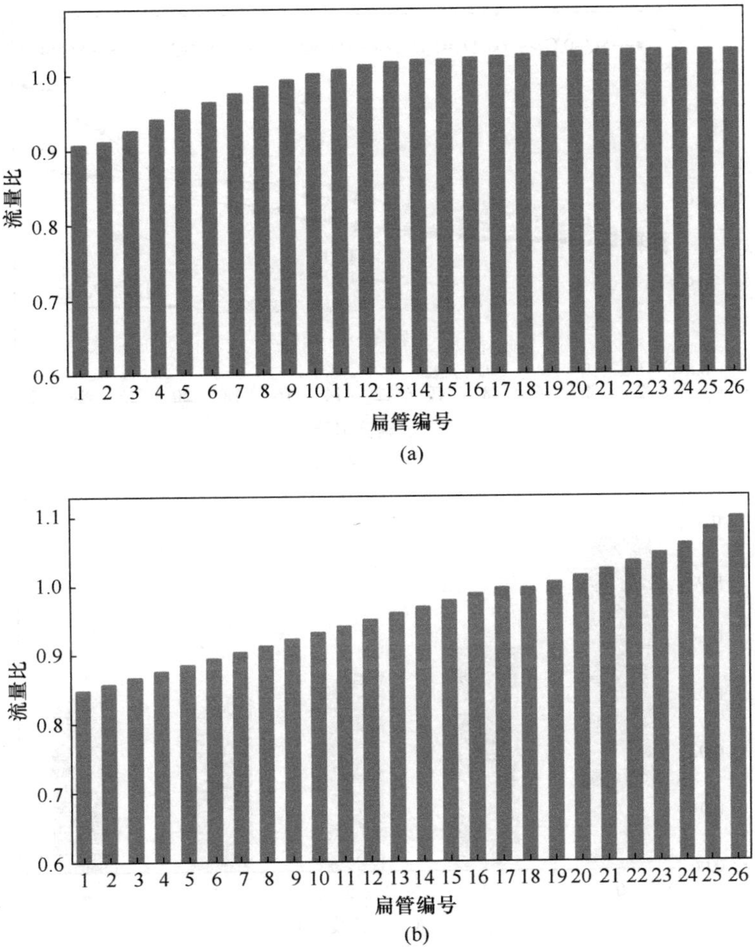

图 4-7　不同供液方式下的各扁管流量比

（a）方式 1；（b）方式 2

由图 4-8 可知，随着制冷剂入口过冷度的增大，*STD* 先逐渐变低后趋于稳定。制冷剂入口过冷度由 0℃增大至 3℃时，*STD* 降低 47%，分液均匀性明显改善。而制冷剂入口过冷度从 3℃进一步增至 4℃时，*STD* 基本保持不变。其原因在于：气态制冷剂的流速高于液态制冷剂，更多的气态制冷剂聚集在远端扁管入口处，这会增大液态制冷剂流向远端扁管的阻力，进而导致远端扁管中制冷剂流量小。而随着制冷剂入口过冷度增大，微通道蒸发器内过冷区的长度延长，集管内气态制冷剂的生成量减少，液态制冷剂流向各扁管的阻力差距更小，分液也愈加均匀。当制冷剂入口过冷度增大到一定值后，集管内无气态制冷剂生成，扁管分液均匀性基本保持不变。

3. 入口干度

集管中气体含量不同，会对制冷剂在集管中的流动状态产生不同程度的影响。基于下集管进、上集管出的供液方式（方式 1），在制冷剂质量流量为 0.013kg/s、制冷剂入口温度和饱和温度均为 20℃、空气温度为 37℃、空气流速为 0.8m/s 的工况下，分析制冷剂

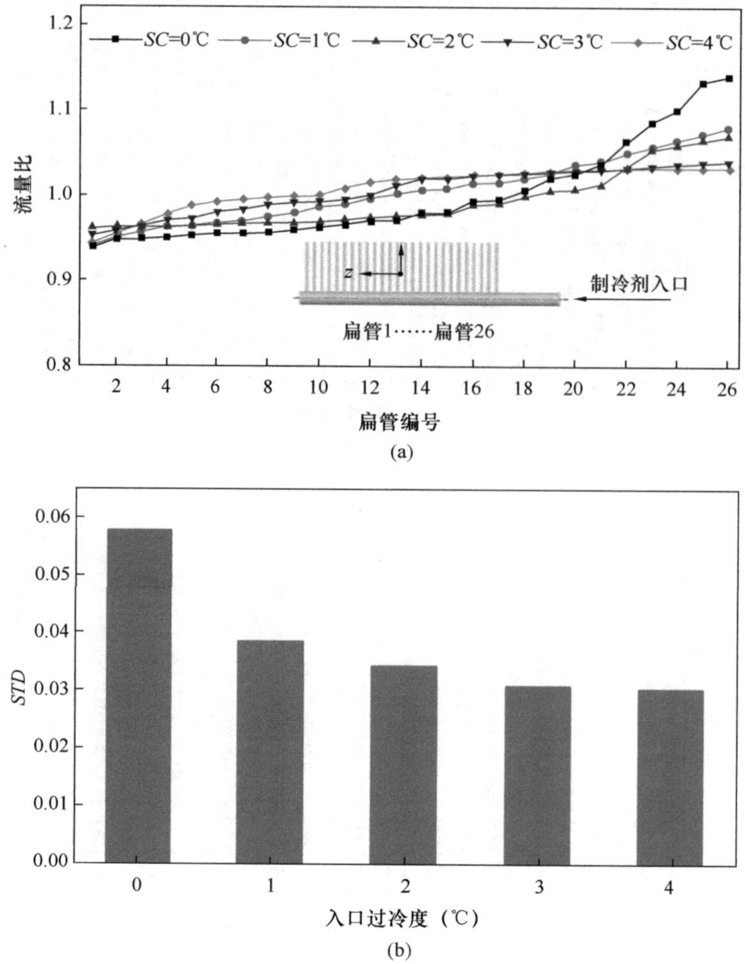

图 4-8　不同入口过冷度下各扁管流量比和微通道蒸发器的 *STD*

（a）流量比；（b）*STD*

入口干度分别为 0、0.02、0.04、0.06 和 0.08 时微通道蒸发器扁管间的分液均匀性。

如图 4-9 所示，随着制冷剂入口干度 *X* 升高，扁管间的分液均匀性逐渐变差。当制冷剂入口干度由 0 增至 0.08 时，*STD* 增大 13.1%，且制冷剂入口干度为 0.08 的工况下最大流量比与最小流量比之差达到 0.32，而制冷剂入口干度为 0 的工况下仅为 0.20。其原因在于：气态制冷剂密度低、流速高，易在集管远端的扁管入口处聚集，从而增加液态制冷剂流向远端扁管的阻力。而制冷剂入口干度越大，集管内气相制冷剂含量越高，阻力差异越显著，导致分液不均现象加剧。因此，为提升扁管间的分液均匀性，应尽量降低闪发蒸气的生成，减少气相制冷剂进入微通道蒸发器。

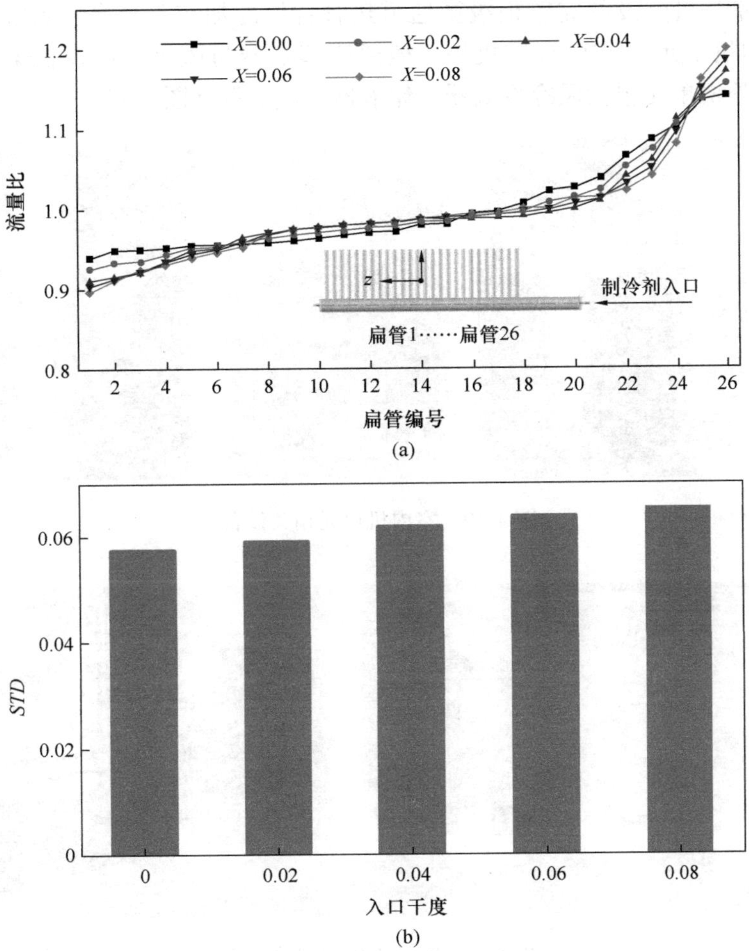

图 4-9　不同入口干度下各扁管流量比和微通道蒸发器的 *STD*

（a）流量比；（b）*STD*

4.3　重力驱动模式下微通道热管背板冷却系统性能分析

为分析微通道热管背板冷却系统在重力驱动模式下的运行性能，依据工程实际，在标准实验环境下对系统进行性能测试。实验环境参数设置如下：室内温度为 24℃，室外温度为 18℃；系统运行参数为：蒸发器风量为 2350m^3/h，冷凝器风量为 14800m^3/h。实验过程中采用实时监测系统采集各项运行数据。为模拟实际应用场景，配置了 5 台均匀分布的机架式负载箱，每台负载箱的功率设定为 2kW，系统总热负荷达到 10kW，该配置能够准确模拟数据中心机柜中 IT 设备的实际发热情况，为研究重力驱动模式下微通道热管背板冷却系统的性能提供可靠的实验条件。

4.3.1　微通道热管背板冷却系统实验平台构建

为深入研究系统运行过程中微通道蒸发器的换热性能，在 3.4.1 节所述数据中心节能与低碳技术实验平台的基础上，结合数据中心柜级应用需求，对装置进行优化改进，建成一套室内机与室外机分设的完整柜级微通道热管背板冷却实验平台。系统运行原理如图4-2所示，室内机单元由42U标准机柜、微通道蒸发器与风机组以及机架式负载箱组成（图4-10）；室外机单元包括风冷冷凝器、储液器与氟泵等（图4-11）。

图4-10　室内机单元相关设备

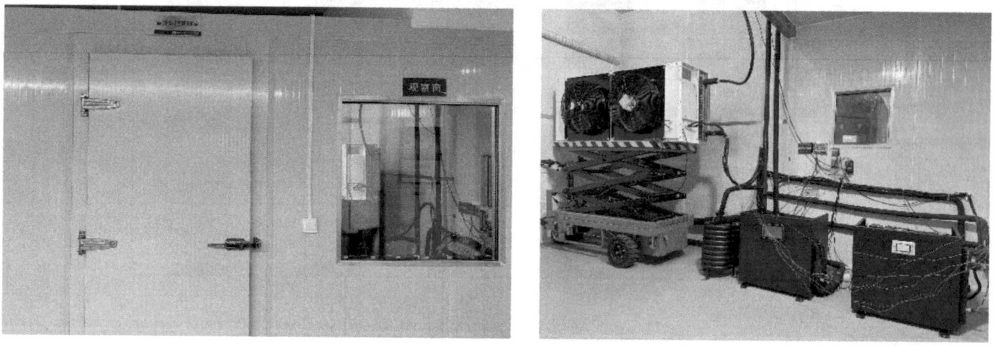

图4-11　室外机单元相关设备

在42U标准机柜背板处集成微通道蒸发器及风机组，机柜内部配置5台机架式负载箱模拟服务器热负荷，单台负载箱的功率调节范围为0～6kW；受电源分配单元（PDU）限制，单柜最大热负荷设定为10kW。为改善机柜内部气流分布不均的现象，实验中在机架前增设全封闸板，并对机架式负载箱的排布进行优化，以提升柜级冷却效果。为模拟典型数据中心机房与真实的室外环境，室内机单元与室外机单元分别放置于独立环境室中运行。

系统中的管路主要采用铜管焊接并辅以保温棉隔热，核心回路由内径为19mm的上升气管与16mm的下降液管组成，管线距离在满足布置要求的前提下尽量缩短，以降低流动阻力并减小泵耗。

风冷冷凝器与氟泵由控制平台统一调度，分别实现冷凝器风量及氟泵转速的精细调节；而热管背板风机组和机架式负载箱则通过各自独立的控制单元进行分级管理，以保障局部风量与热负荷的匹配。平台配置的实时监测系统可对各测点的温度、压力、流量及功率等关键运行参数实施连续监测和记录，并借助Modbus 485通信协议完成各子系统数据的互联和采集上传，为后续性能评估与运行优化提供高时效、高完整度的数据支撑。

1. 机柜

选用两台LRK42612型42U标准机柜（图4-12），机柜正面配置单开式高通透网孔门

（通透率＞70%），以降低进风阻力并提升散热效率。侧板由 4 块厚度为 1.0～2.0mm 的优质碳素冷轧钢板构成，表面经静电喷塑处理，兼顾结构强度、防腐及美观性能。

图 4-12　LRK42612 型 42U 标准机柜实物图

2. 机架式负载箱

为模拟数据中心服务器的散热工况，每台机柜内部沿高度方向均匀布置机架式负载箱（图 4-13）。单台负载箱功率可在 0～6kW 范围内无级调节，可实现对典型 IT 设备发热行为的模拟；在既定配电约束下，单台负载箱热负荷上限设为 10kW。机架式负载箱的主要参数详见表 4-1。

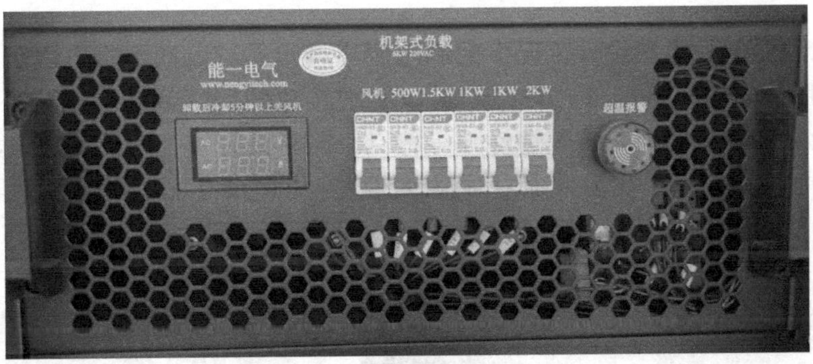

图 4-13　机架式负载箱

机架式负载箱的主要参数　　表 4-1

名称	参数	名称	参数
负载箱尺寸	430mm×500mm×177.8mm	负载误差	±3%
档位分档	0.5kW、1.0kW、1.5kW、2kW	精度	0.5 级
功率因数	1.0	绝缘等级	F 级

3. 微通道蒸发器

铝制微通道蒸发器安装于机柜背部，为冷却末端核心部件，且在微通道蒸发器后方设有 12 只小型轴流风机（2 列 6 行均匀布置），用于满足机柜散热需求并维持数据中心机房的热平衡。风机额定总风量为 2900m³/h、额定总功率为 103W，驱动气流由机柜前方向后方流动：冷空气经前侧网孔门进入机柜后穿过机架式负载箱，吸收机架式负载箱模拟热量后流向背板，经微通道蒸发器冷却后返回机房，形成完整的闭式空气冷却循环。微通道蒸发器及背板风机实物图如图 4-14 所示。

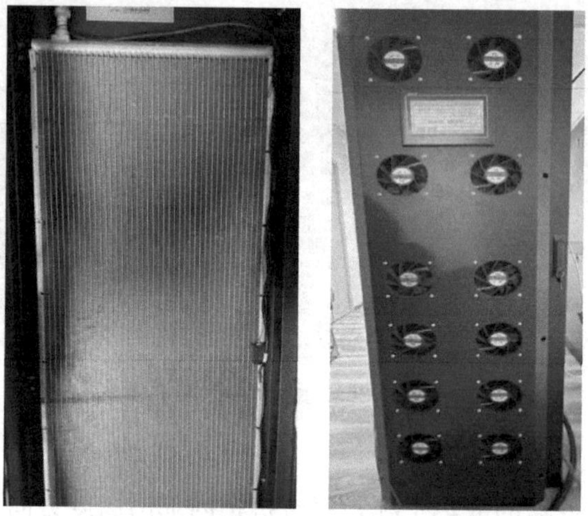

(a) (b)

图 4-14 微通道蒸发器及背板风机实物图

（a）微通道蒸发器；（b）背板风机

4. 氟泵

综合考虑制冷剂种类、设计工况下的制冷剂流量及系统流动阻力等因素，选用 L0.5-0.3 型全封闭卧式氟泵，并配备独立控制箱以实现转速的精确调节。该泵采用转子结构，具有自吸性能好、不易堵塞、抗气蚀性强等特点，同时具有较高的承压能力，泵体承压可达 4.3MPa，能够充分满足实验系统中对制冷剂稳定流量及高压工况的控制需求。氟泵实物图及主要性能参数分别见图 4-15 与表 4-2。

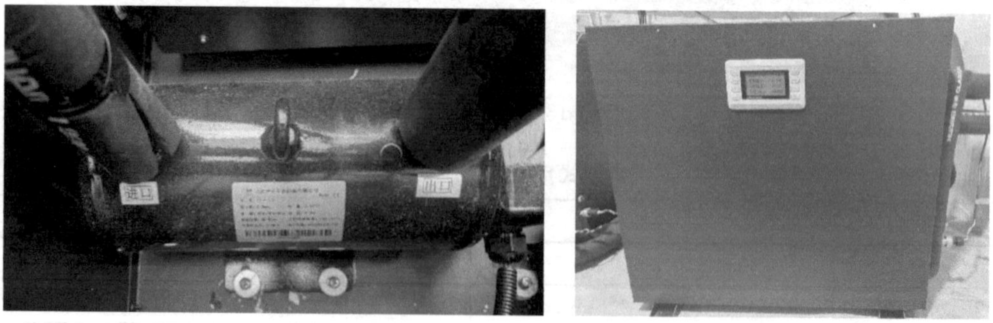

图 4-15 氟泵及电控箱

氟泵的主要性能参数　　**表 4-2**

名称	参数	名称	参数
额定转速	1400r/min	额定扬程	0.3MPa
额定流量	0.5m³/h	变频范围	20～60Hz
额定功率	0.25kW	工作环境温度	－40～55℃

5. 风冷冷凝器

作为环控回路中的关键放热单元，选用翅片管式风冷冷凝器。翅片结构可显著增大换热面积，提升制冷剂与空气之间的显热传递效率。风冷冷凝器装配两台外转子轴流风机，额定总风量为 15000m³/h、额定总功率为 1000W，并配置手持变频器，可在实验过程中按需调节风量，以适配不同的运行工况。风冷冷凝器实物图及主要性能参数见图 4-16 和表 4-3。

(a)　(b)　(c)

图 4-16　风冷冷凝器实物图

(a) 侧面；(b) 正面；(c) 风机

风冷冷凝器主要性能参数　　**表 4-3**

名称	参数	名称	参数
尺寸	1600mm×682mm×138mm	每排管数	24
管外径	9.52mm	排间距	12mm
管间距	16mm	翅片厚度	0.105mm
排数	4	翅片间距	2mm

6. 辅助设备

为保证柜级微通道热管背板冷却系统的安全与稳定运行，配备干燥过滤器、储液器等辅助装置，用以去除制冷剂中的水分与杂质、缓冲系统压力波动并储存过量制冷剂。这些辅助设备的实物图及主要性能参数见图 4-17 和表 4-4。

辅助设备主要性能参数　　**表 4-4**

部件名称	型号/参数	功能
干燥过滤器	DTGA084S，最大工作压力 4.8MPa	有效去除水分和杂质
储液器	容积 4.5 L，接口管径 19.05mm	储存液态制冷剂

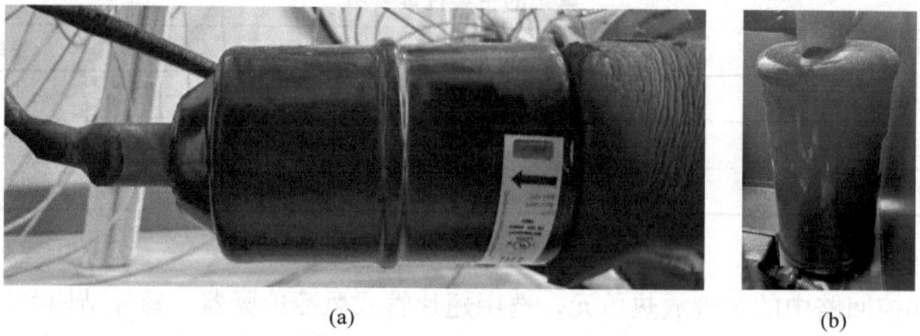

图 4-17　辅助设备实物图

（a）干燥过滤器；（b）储液器

4.3.2　重力驱动模式下柜级微通道热管背板冷却系统性能实验

1. 不同蒸发器进风风量对系统换热性能的影响

在室内温度为 24℃、室外温度为 18℃、蒸发器与冷凝器高度差为 2.4m 的工况下，开展重力驱动模式下柜级微通道热管背板冷却系统性能研究。考虑风冷微通道分离式热管在数据中心的节能应用，选用变频风机，并通过控制器调节风机转速，以实现进风量控制。

为评估风量变化对换热性能的影响，通过调整背板风机组转速以控制蒸发器的进风风量，将进风风量设定为 $2900m^3/h$、$2350m^3/h$、$1800m^3/h$ 和 $1250m^3/h$。同时，设置回风温度为 35℃的变频工况作为对比。且在变频工况下，蒸发器进风风量随时间波动，但在系统稳定后，上、下风机组风速分别为 7.16m/s 和 6.46m/s，中部风机组风速为 0.67 m/s，总风量为 $2138.33m^3/h$，使机柜腔体温度维持在 33.8℃左右且不超过 35℃，实现节能高效的运行。

图 4-18 为重力驱动模式下不同蒸发器进风风量时背板进、出风温度，腔体温度及过

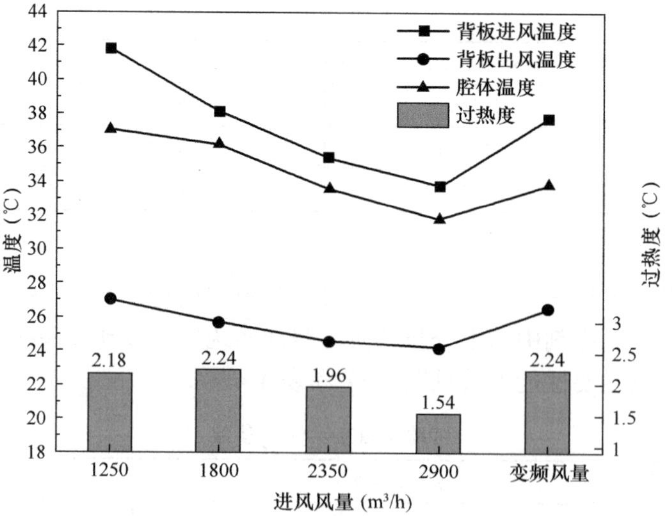

图 4-18　重力驱动模式不同蒸发器进风风量时背板进、出风温度，腔体温度及过热度变化趋势

热度的变化趋势。在 10kW 负载条件下，随着蒸发器进风风量的增加，机柜内部的腔体温度逐渐降低，从而导致背板进、出风温度同步下降。同时，得益于热管背板的自调节能力，微通道热管背板的出风温度波动幅度较小。图 4-18 中可见，机柜的进风风量为 $1250m^3/h$ 和 $1800m^3/h$ 时，腔体温度分别达到 37.0℃与 36.2℃，超出 IT 服务器的最佳工作温度（推荐的 IT 服务器工作温度为 35℃）。基于此，后续研究将充分考虑节能需求，并以蒸发器进风风量 $2350m^3/h$ 作为标准工况进行进一步分析。

在上述五档风量条件下，微通道热管背板的出风温度始终维持在 24.2℃到 27℃之间，低于美国标准 ASHRAE TC2021 的要求（室内温度为 27℃）。低进风风量运行时，蒸发器的过热度保持基本不变，为 2.18℃到 2.24℃，但随着蒸发器进风风量增大至 $2900m^3/h$ 以上，过热度明显下降，低于 2℃，表明合理选择蒸发器进风风量能够有效提升机柜热管背板的性能，维持机柜腔体温度的稳定。

液镜观测结果表明，当蒸发器进风风量为 $2350m^3/h$ 和 $2900m^3/h$ 时，蒸发器出口制冷剂的流动比低进风风量条件下更加稳定，微通道蒸发器的换热效果也更为充分。图4-19 展示了重力驱动模式下不同蒸发器进风风量时背板风机组出风温度的变化趋势。随着蒸发器进风风量的增加，各风机组的出风温度逐步降低。中部风机组与下风机组距离较近，二者的出风温差较小，而上部风机组则由于靠近热管背板集气管，其出风温度比其他两风机组高 0.68～1.85℃。

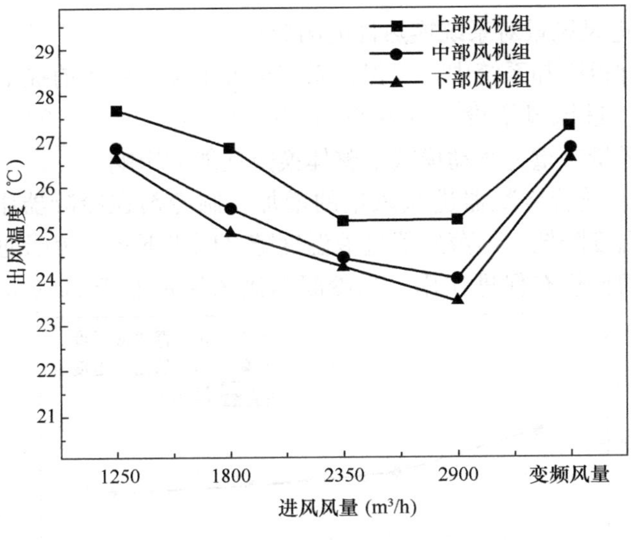

图 4-19　重力驱动模式下不同蒸发器进风风量时背板风机组出风温度变化趋势

在重力驱动模式下，微通道热管背板冷却系统的循环动力由蒸发器与冷凝器之间的相对高度差以及两端进风温度差共同提供。图 4-20 显示了重力驱动模式下不同蒸发器进风风量时蒸发器进口压力与制冷剂体积流量的变化趋势。结果表明，随着蒸发器进风风量增大，蒸发器的进口压力变化幅度较小；在蒸发器与冷凝器的相对高度差保持恒定的前提下，进风风量对循环压差的影响可忽略。相应地，在随蒸发器进风风量增大其进风温度随之减小的前提下（图 4-19），制冷剂体积流量基本维持在约 $0.151m^3/h$，随蒸发器进风风量变化并未出现显著波动，说明在重力驱动模式下，蒸发器与冷凝器的相对高度差是决定系统循环能力的主导因素。

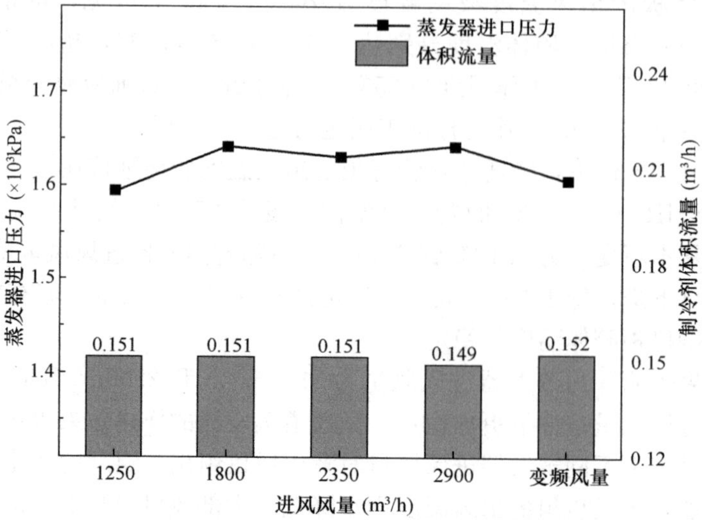

图 4-20　重力驱动模式下不同蒸发器进风风量时蒸发器进口压力、制冷剂体积流量变化趋势

2. 不同冷凝器进风风量对系统换热性能的影响

在微通道热管背板冷却系统中，在保持系统标准工况不变的前提下，通过调节冷凝器端变频风机转速，将进风风量设为约 6000m³/h、9000m³/h、12000m³/h 和 14900m³/h，以考察冷凝器进风风量对重力驱动模式下整体换热性能的影响。

如图 4-21 所示，随着冷凝器进风风量的增加，制冷剂在冷凝器中冷凝得更加充分，使得制冷剂的出液温度降低，即蒸发器进液温度随之同步下降，表明通过提高冷凝器的换热性能，对蒸发器的换热有促进作用。当冷凝器进风风量低于 9000m³/h 时，蒸发器进、

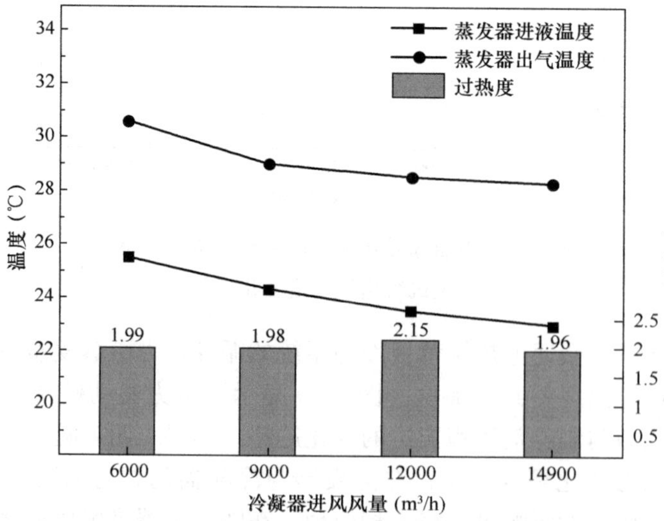

图 4-21　重力驱动模式下不同冷凝器进风风量时蒸发器进液温度、出气温度和过热度的变化趋势

出口处视液镜中制冷剂的流态呈现两相态，表明此时冷凝器的换热性能较差；当冷凝器进风风量为 12000m³/h 时，虽视液镜仍存在微小波动，但已较为平稳；而当风量达到 14900m³/h 时，视液镜几乎无波动，表明此时蒸发器与冷凝器的换热性能达到了最佳状态。

图 4-22 给出了蒸发器的进液压力随冷凝器进风风量变化的趋势。由图 4-22 可知，随着冷凝器进风风量的增大，蒸发器进液压力逐渐下降。这是由于随着冷凝器风速的增加，系统冷却效果得到增强，冷凝器能够更有效地将制冷剂气体冷凝成液态，尽可能形成低温的制冷剂液体，从而降低了重力驱动回路的整体温度水平及饱和压力。反之，如图 4-21 所示，若冷凝器进风风量减小，冷凝器换热能力减弱，蒸发器所需的液态制冷剂流量随之增加，以补偿换热不足。此时，换热受限且进液压力升高，部分制冷剂以气态进入蒸发器，导致制冷剂体积流量增加。综合视液镜观测与进液压力（图 4-22）变化可见，风冷冷凝器的进风风量不仅决定了冷凝侧传热强度，还通过影响蒸发器进液状态进一步影响重力驱动模式下微通道热管背板冷却系统的整体换热性能。

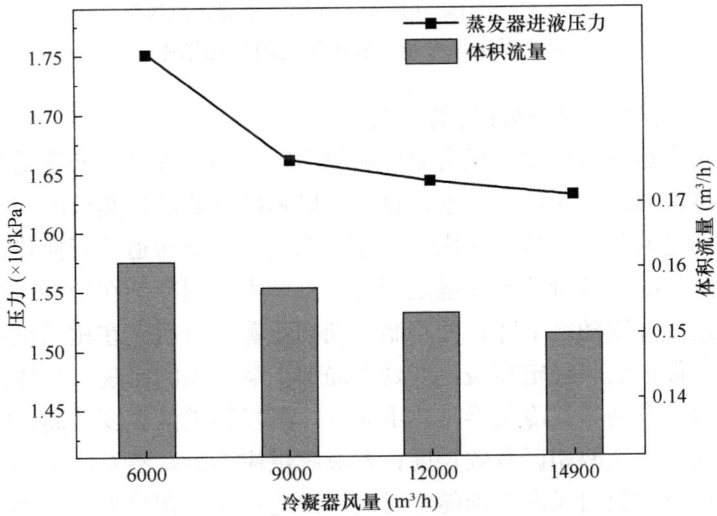

图 4-22　重力驱动模式下不同冷凝器进风风量时蒸发器进液压力、制冷剂体积流量的变化趋势

随着风冷冷凝器进风风量的提高，冷凝段换热性能显著改善，微通道热管背板冷却系统的整体传热效率随之增强，进而使机柜腔体温度及背板出风温度同步降低（图 4-23）。当风冷冷凝器风量大于 12000m³/h 时，机柜内部温度保持在 35℃以下，满足 IT 服务器要求的运行环境；当风量低于 12000m³/h 时，背板出风温度超过 27.2℃，已超出美国标准 ASHRAE TC 2021 规定的室内温度范围，有破坏室内热环境温度场的可能，此时可视为该工况下的微通道热管背板冷却系统已无法满足单柜 10kW 负载的散热需求，需通过提高冷凝器风量或其他改进措施来保证机房环境满足要求；当风量增至 14900m³/h 时，背板平均出风温度降至 24.6℃，符合数据中心设计规范对室内温度的要求。需要指出的是，冷凝器风速提升会导致风机输入功率升高，能耗增加，系统 *COP* 降低，故实际工程设计时应将冷凝器进风风量控制在兼顾换热性能与能效的合理区间内。

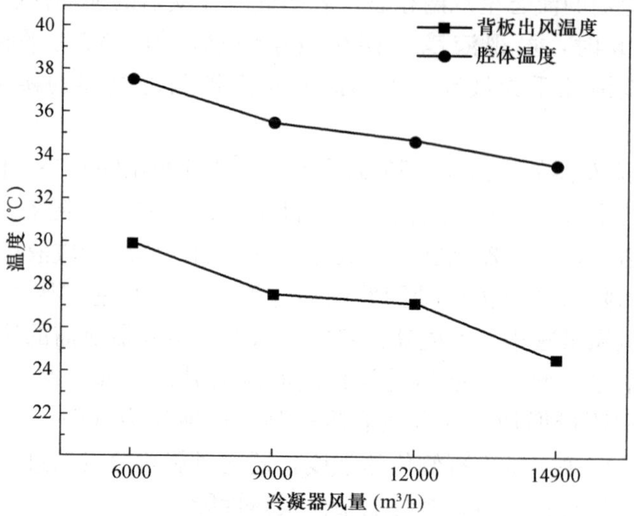

图 4-23　重力驱动模式下不同冷凝器进风风量时背板出风温度、腔体温度的变化趋势

3. 不同室外温度对系统换热性能的影响

数据中心的正常运行过程中，机房温度相对恒定，而室外气象条件随季节变化。室外温度作为冷凝器进风温度的决定性因素，将直接影响冷凝器的换热效率与出液温度，并进一步改变蒸发器的进液状态，从而作用于重力驱动模式下微通道热管换热器的相变传热过程。当室外温度降低时，冷凝器与环境之间的温差增大，制冷剂在冷凝器内放热冷凝得更为充分，蒸发器进液温度随之下降；液相制冷剂到达蒸发段后，在相同机柜热负荷下可实现更大的过冷度，促进液膜稳定覆盖，并延缓局部干涸现象的出现，整体换热性能因此改善。相反，室外温度升高导致冷凝器排热不充分，蒸发器进液温度升高，液相在蒸发端的气化初始位置提前，缩短两相区有效长度；若液膜供应不足，蒸发段上部可能出现干涸现象，机柜腔体温度及背板出风温度均随之升高。由此可见，在重力驱动模式下，室外温度波动显著影响微通道热管背板冷却系统的稳态运行与换热性能。

图 4-24 展示了重力驱动模式下不同室外温度时蒸发器进液压力及体积流量的变化规律。随着室外温度降低，制冷剂的饱和温度与对应饱和压力同步下降，导致蒸发器进液压力随之降低。与此同时，制冷剂体积流量呈现下降趋势，其原因可归结为：低温条件下，背板下部液态制冷剂剧烈相变，而上部制冷剂以气态为主，形成内部气液分布不均现象，从而抑制了循环流量。此外，可能与蒸发段和冷凝段之间的压差减小有关。值得注意的是，当室外温度为 14～22℃时，系统流量出现相对较高的现象，可能与中温区制冷剂流动阻力较小及相变稳定性有关。

图 4-25 显示了蒸发器进液温度、出气温度及过热度随室外温度的变化趋势。当室外温度处于 2～10℃的低温区间时，随着室外温度的降低，微通道热管换热器表现出明显的换热效率下降特征，过热度显著增大，同时其出气温度明显升高。这一现象与图 4-24 所示的制冷剂体积流量变化密切相关，在低温工况下，系统循环流量不足使微通道热管背板的整体换热需求无法得到充分满足，导致蒸发器的出气温度较高，即微通道热管背板的上

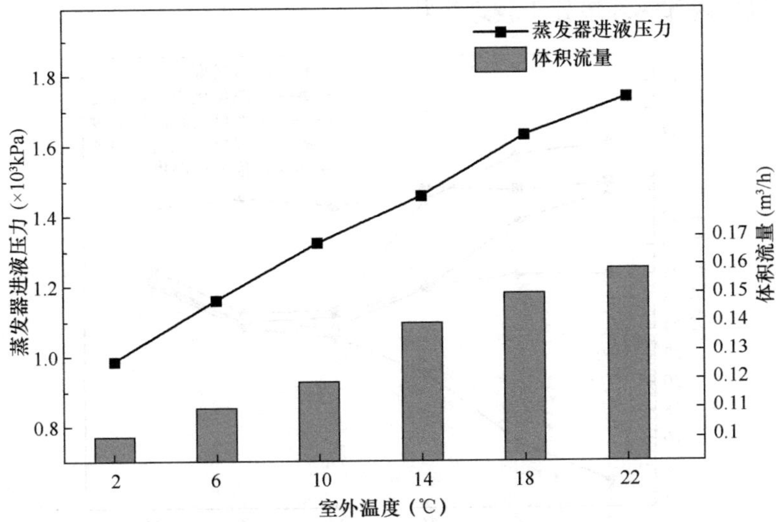

图 4-24　重力驱动模式下不同室外温度时蒸发器进液压力及体积流量的变化趋势

部区域换热性能较差。相较之下，在 14～22℃的温度范围内，系统表现出更优的运行特性：过热度维持在合理水平，表明微通道热管背板的换热过程得到充分发挥，系统运行效率显著提升。

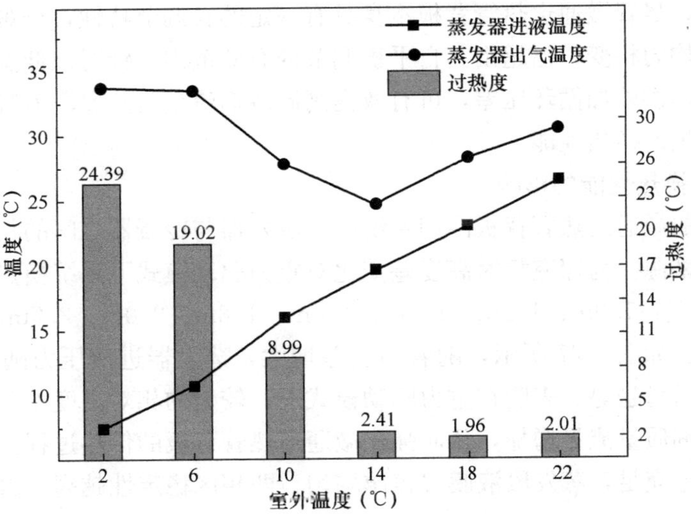

图 4-25　重力驱动模式下不同室外温度时蒸发器进液温度、出气温度及过热度的变化趋势

图 4-26 为重力驱动模式下不同室外温度时腔体温度、不同位置风机组出风温度的变化趋势。当室外温度降至 14℃及以下时，微通道热管背板上部、中部、下部风机组的出风温差显著增大，其走向与图 4-25 中蒸发器出气温度的变化保持一致。综合图 4-24～图 4-26 可知，室外温度处于 2～10℃区间时，制冷剂循环流量不足，导致微通道热管背板上部的制冷剂完全气化并出现干涸现象；由于该区域管内壁缺乏液膜覆盖，壁温骤升，传热能力受限，致使微通道热管背板下部冷却效果较好而上部冷却效果相对较差。当室外温度高于 14℃时，三组风机组的出风温度趋于一致，说明微通道热管背板高度方向换热均匀

性得到改善，机柜内部热环境处于较理想状态。

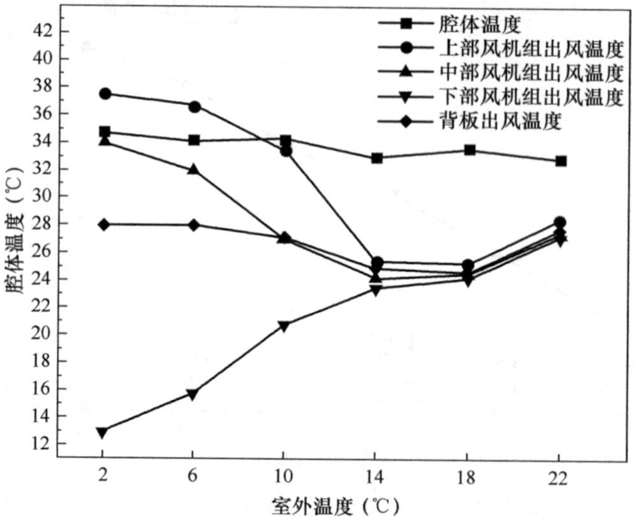

图 4-26　重力驱动模式下不同室外温度时腔体温度、不同位置风机组出风温度的变化趋势

综上所述，在重力驱动模式下，冷凝侧低温引起的较低蒸发器进液压力及低制冷剂流量共同制约了蒸发器的换热能力。当室外气温降至低温区间时，微通道热管背板的整体换热性能显著衰减，尽管微通道热管背板本身具有一定的自调节特性，仍难以维持其高度方向的液膜覆盖与均匀相变，已超出其自平衡调节的有效范围。针对该低温室外工况，引入泵驱动模式，以提供外加循环压差，可有效提高制冷剂流量与蒸发段液膜稳定性，从而改善微通道热管背板的换热性能。

4. 高度差对换热性能的影响

在重力驱动的微通道热管背板冷却系统中，蒸发器与冷凝器之间的相对高度差是系统循环动力的主要来源。为探究相对高度差变化对重力驱动模式下系统换热性能的影响，实验设置八组高度差：1.0m、1.2m、1.4m、1.6m、1.8m、2.0m、2.2m、2.4m，其余运行参数保持不变。如图 4-27 所示，随着高度差增大，蒸发器进液压力随之升高，且蒸发器进出口压差呈递增趋势。表明在重力驱动模式下，较大的相对高度差能够提供更强的循环动力，使制冷剂质量流量增加，从而强化微通道热管背板的传热过程。换言之，高度差越大，循环动力越充足，蒸发段液膜覆盖越均匀、两相区稳定性越高，整体换热效果得到显著改善。

如图 4-28 所示，随着蒸发器与冷凝器相对高度差的增大，蒸发器出口过热度呈先下降后趋于平稳的变化特征。当高度差大于等于 1.8m 时，进一步增加高度差对过热度的提升作用逐渐减小，说明继续增加高度差对提升系统换热性能的边际效益有限。由此可见，适度的高度差能够有效强化微通道热管背板的循环动力并降低出口过热度，但过大的高度差对换热的强化作用趋于饱和。

图 4-29 展示了高度差对背板各风机组出风温度的影响。随着高度差由 1.0m 增大至 2.4m，背板平均出风温度变化幅度较小，说明高度差对整体换热强化有限；然而，上、下部风机组之间的出风温差逐步减小，背板出口温度分布趋于均匀，与图 4-28 中出口过

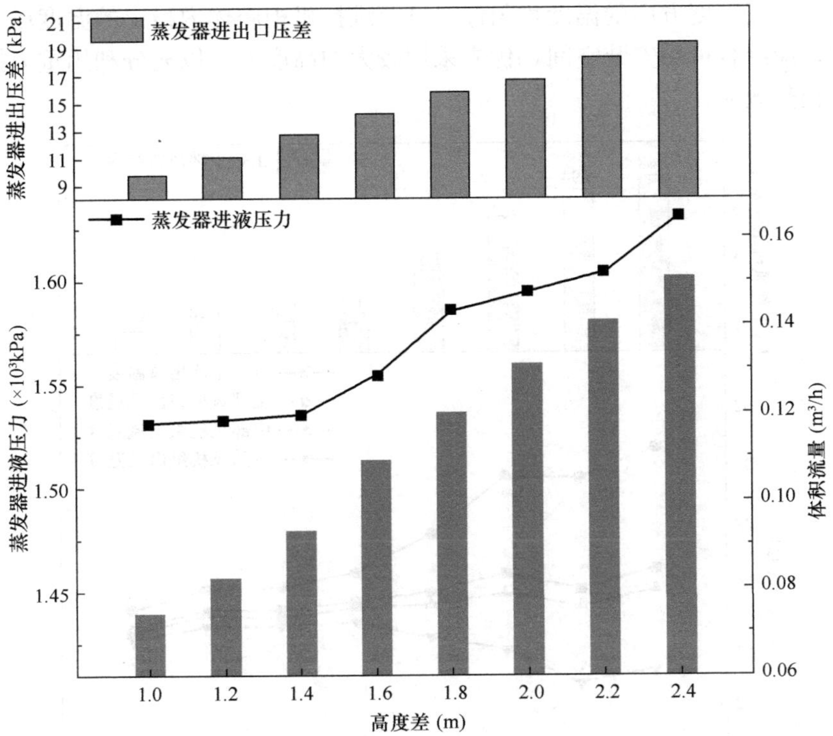

图 4-27　重力驱动模式下不同高度差时蒸发器进液压力、进出口压差、体积流量的变化趋势

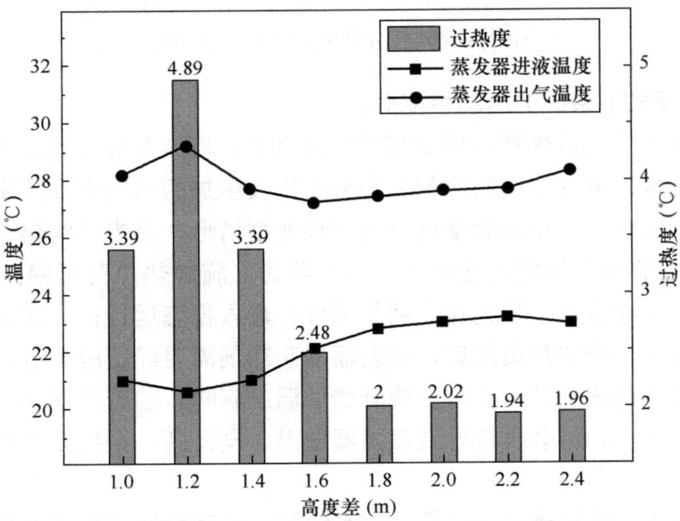

图 4-28　重力驱动模式下不同高度差时蒸发器进液温度、出气温度和过热度的变化趋势

热度随高度差降低的趋势一致。这表明，适当增大高度差不仅有助于降低蒸发器出口过热度，还能改善背板高度方向的温度均匀性，进而维持机柜腔体内稳定的温度场。因此，在工程应用中，应结合可用安装空间，优先采用较大的高度差，以充分利用重力提升微通道热管背板的换热效果。

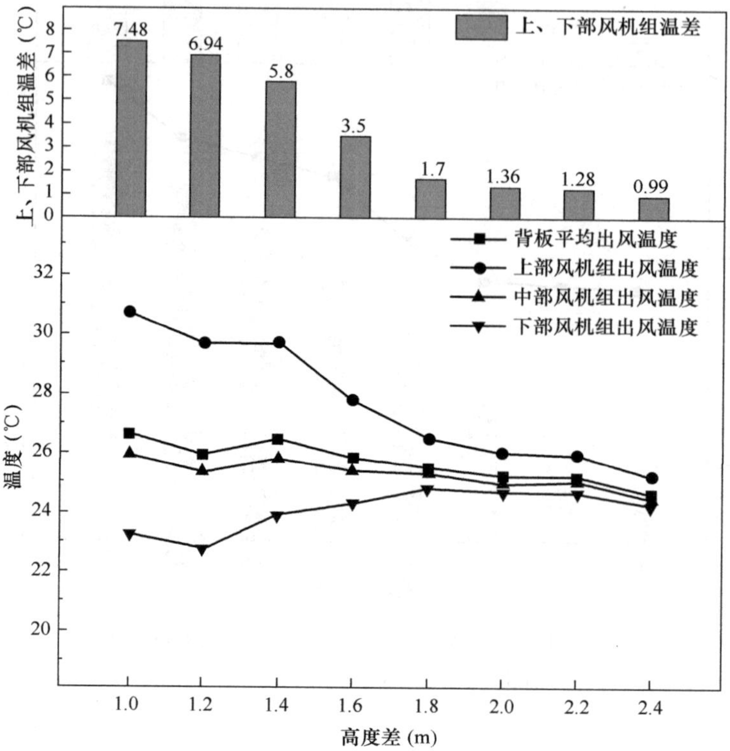

图 4-29　重力驱动模式下不同高度差时背板出风温度、不同位置风机组出风温度的变化趋势

4.3.3　重力驱动模式下系统的启动性能分析

重力驱动模式下微通道热管背板冷却系统的启动过程涉及复杂的动态特性，其性能主要受制冷剂体积流量、蒸发器内制冷剂相态分布以及施加的热功率等因素影响。根据早期对带沟槽环路热管的研究，系统启动可分为三种典型情形：①当环路热管系统已处于运行状态或冷凝器/补偿室中余液能迅速回流至蒸发器时，施加热负荷可使蒸发器内制冷剂迅速完成从液相到气相的转变，顺利建立两相循环并进入稳态运行；②在蒸汽槽与蒸发器芯部完全充液的情况下，施加热负荷后，蒸发器内制冷剂需要经历液态过热阶段才能触发成核沸腾，表现为温度持续上升，直至沸腾开始后温度骤降；③若蒸发器内液体不足或冷凝液回流蒸发器过程受阻，将会直接导致蒸发器壁温急剧升高，系统无法建立有效循环而启动失败。

随着研究的深入，梯形槽环路热管冷却系统与泵驱动微通道热管冷却系统的实验研究进一步提出了“渐进式启动”和“超调启动”的概念。基于既有研究成果和本实验观察，分析了微通道热管背板冷却系统的三种启动方式：渐进式启动、超调启动及启动失败，如图 4-30 所示。

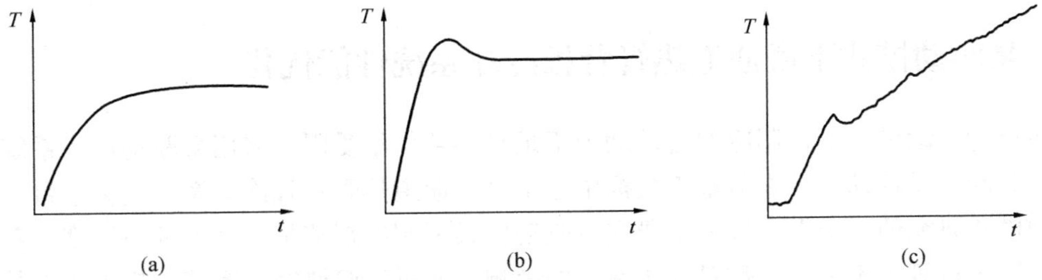

图 4-30　微通道热管背板冷却系统启动方式

(a) 渐进式启动；(b) 超调启动；(c) 启动失败

在重力驱动模式下，本实验台在各高度差条件下均呈现渐进式启动特征。以标准工况下高度差为 2.4m 的运行数据为例，研究重力驱动模式下系统的启动性能。如图 4-31 所示，当蒸发器前部的服务器负载箱开启加热提供热负荷后，机柜腔体温度、蒸发器进、出风温度及壁面温度同步上升；至 700s 左右，各测点温度趋于稳定，系统完成启动并进入稳态运行。形成该温升过程的根本原因在于：当高度差达到一定程度后，在热负荷持续作用下，促使制冷剂流量迅速攀升，并在约 50s 时达到最大值，伴随单位时间内进入蒸发器的相变制冷剂及回流液体的增加，在蒸发段吸热气化后携带热量至冷凝段释放，系统各测点的温度缓慢上升直至趋于稳定，最终系统进入稳态运行状态。

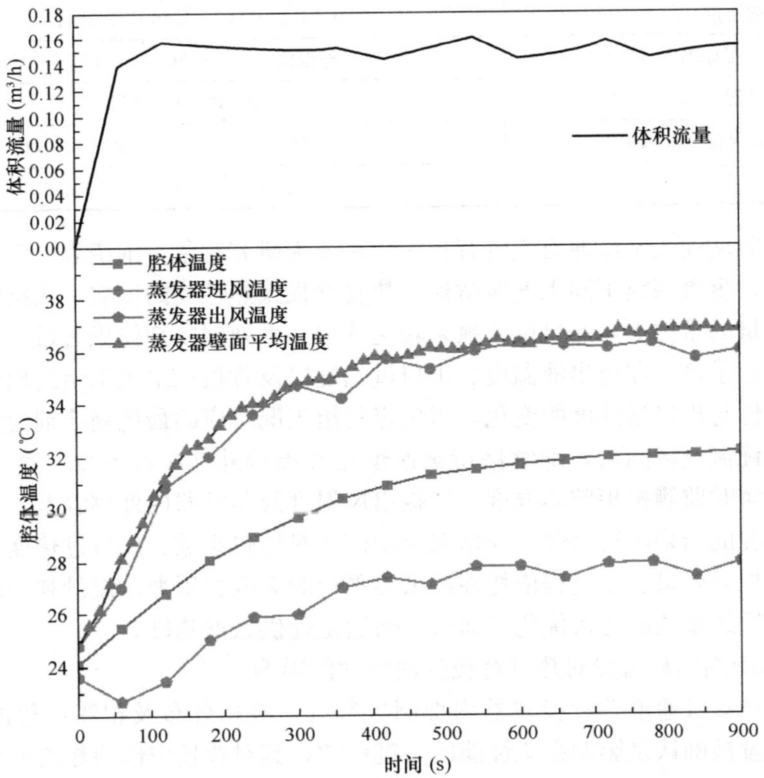

图 4-31　2.4m 高度差下重力驱动模式下
系统的渐进式启动示意图

4.4 泵驱动模式下微通道热管背板冷却系统性能优化

在重力驱动模式下，制冷剂流动动力不足易导致供给受限。采用泵驱动可为系统提供稳定的制冷剂循环动力。本节基于数据中心柜级微通道热管背板冷却系统实验平台，在重力驱动模式研究的基础上，进一步研究泵驱动模式下制冷剂流量、室外环境温度、蒸发器与冷凝器风量等关键运行参数对系统性能的影响。通过实验研究，系统分析了各参数对微通道热管背板换热性能及系统能效比的作用规律，同时验证了泵驱动模式下微通道热管背板在柜级系统中的实际运行效果。

4.4.1 泵驱动模式下柜级微通道热管背板冷却系统性能实验

为系统性评估微通道热管背板在不同工况下的换热表现，以制冷剂体积流量、室外环境温度与蒸发器进风风量作为主要自变量，检验其对系统热工性能的综合影响。室外温度直接决定冷源强度，进而影响冷凝段的放热效率；蒸发器进风风量则通过调节空气与制冷剂的对流换热强度来改变蒸发段的吸热能力，从而共同反映系统在实际运行场景中的热平衡状态。

微通道热管背板冷却系统换热性能测试实验工况条件　　表 4-5

测试参数	数值
制冷剂流量（m^3/h）	0.130、0.145、0.160、0.175、0.190
室内干、湿球温度（℃）	干球温度：24；湿球温度：15.37～17.01
室外温度（℃）	9、12、15、18、21
蒸发器风量（m^3/h）	1800、2100、2400、2700、3000
冷凝器风量（m^3/h）	9000、10500、12000、13500、15000

本节以泵驱动模式下微通道热管背板冷却系统为研究对象，围绕表 4-5 所列实验工况开展性能测试，重点探究不同工况对微通道热管背板换热性能的影响。在给定室外温度和蒸发器进风风量的条件下，通过调节氟泵转速获取一系列制冷剂体积流量，对各流量点进行恒载运行，记录蒸发器进出液温度、出口过热度以及背板三组风机组的出风温度，比较温度分布均匀性与出口过热度的变化，以确定每组工况对应的最优制冷剂流量区间。

在获取最优流量区间后，继续保持泵速恒定并维持外部参数不变，直至系统达到稳态。稳态阶段实时监测机柜腔体温度、背板出风温度及蒸发器内外侧温差，并与重力驱动模式下相应工况的结果进行对照，评估泵驱动模式对传热系数、出口过热度及机柜温度场均匀性的综合提升效果。全过程依托在线采集平台对温度、压力、流量和功耗等关键数据进行记录，为后续系统的能效优化与运行策略制定提供数据基础。

1. 不同制冷剂体积流量对热管背板流动特性的影响

基于第 3 章对微通道热管换热器内部制冷剂气、液相分布及相变过程的数值模拟结果，制冷剂流量被确认是影响系统性能的关键参数，其对背板内部两相流的传热特性具有显著影响。为校核模拟结论并进一步研究微通道热管换热器在实际运行中换热性能的影响因素，本节在泵驱动模式下开展性能实验。系统采用氟泵驱动，通过精确调控制冷剂体积流量，结合现场运行经验，设置 0.13m^3/s、0.145m^3/s、0.16m^3/s、0.175m^3/s、0.19m^3/s

五组工况。实际运行过程中观测到热管背板上部温度普遍高于下部，易在上部局部区域形成高温带。该现象产生的原因在于背板内部在垂向方向上存在明显的热分布不均，与模拟揭示的两相流动与相变耦合效应相吻合。

图 4-32 展示了不同制冷剂体积流量下热管背板壁面温度沿高度的变化趋势。由图可见，不同体积流量下热管背板壁面温度均随热管背板高度的增加呈上升趋势：当制冷剂体积流量为 0.160～0.190m^3/h 时，热管背板在不同高度处壁面的温度分布差异较小，仅在超过 1.1m 处出现明显升高；而在体积低流量（0.130～0.145m^3/h）时，热管背板在 0.7～0.9m 高度范围内即出现较大换热温差（此高度范围内壁面温差变化超过 3.5℃，占高度全程升温幅度的 32.40%～50.91%），表明该高度段已进入制冷剂供应不足状态，但若将制冷剂流量增至 0.160m^3/h 以上，即可将该高度范围的温差变化控制在高度全程升温幅度的 22%以内。此现象可归因于制冷剂两相流动对传热过程的强依赖性：当制冷剂循环量不足时，对应区域温度会迅速升高，导致该区域壁面温度显著增加。在低流量工况下，制冷剂循环量不足，换热能力受限，热管背板上部易形成局部干区，产生气液分布不均的现象，进而导致换热能力下降和显著的壁面温差。相对而言，在高体积流量工况下，系统具备较强的驱动能力，能够及时输送蒸发段产生的制冷剂蒸气并充分冷凝，从而避免干区的形成，并使得热管背板上部的气相制冷剂含量明显降低，促进了热管背板温度场的均匀分布。

在全程充分换热工况下（制冷剂体积流量大于 0.160m^3/h），1.1m 高度以上区域的温差变化表现出显著的波动。具体而言，1.1～1.3m 高度范围内的壁面温度差可在 3.26℃至 4.95℃之间波动，且占高度全程升温幅度的 54.76%～63.36%。这一现象体现了在体积流量较大时，温度分布的非均匀性，说明了热传递过程的复杂性。在热管背板底部区域，各体积流量下温差相对较小，其主要原因在于底部既为热源输入区又为制冷剂汇集

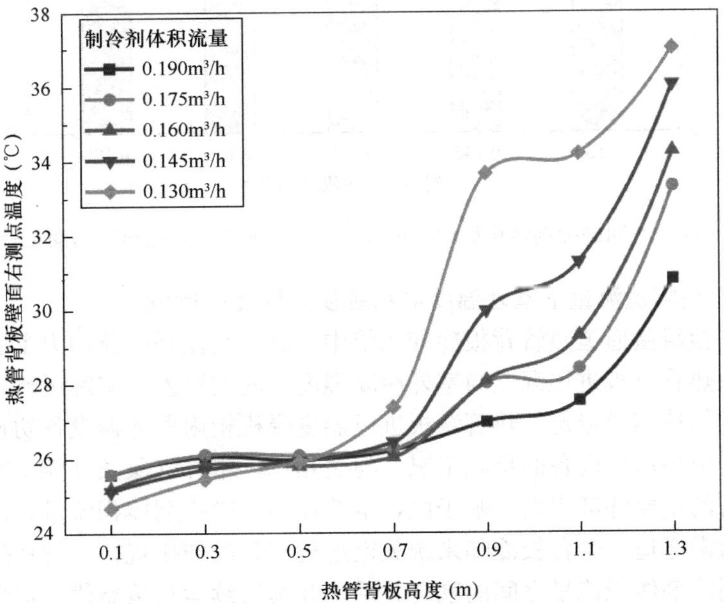

图 4-32　不同制冷剂体积流量下热管背板壁面温度随高度的变化趋势

区，液相制冷剂充足且温度相对稳定，微通道热管换热器内制冷剂传热不均效应尚未显现。然而，随着热管背板高度的增加，受重力作用及制冷剂蒸气上升与液体回流耦合效应的影响，微小的流道分布或结构差异在上部区域被放大，导致上下壁面温差逐渐增大。此现象进一步表明，随着系统内流体动力学与热传导效应的相互作用，热管背板的换热性能在不同高度和流量条件下呈现复杂且显著的非线性变化特征。

如图 4-33 所示，实验结果与模拟结果基本一致，表明制冷剂体积流量对柜级微通道热管冷却系统性能具有显著影响。适度增大制冷剂体积流量可改善热管背板内部的换热与制冷剂回流，抑制热管背板上部区域高温干区及过热区的形成，从而保持液膜与气液两相分布，实现温度场的均匀化和传热性能的提升。随着制冷剂体积流量由 0.130m³/h 增至 0.190m³/h，背板进出液温差从 4.7℃降低至 2.9℃，呈明显下降趋势。更大的体积流量意味着单位时间内更多制冷剂参与循环，能够更高效地带走热量，因而进出液温差减小；同时，高体积流量有助于维持稳定的两相流态，避免大面积干涸或过度气化，有效防止局部高温过热区的产生。

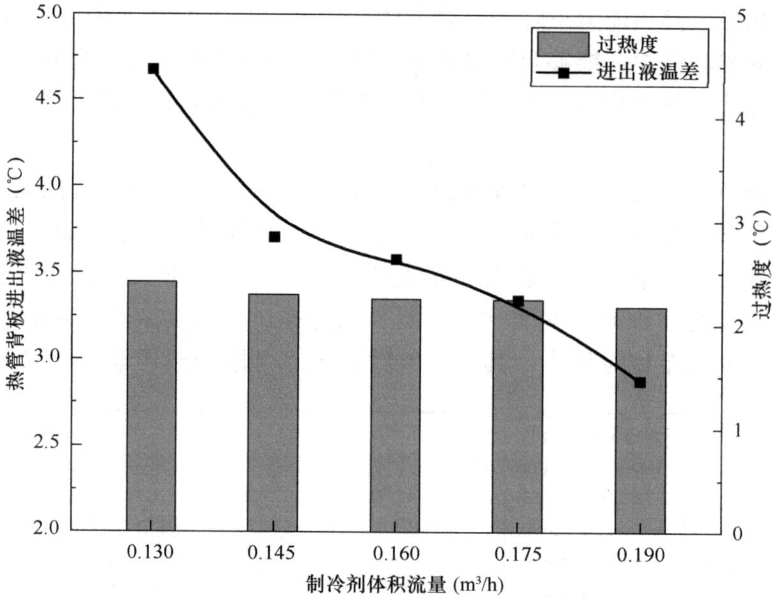

图 4-33　不同制冷剂体积流量下热管背板进出液温差及过热度的变化趋势

2. 不同制冷剂体积流量下室外温度对系统换热性能的影响

在数据中心柜级微通道热管背板冷却系统中，制冷剂循环的驱动力主要来源于氟泵所提供的压力以及热管背板进风温度与室外冷凝温度之间的温差。实际运行条件下，机房内部环境温度通常保持相对稳定，热管背板进风温度受机柜内服务器设备功耗影响而变化幅度较小，且高度依赖用户设备的负载工况。与之相比，室外气象条件随季节波动显著，成为影响系统运行的重要外部因素。基于此，本节在不同制冷剂体积流量条件下，系统分析室外温度变化对微通道热管背板冷却系统关键运行参数的作用规律，旨在揭示外部冷凝侧热环境与内部制冷剂体积流量之间的耦合关系，并为后续运行策略优化提供依据。

图 4-34（a）展示了在不同室外温度工况下，热管背板进液压力随制冷剂体积流量的

变化趋势。数据表明，在相同的室外温度下，随着制冷剂体积流量的增加，热管背板的进液压力呈现出逐步上升趋势；且随着室外温度的升高，热管背板的进液压力曲线整体上移（室外温度每升高 3℃，热管背板的进液压力升高 46～75kPa），表明系统的运行压力随室外温度的升高而增大。这主要归因于较高的室外温度下冷凝段温度和压力的提升，为维持相同的制冷剂体积流量及换热能力，系统需要更高的入口压力以克服内部阻力，实现制冷剂的有效循环。

图 4-34（b）则反映了热管背板进出液压力降随制冷剂体积流量和室外温度的变化趋势。随着制冷剂体积流量的增加，管内流速提高所带来的摩擦阻力与局部阻力增大。在室外温度为 9℃、制冷剂体积流量为 0.130～0.190m³/h 时，热管背板的进出液压力降相较于其余室外温度条件均高于 1kPa（变化幅度相对其余温度较大），表明在较低的室外温度条件下，尽管系统整体工作压力偏低，热管背板的进出液压力降却相对较大，低温环境会增强系统运行对管路阻力的敏感性，从而导致热管背板的进出液压力降的增大。

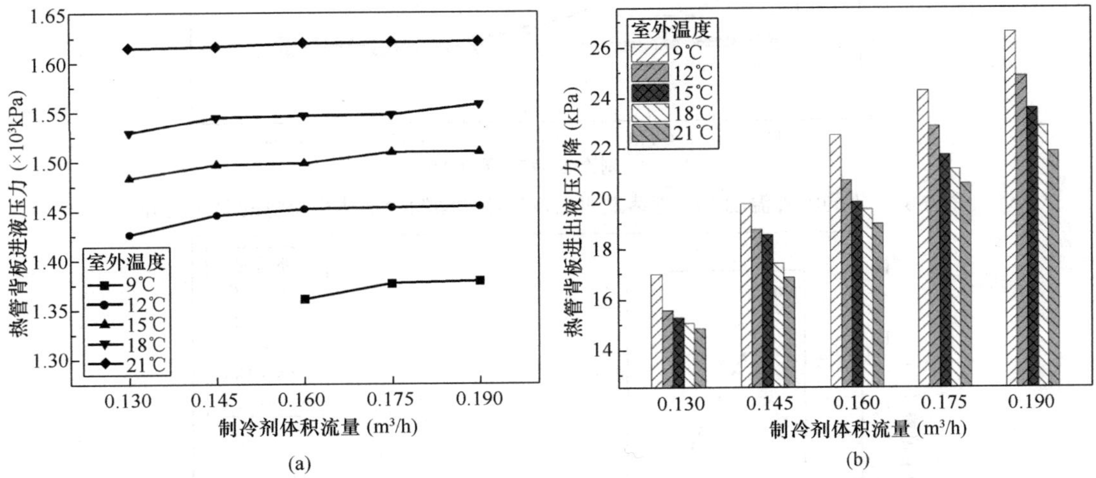

图 4-34　不同室外温度下热管背板的进液压力及进出液压力降随制冷剂体积流量的变化趋势

（a）进液压力；（b）进出液压力降

如图 4-35 和图 4-36 所示，在不同室外温度下，随着制冷剂体积流量的增加，热管蒸发段出口过热度和热管背板的进出液温差均呈降低趋势，其中出口过热度最终趋近于 2.0～2.5。由此可见，适度增加制冷剂体积流量有助于充分发挥两相换热的优势。在制冷剂体积流量增加的同时，机柜内机架式负载箱发热功率保持不变，导致管内制冷剂单位体积带走的热量相对减小，从而减少热管背板的进出液温差，进而优化系统的整体制冷性能。另外，室外温度对系统运行的影响亦不容忽视。以制冷剂体积流量为 0.190m³/h 为例，当室外温度由 21℃降至 9℃时，热管背板的进出液温差从 1.89℃增至 4.90℃。这一现象表明，随着室外温度的降低，热管背板的进出液温差逐渐增大，而冷凝段温度与压力同步下降，导致制冷剂饱和温度降低，从而增大了系统的过热度。如图 4-35 和图 4-36 方框中所示，在室外温度较低（9、12℃）且制冷剂体积流量较小（0.130、0.145m³/h）时，蒸发器进、出液温度和出口过热度均超出正常运行情况，液相制冷剂在较短的流动路径内即完成气化，引发蒸发段上部干涸风险。此阶段仅由过热制冷剂蒸气流经换热器管内换热面，无法充分吸收机柜内部热量，致使热管背板上端壁面温度急剧升高，换热性能显著下降。表明在低室外温度下，为维持相同的制冷能力，需要适当提高制冷剂体积流量，以避免局部干涸、过热。

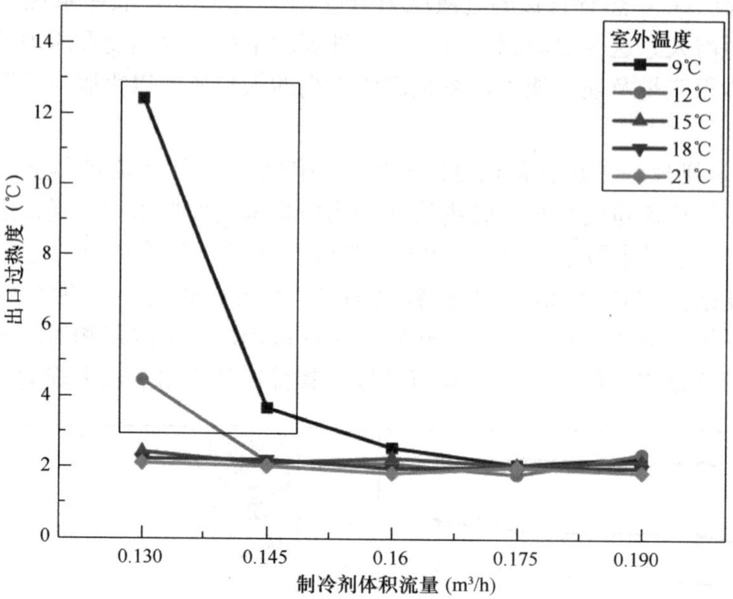

图 4-35　不同室外温度下热管蒸发段出口过热度随制冷剂体积流量的变化趋势

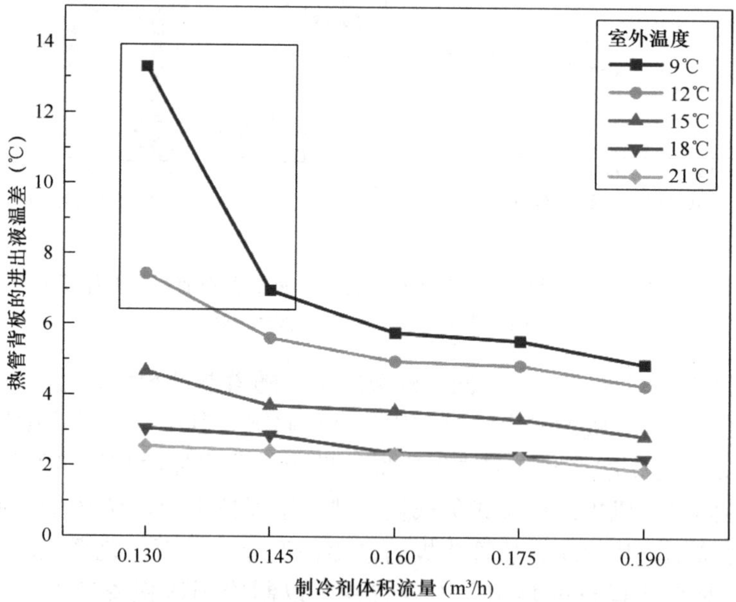

图 4-36　不同室外温度下热管背板的进出液温差随制冷剂体积流量的变化趋势

热管背板不同高度处的出风温度可间接反映系统运行状态，其变化趋势与制冷剂体积流量密切相关，如图 4-37 所示。当制冷剂体积流量较小（0.130m^3/s、0.145m^3/s）且室外温度较低（9℃、12℃）时，系统出现局部供液不足而发生蒸发段干涸现象，导致热管背板出风温度异常偏高。以室外温度 9℃为例，在制冷剂体积流量为 0.130m^3/s、0.145m^3/s 时，热管背板出风温度分别偏离正常值 1.58℃、0.60℃。然而，随着制冷剂体积流量提升至适宜范围，热管背板传热性能改善，干区减少，出风温度随之下降至 22.6℃左右。此外，同一制冷剂体积流量下，室外温度越低，系统工作温度和压力越低，制冷剂的饱和温度随之下降，冷凝换热能力增强，机柜内部的热量更易向室外传递，从而进一步降低热管背板出风温度。以制冷剂体积流量 0.16m^3/s 为例，室外温度从 21℃降至 9℃，热管背板出风温度从 27.58 降至 22.78℃，表明较低的室外温度有利于提高系统的换热能力。

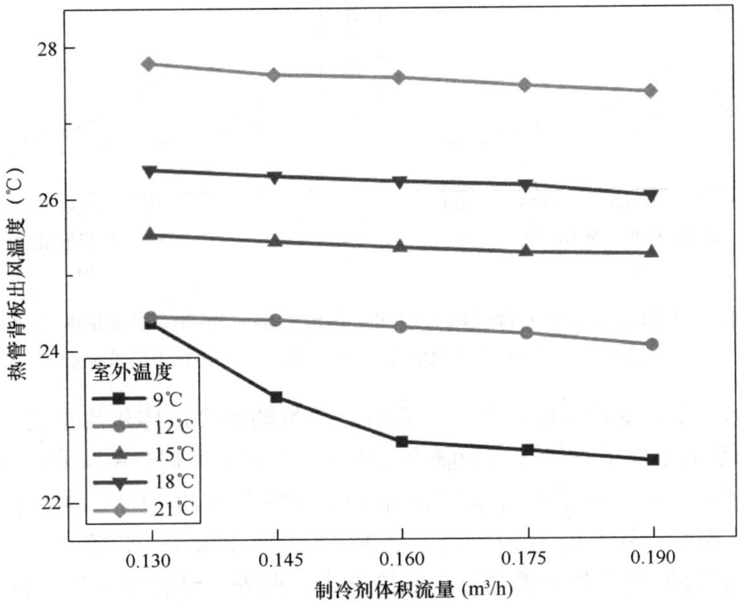

图 4-37　不同室外温度下热管背板出风温度随制冷剂体积流量的变化趋势

图 4-38（a）（b）分别展示了不同室外温度及制冷剂体积流量下，背板的上部风机组与中部、下部风机组之间出风温差的变化。结果表明，在制冷剂流量大（0.19m^3/s）时，尽管室外温度存在变化，上部风机组与中部、下部风机组之间的出风温差基本保持一致。然而，随着制冷剂体积流量的减少，该温差显著增大，尤其在制冷剂体积流量小（0.13m^3/s）的条件下，上部、下部风机组及上部、中部风机组之间的最大出风温差分别可达 6.53℃、5.11℃（室外温度为 9℃时）。当制冷剂体积流量提升至 0.16m^3/s 及以上时，上部、中部风机组之间的温差可控制在 1℃以内。这一趋势表明，制冷剂体积流量的增加明显改善了热管背板上部区域的制冷剂液体供应情况，有效缓解了蒸发段的干涸现象，从而降低了不同风机组之间的温度不均，并降低了系统对室外温度变化的敏感性。由此可见，充足的制冷剂对于维持整个换热面高度范围内的稳定两相流动、避免干区或过热蒸汽的产生，以及实现出风温度均匀性具有关键意义。

此外，随着室外温度的降低，系统的整体工作压力和相应的饱和温度下降，蒸发段与冷凝段之间的压差减小，使蒸发段上部更易发生干涸现象。液膜覆盖不足导致局部壁面温度升高，从而使上部风机组出风温度显著高于下部风机组。在较低的室外温度（9℃）条件下，上部风机组与中部、下部风机组之间的温差相对较大，且随着室外温度的升高，风机组之间的温差逐渐减小；而在较高的室外温度（12～21℃）下，风机组之间的出风温差变化相对较小，表明系统运行的稳定性在室外温度较高时得以增强。

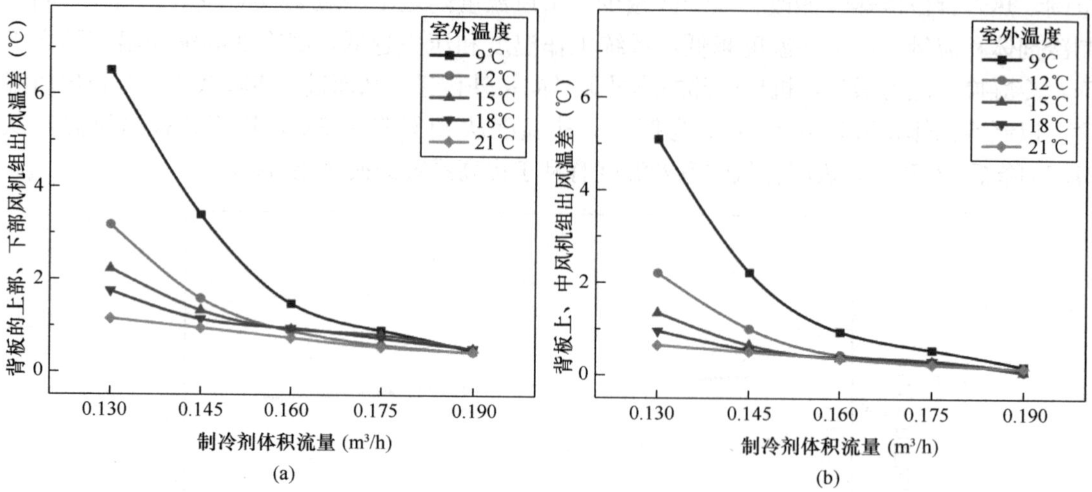

图 4-38　不同室外温度下背板风机组间出风温差随制冷剂体积流量的变化趋势

（a）背板上、下风机组出风温差；（b）背板上、中风机组出风温差

图 4-39 展示了不同室外温度条件下，系统制冷量随制冷剂体积流量的变化趋势。在相同的服务器设备负载条件下，尽管增加制冷剂体积流量可略微提升系统制冷量，但整体增幅有限，说明此时制冷量主要受室外温度的制约。在室外温度为 9℃时，系统制冷量可达 8.20～8.41kW；而在室外温度为 21℃时，仅为 4.51～4.93kW，下降 41%～45%，进一步印证了较大的室内外温差有利于提高系统制冷能力。此外。结合图 4-34～图 4-38 的分析可知，在低室外温度的条件下，尽管系统最大换热能力得到提升，但若制冷剂体积流量不足，较低的管内饱和温度及较小的蒸发段、冷凝段压差将使蒸发段上部更易发生干涸现象，导致局部壁面失去液膜覆盖，进而引起背板局部出风温度骤升和换热性能下降。因此，在低室外温度下适当提高制冷剂体积流量对于维持热管背板全高度的高效换热具有重要意义。

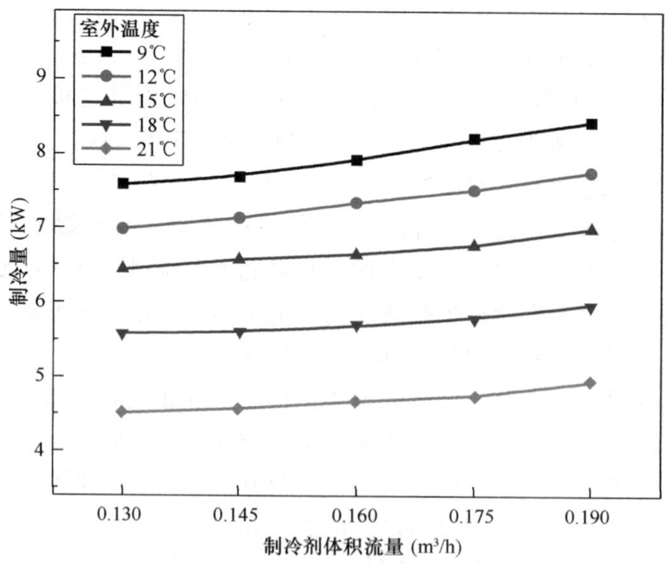

图 4-39　不同室外温度下系统制冷量随制冷剂体积流量的变化趋势

增大制冷剂体积流量可以在一定程度上强化两相换热过程，进而降低热管背板壁面温度。然而，室外温度对热管背板壁面温度的影响更为显著，低室外温度能够显著降低热管背板壁面温度，并通过增大室内外温差，提高热管背板的热量传递效率。对于较高的室外温度，尽管增大制冷剂体积流量可以有效降低热管背板壁面温度，但其绝对温度仍高于低室外温度工况；而在室外低温工况下，热管背板壁面均温始终保持在较低水平。如图 4-40 所示，在室外温度为 9℃时，较低的制冷剂体积流量即可确保热管背板壁面均温低于 26℃，而当室外温度超过 18℃时，即使制冷剂体积流量达到最高值（0.190m³/h），热管背板壁面均温仍然超出 27℃。以室外温度为 9℃为例，除去低制冷剂体积流量下的异常工况外，热管背板壁面均温在该工况下相较于室外温度为 21℃时低 3℃以上。此外，在不同室外温度条件下，随着制冷剂体积流量的增加，热管背板壁面均温也呈现一定的下降趋势。

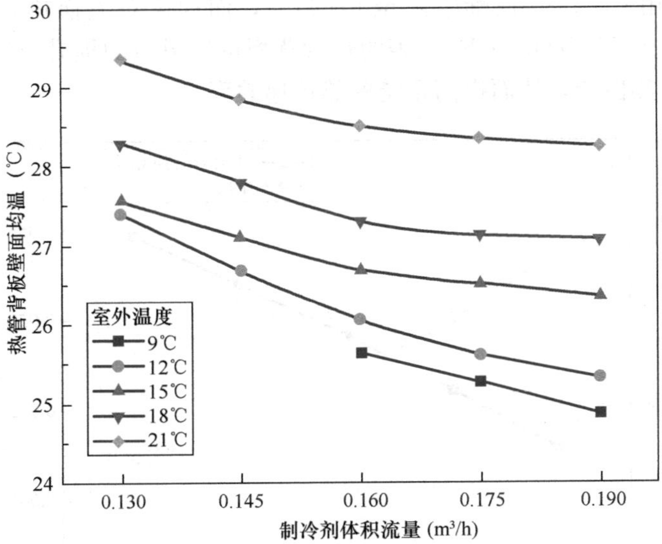

图 4-40　不同室外温度下热管背板壁面均温随制冷剂体积流量的变化趋势

综上所述，室外温度与制冷剂体积流量对数据中心柜级微通道热管背板冷却系统的运行参数及换热性能均具有显著影响。较低的室外温度尽管可提高系统换热量，但同时需适度增大制冷剂体积流量，以防止局部干涸和过热现象，保证全高度范围内的液膜覆盖和换热均匀性；而合理调控制冷剂流量，则可在优化传热性能的同时，兼顾运行能耗，实现系统效率的整体提升。

3. 不同制冷剂体积流量下热管背板进风风量对系统换热性能的影响

在数据中心柜级微通道热管背板冷却系统中，背板后方风机组为冷空气流动提供核心驱动力，将服务器产生的热量及时带走，并在与热管背板充分换热后排出机柜。蒸发段进风温度与冷凝段进风温度的差值是驱动制冷剂循环的重要因素之一。同时，蒸发段的进风风量不仅决定带走热量的速率，还直接影响热管背板的对流换热系数（j 因子），从而影响系统的整体换热效率。在不同制冷剂体积流量下，热管背板进风风量变化对传热过程的耦合效应尤为明显，需对其影响规律进行定量识别与比较分析，以明确空气侧与制冷剂侧参数的匹配关系。

为了提升系统的节能效率，数据中心柜级微通道热管背板冷却系统通常配备变频轴流风机，以实现灵活的风量调节，但热管背板进风风量的变化对系统性能的具体影响仍需进一步研究与优化。特别地，优化热管背板的进风风量不仅有助于深入揭示其在传热效率和制冷效果方面的作用机制，也为提升系统整体能效、制定更加合理的风量调控策略提供了理论依据和实践指导。基于实验数据，本节通过调整热管背板进风风量（$1800\sim3000m^3/h$）与制冷剂体积流量（$0.130\sim0.190\ m^3/h$）之间的匹配关系，系统分析热管背板进风风量对系统关键运行参数的耦合作用。

如图 4-41 所示，随着热管背板进风风量的增大，理论对应 j 因子呈现出减小趋势（反比于热管背板进风风速的 0.487 次方），同时热管背板的理论对流换热系数呈增大趋势（正比于热管背板进风风速的 0.513 次方）。随着热管背板进风风量从 $1800m^3/h$ 增大至 $3000m^3/h$，j 因子由 0.05383 逐渐下降至 0.04198，而理论对流换热系数则从 $75.98W/(m^2\cdot K)$ 增加至 $98.75W/(m^2\cdot K)$，表明热管背板进风风量的提升能够显著强化微通道热管背板的对流换热性能，从而提高系统的热传递效率。

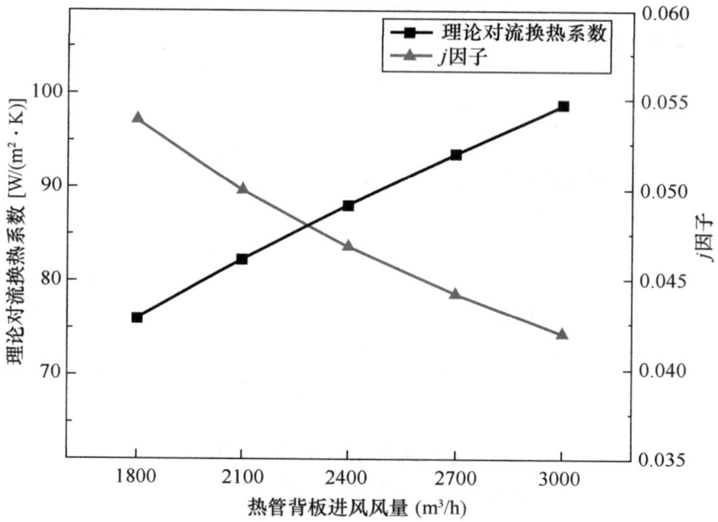

图 4-41　微通道热管背板理论换热系数随热管背板进风风量的变化趋势

如图 4-42 所示，随着热管背板进风风量的增大，由于热管背板处对流换热性能的提升，系统的总制冷量也随之增加。制冷剂体积流量较小（$0.130\sim0.145m^3/h$）时，系统的制冷量较低，且热管背板进风风量对制冷量的影响相对较小；然而，随着制冷剂体积流量逐渐增大至 $0.175\sim0.190m^3/h$，不同进风风量下的制冷量均处于较高水平。这也表明制冷剂体积流量与热管背板进风风量之间存在一定的匹配关系，且热管背板进风风量对系统制冷量的影响在高制冷剂体积流量下相对明显。

机柜内部腔体温度与热管背板进风风量密切相关，它反映了服务器所处的环境温度，对维持服务器的稳定运行至关重要，且该温度必须符合相关标准的规定。图 4-43 展示了不同热管背板进风风量下机柜内部腔体温度随制冷剂体积流量的变化趋势。结果表明，在

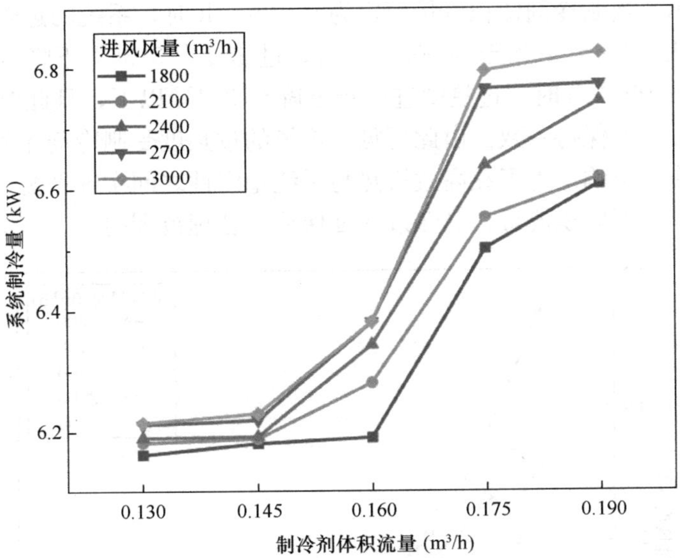

图 4-42　不同热管背板进风风量下系统制冷量随制冷剂体积流量的变化趋势

所有工况下，机柜内部腔体温度（即服务器所处环境温度）均保持在常规服务器温度限度（35℃）以内。随着热管背板进风风量的增加，机柜内部腔体温度显著降低；当进风风量从 1800m³/h 增至 3000m³/h 时，机柜内部腔体温度降低约 4.8℃。这一变化表明，热管背板进风风量通过有效降低服务器内部温度，可显著改善服务器的运行环境，进而提升其稳定性。

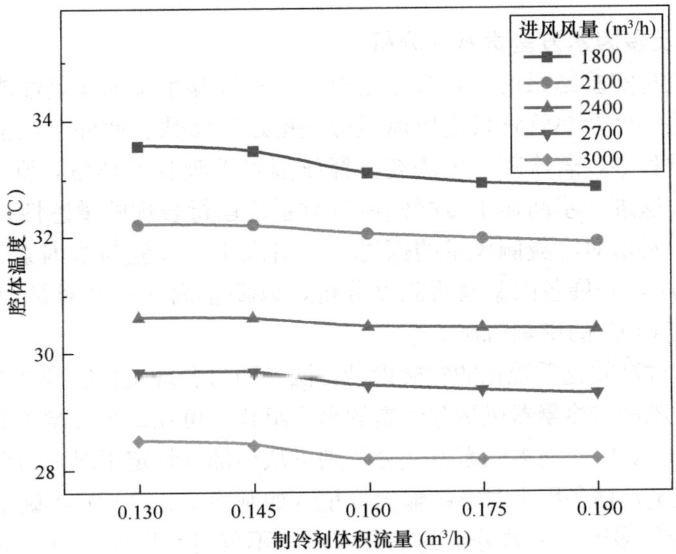

图 4-43　不同热管背板进风风量下机柜内部腔体温度随制冷剂体积流量的变化趋势

图 4-44 揭示了在制冷剂体积流量与热管背板进风风量双变量的耦合作用下系统过热度的变化趋势：随着制冷剂体积流量的增加，过热度与体积流量呈负相关变化，表现为热管背板出口温度逐渐趋近饱和温度，相变吸热过程的强化有效缩小了热管背板内的干区范

围。实验数据显示，当制冷剂体积流量恒定为 0.13m³/h 时，系统的过热度较高，且当热管背板进风风量从 1800m³/h 增至 3000m³/h 时，过热度由 3.36℃下降至 2.59℃；当制冷剂体积流量增至 0.16m³/h 时，过热度进一步下降至 2.4℃以下，且此时不同热管背板进风风量下的过热度基本保持一致。由此可见，系统的过热度受制冷剂体积流量与热管背板进风风量的协同作用影响。为了在高效换热与系统稳定性之间实现平衡，须合理调控热管背板进风风量与制冷剂体积流量，确保过热度保持在合理范围内。

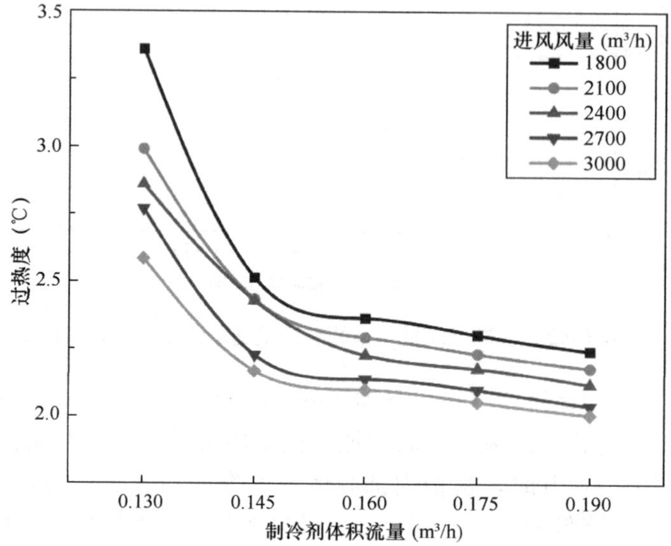

图 4-44　不同热管背板进风风量下过热度随制冷剂体积流量的变化趋势

4.4.2　正交实验及多因素方差贡献度分析

基于前述理论与实验结果可知，微通道热管背板冷却系统的换热性能显著依赖于制冷剂体积流量、室外温度及热管背板进风风量等关键运行参数。此外，在柜级微通道热管背板冷却系统运行过程中，若冷凝端无法充分释放蒸发端吸收的热量，则系统整体 *COP* 亦将受到不利影响，这进一步凸显了冷凝侧风量对系统运行表现的敏感性。因此，本节在前述研究的基础上，新增对冷凝侧风量的探讨，并引入正交实验与多因素方差分析（ANOVA）相结合的方法，开展各因素及贡献度分析，以期全面揭示其对微通道热管换热器整体换热性能与系统 *COP* 的影响机制。

正交实验是一种高效且系统化的实验设计方法，通过合理安排制冷剂体积流量、室外温度、热管背板进风风量与冷凝器风量等因素的水平组合，可在最少实验次数内筛选出对系统性能影响最显著的主效应。而多因素方差分析则可从局部（特定工况）与全局（整体输入空间）两个层面，定量评估各因素对系统输出变量（如制冷量、*COP*）不确定性的贡献度。

通过正交实验与多因素方差分析的综合应用，不仅可克服单一分析方法在筛选与定量评估上的局限，还可为柜级微通道热管背板冷却系统的结构优化与运行参数调控提供可靠的数据支撑和理论依据。

1. 正交实验

正交实验是一种系统化的实验设计技术，通常用于研究多个因素对系统响应变量的影响，并可有效避免单因素实验中常见的数据集中问题。其核心优势在于在最大限度地减少实验次数的同时，确保分析的全面性和结果的可靠性，并迅速识别出影响系统性能的主要因素，从而有效降低实验成本并提高实验效率。在本书中，正交实验用于评估制冷剂体积流量、室外温度、热管背板进风风量和冷凝器风量等因素对系统制冷量的影响，以筛选出对系统制冷量最为敏感的因素。

为了系统评估制冷剂体积流量、室外温度、热管背板进风风量及冷凝器风量四个因素对系统制冷量、*COP* 的影响，选用 L_{25}（5^4）正交表进行实验设计。其中，“25”表示总实验次数，“4”表示因素个数，“5”表示每个因素所设定的水平数（表 4-6）。相比于传统的单因素逐次试验（共需 5^4=625 次实验），正交实验仅需 25 次即可获得等同或更高精度的因素敏感性分析结果，节约了约 96%的时间和实验量。基于表 4-6，生成 L_{25}（5^4）正交表，如表 4-7 所示。

正交实验因素水平表　　　　**表 4-6**

水平数	室外温度（℃）	制冷剂体积流量（m^3/h）	热管背板进风风量（m^3/h）	冷凝器风量（m^3/h）
1	9	0.13	1800	9000
2	12	0.145	2100	10500
3	15	0.16	2400	12000
4	18	0.175	2700	13500
5	21	0.19	3000	15000

通过该正交方案，不仅能够高效识别各因素对制冷量的贡献度，而且为后续的多因素方差分析（ANOVA）奠定了坚实的数据基础，从而为微通道热管背板冷却系统的优化设计和运行调控提供科学依据。

正交实验分析表　　　　**表 4-7**

编号	因子 1	因子 2	因子 3	因子 4
1	1	1	1	1
2	1	2	3	4
3	1	3	5	2
4	1	4	2	5
5	1	5	4	3
6	2	1	5	4
7	2	2	2	2
8	2	3	4	5
9	2	4	1	3
10	2	5	3	1
11	3	1	4	2
12	3	2	1	5
13	3	3	3	3
14	3	4	5	1

续表

编号	因子 1	因子 2	因子 3	因子 4
15	3	5	2	4
16	4	1	3	5
17	4	2	5	3
18	4	3	2	1
19	4	4	4	4
20	4	5	1	2
21	5	1	2	3
22	5	2	4	1
23	5	3	1	4
24	5	4	3	2
25	5	5	5	5

根据表 4-7 进行实验，并计算柜级微通道热管背板冷却系统的制冷量及 *COP*，实验结果见表 4-8。

柜级微通道热管背板冷却系统正交实验结果 **表 4-8**

编号	制冷量(kW)	*COP*	编号	制冷量(kW)	*COP*	编号	制冷量(kW)	*COP*
1	6.628	69.415	10	7.266	69.977	19	7.203	57.019
2	6.045	63.183	11	6.578	57.113	20	4.605	36.637
3	5.732	59.799	12	4.992	43.586	21	5.302	34.663
4	5.568	57.930	13	4.109	35.824	22	7.964	51.977
5	4.117	42.719	14	7.469	64.994	23	5.388	35.312
6	6.493	62.570	15	6.684	58.034	24	5.728	37.495
7	6.226	59.860	16	5.224	41.581	25	4.972	32.499
8	5.455	52.322	17	4.754	37.787			
9	3.745	36.138	18	7.716	61.210			

2. 多因素方差分析

多因素方差分析作为一种高阶统计方法，通过构建包含主效应和交互效应的完整统计模型，实现对多参数系统的全面评估。相较于传统的单因素分析方法，多因素方差分析不仅能够准确量化各运行参数的独立影响，更重要的是可以识别和评估参数间可能存在的交互作用机制，从而有效解决单因素分析中普遍存在的信息割裂和效应混淆问题。特别是在样本容量有限的实验条件下，多因素方差分析通过优化模型结构和提高自由度利用效率，显著提升了统计分析的全面性和结果可靠性。

从方法论层面深入考察，多因素方差分析在柜级微通道热管背板冷却系统研究中展现出三个关键的方法学优势：①该方法通过 η^2（*eta-squared*）等效应量指标的精确计算，结合各因素贡献度的定量分析，为运行参数的优化调控提供量化决策依据；②基于现代实验设计理论，采用正交设计或部分正交设计策略，确保在多因素共存的情况下各因素效应的可分离性和可辨识性；③运用方差分解技术，能够有效区分系统固有随机波动与参数真实效应引起的变异成分，提高结果解释的准确性。这些方法学特性使得多因素方差分析特别适用于具有显著非线性特征的柜级微通道热管背板冷却系统的性能分析。因此，多因素方差分析不仅是数据处理的工具，更是贯穿实验设计、数据分析和结果解释全过程的系统性研究方法。

在本书的具体应用中，多因素方差分析被系统地应用于柜级微通道热管背板冷却系统性能的实证研究，其应用价值主要体现在两个方面：一方面，能够同时考察室外温度、冷凝器风量、氟泵频率、制冷剂体积流量及热管背板进风风量等多个关键运行参数对系统核心性能指标（系统制冷量、COP）的综合影响；另一方面，通过 F 检验和事后比较等统计推断技术，可以科学地检验各因素主效应及其交互作用的统计显著性，为系统优化提供可靠的统计依据。

在多因素方差分析的计算过程中，首先需要计算总平方和 SST，该指标用于衡量所有观测值相对于整体均值的离散程度，其数学表达式如下：

$$SST = \sum_{i=1}^{a}\sum_{j=1}^{n_i}(Y_{ij} - \overline{Y})^2 \tag{4-3}$$

式中　Y_{ij}——第 i 因素水平下第 j 次观测得到的样本值；

$\overline{Y}$——所有样本的均值；

a——因素水平的总数；

n_i——样本数量。

随后，计算各因素的平方和 SS_i，该指标用于衡量不同因素水平间的变异程度，其数学表达式如下：

$$SS_i = \sum_{i=1}^{a} n_i(\overline{Y}_i - \overline{Y})^2 \tag{4-4}$$

式中　$\overline{Y}_i$——第 i 因素水平下的均值。

误差平方和 SSE 用于表征随机因素导致的变差，其数学表达式如下：

$$SSE = \sum_{i=1}^{a}\sum_{j=1}^{n_i}(Y_{ij} - \overline{Y}_i)^2 \tag{4-5}$$

进一步计算因素的均方 MS_i 和误差均方 MS_E，它们分别反映因素效应和随机误差的平均变异程度：

$$MS_i = \frac{SS_i}{df_i} \tag{4-6}$$

$$MS_E = \frac{SSE}{df_E} \tag{4-7}$$

$$df_i = a - 1 \tag{4-8}$$

$$df_E = N - a \tag{4-9}$$

式中　df_i——因素自由度；

df_E——误差自由度；

N——总观测次数。

最后，计算 F 值，用于检验各因素对制冷量的影响显著性。如果 F 值的 P 值小于预设的显著性水平（一般取 0.05），则认为该因素对制冷量有显著影响。

$$F = \frac{MS_i}{MS_E} \tag{4-10}$$

在完成方差分析后，可进一步计算各因素的贡献度 C，用于量化其对总变异的相对影响程度：贡献度能够直观反映不同因素在系统性能变化中的相对重要性，为参数优化提供理论依据。

$$C = \frac{SS_i}{SST} \times 100\% \tag{4-11}$$

3. 系统能效及节能效果分析

表 4-9 和表 4-10 分别给出了在一定运行范围内，对制冷量和系统 COP 进行的多因素方差分析结果。分析结果表明，制冷量和系统 COP 的多因素方差分析模型的拟合优度 R^2 值分别为 0.9829 和 0.9797，表明上述四个因素能够分别解释制冷量和系统 COP 变化内因的 98.29%和 97.97%。

从制冷量的多因素方差分析结果来看，冷凝器风量与室外温度对制冷量具有显著影响，其中冷凝器风量的 P 值为 0.0000009998，远低于显著性水平 0.05，其 F 值在所有因素中最高，为 92.1735；室外温度的 P 值为 0.00045，同样达到统计学显著性，但其影响程度次于冷凝器风量。相比之下，制冷剂体积流量（P=0.364315）与热管背板进风风量（P=0.059449）的 P 值均大于 0.05，表明其对制冷量的贡献较小且不显著。

在系统 COP 的多因素方差分析中，制冷剂体积流量、室外温度和冷凝器风量均表现出显著效应（P<0.05），尤以冷凝器风量（P=0.000009）最为突出，且其 F 值最高，为 51.8041；而热管背板进风风量对系统 COP 的影响不显著。

贡献度分析进一步量化了各因素的重要性：冷凝器风量对制冷量和系统 COP 的贡献度分别为 78.75%和 52.50%，显著主导系统性能；室外温度的贡献度分别为 15.42%（制冷量）和 8.01%（COP）；制冷剂体积流量对系统 COP 的贡献度达到 35.27%，但对制冷量仅为 1.07%；热管背板进风风量的对制冷量和系统 COP 的贡献度分别仅为 3.05%和 2.19%。由此可见，冷凝器风量是影响系统制冷性能和能效的关键因素，制冷剂体积流量对系统 COP 的调控也具有重要作用，而热管背板进风风量与室外温度的影响相对次要。

多因素方差分析表——制冷量 **表 4-9**

因素	自由度 df	平方和 SS	均方 MS	F 值	P 值	贡献度 C
制冷剂体积流量	4	0.3492	0.0873	1.2492	0.364315	1.07%
热管背板进风风量	4	0.9963	0.2491	3.5645	0.059449	3.05%
室外温度	4	5.0484	1.2621	18.0623	0.00045	15.42%
冷凝器风量	4	25.7625	6.4406	92.1735	0.0000009998	78.75%
误差	8	0.5590	0.0699	—	—	1.71%

注：R^2=0.9829；P<0.05 时，该因素对制冷量有显著影响。

多因素方差分析表——系统 COP **表 4-10**

因素	自由度 df	平方和 SS	均方 MS	F 值	P 值	贡献度 C
制冷剂体积流量	4	1299.3975	324.8494	34.8037	0.000042	35.27%
热管背板进风风量	4	80.7486	20.1872	2.1628	0.164011	2.19%

续表

因素	自由度 df	平方和 SS	均方 MS	F 值	P 值	贡献度 C
室外温度	4	294.9495	73.7374	7.9001	0.006982	8.01%
冷凝器风量	4	1934.1063	483.5266	51.8041	0.000009	52.50%
误差	8	74.6700	9.3338	—	—	2.03%

注：$R^2=0.9797$；$P<0.05$ 时，该因素对系统 COP 有显著影响。

本章参考文献

[1] 廖家干. 蒸发器入口流量分配特性及结构优化研究[D]. 郑州：郑州大学，2021.

[2] PASTUKHOV V，MAIDANIK Y，VERSHININ C，et al. Miniature loop heat pipes for electronics cooling[J]. Applied Thermal Engineering，2003，23(9)：1125-1135.

[3] 张红星，林贵平，丁汀，等. 环路热管启动特性的实验研究[J]. 中国科学 E 辑：工程科学 材料科学，2005，(1)：17-30.

[4] ZHANG X，JIANG D，WANG H，et al. Experimental analysison the evaporator startup behaviors in a trapezoidal grooved heat pipe[J]. Applied Thermal Engineering，2021，199：117558.

[5] DENG Z，ZHANG J，LEI Y，et al. Startup regimes of mini-channel evaporator in a mechanically pumped fluid loop[J]. International Journal of Heat and Mass Transfer，2021，176：121424.

[6] 田植政，韩超灵，陈振乾. 基于分布参数模型的微通道平行流环路热管换热性能研究[J]. 制冷学报，2022，43(5)：88-98.

[7] ARMIJO K M，CAREY V P. An analytical and experimental study of heat pipe performance with a working fluid exhibiting strong concentration Marangoni effects[J]. International Journal of Heat and Mass Transfer，2013，64：70-78.

[8] SUN X，ZHANG C，HAN Z，et al. Experimental study on a novel pump-driven heat pipe/vapor compression system for rack-level cooling of data centers[J]. Energy，2023，274(1)：127335.

[9] HAN Z，WEI H，SUN X，et al. Study on influence of operating parameters of data center air conditioning system based on the concept of on-demand cooling[J]. Renewable Energy，2020，160(11)：99-111.

[10] HAN Z，XUE D，WEI H，et al. Study on operation strategy of evaporative cooling composite air conditioning system in data center[J]. Renewable Energy，2021，177(11)：1147-1160.

第 5 章　氟泵/蒸气压缩复合节能冷却系统性能分析

5.1　氟泵/蒸气压缩复合节能冷却系统设计

数据中心柜级微通道热管背板冷却系统在满足全年稳定运行需求时，必须结合地域气候条件实现驱动方式的动态切换。氟泵/蒸气压缩复合节能冷却系统（简称复合节能冷却系统）正是基于此理念而设计，将热管背板的被动相变优势与主动机械制冷能力进行有机整合。该系统由室内机单元与室外机单元两部分构成（图 5-1）：室内机单元以内嵌微通道热管背板为核心，通过电子膨胀阀 EEV 精准调节制冷剂节流过程，以保持服务器出风温度在设定范围；室外机单元由压缩机、风冷冷凝器、储液器及氟泵等组成，针对不同运行模式提供对应的循环驱动力和冷凝条件，以确保空调系统的整体性能与可靠性。

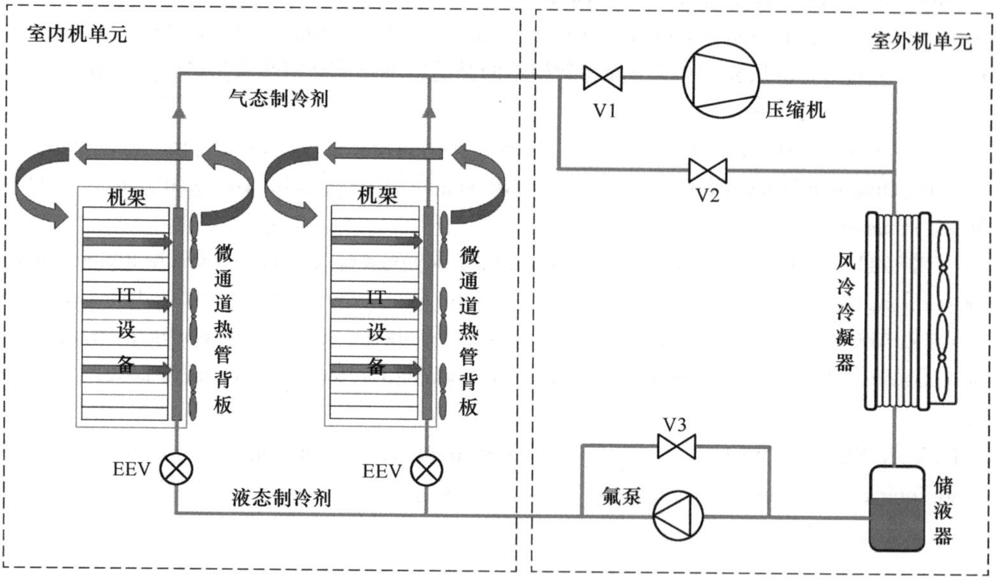

图 5-1　数据中心氟泵/蒸气压缩复合节能冷却系统原理图

系统设定三种运行模式以适应不同室外干球温度区间：氟泵模式、混合模式和压缩机模式。氟泵模式主要依靠氟泵提供制冷剂循环动力；混合模式由压缩机与氟泵共同驱动制冷剂循环；压缩机模式则完全依赖压缩机进行制冷剂循环。三种模式的切换依靠阀组逻辑与控制策略完成（表 5-1）：电磁阀、旁通阀及电子膨胀阀根据室外温度、机柜负荷和制冷剂饱和压力实时调整开度；控制器监测热管背板出口过热度与室外机冷凝压力，判定并执行模式转换指令，实现系统能耗与温控性能的综合优化。通过这一复合拓扑结构，系统可在全年工况下保持高效、安全与可靠的热管理能力，为数据中心节能运行提供技术支撑。

不同模式下的设备启停与阀门开关　　表 5-1

运行模式	压缩机	氟泵	V1	V2	V3
氟泵模式	停	启	关	开	关
混合模式	启	启	开	关	关
压缩机模式	启	停	开	关	开

5.1.1　氟泵模式

在冬季或室外环境温度较低时，室内外温差较大，系统能充分利用室外自然冷源，此时压缩机停止工作，系统仅依靠氟泵提升冷凝器出口处液态制冷剂的压力，以提供循环驱动力，确保制冷剂循环正常运行。氟泵模式原理及其压焓图如图 5-2 所示。机柜内微通道热管背板流出的气态制冷剂进入风冷冷凝器（2-3），在室外自然冷源的作用下充分冷凝（3-4），冷凝后的液态制冷剂经过氟泵加压（4-1），最后流经液管回到各个机柜中的热管背板，吸热蒸发（1-2），为机柜内的 IT 设备供冷。

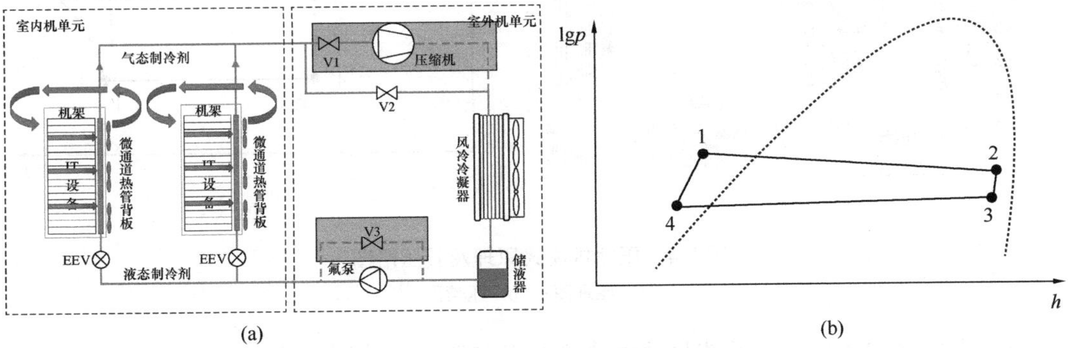

图 5-2　氟泵模式原理及其压焓图

(a) 原理图；(b) 压焓图

5.1.2　混合模式

在过渡季节，当室外仍具备利用自然冷源的条件时，启动压缩机适当增压，而氟泵则补偿压差不足部分，解决传统蒸气压缩循环在低压比下出现的供液不足问题。混合模式原理及其压焓图如图 5-3 所示，机柜内微通道热管背板流出的气态制冷剂进入压缩机升温升压（1′-2′），再通过风冷冷凝器凝结放热（2′-3′），接着液态制冷剂进入氟泵中进一步加压并过冷（3′-4′），随后流经电子膨胀阀节流（4′-5′），最终回到微通道热管背板中吸热蒸发（5′-1′）。

5.1.3　压缩机模式

在夏季或室外温度较高时，系统仅依靠压缩机运行，氟泵与电磁阀 V2 关闭，此时系统运行原理与传统的蒸气压缩制冷循环相同（图 5-4）。机柜内微通道热管背板流出的气态制冷剂经压缩机升温升压后（1″-2″）进入风冷冷凝器中凝结放热（2″-3″），冷凝后的液态制冷剂通过膨胀阀节流（3″-4″），最终返回蒸发器吸热蒸发（4″-1″）。

与传统数据中心空调系统相比，氟泵/蒸气压缩复合节能冷却系统具备以下特点：

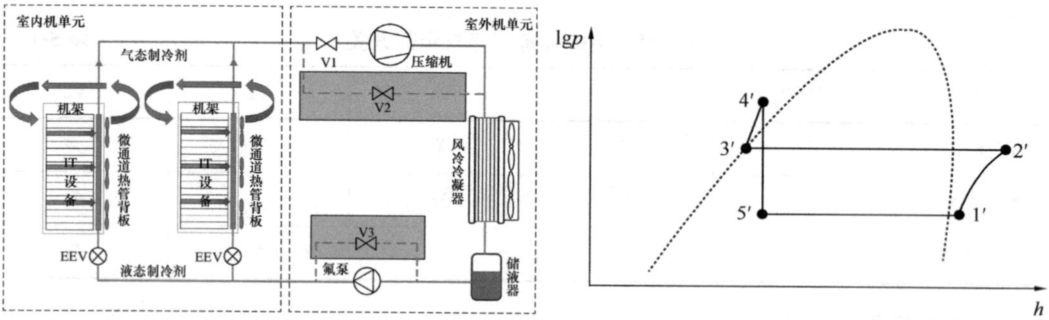

(a) (b)

图 5-3　混合模式原理及其压焓图

（a）原理图；（b）压焓图

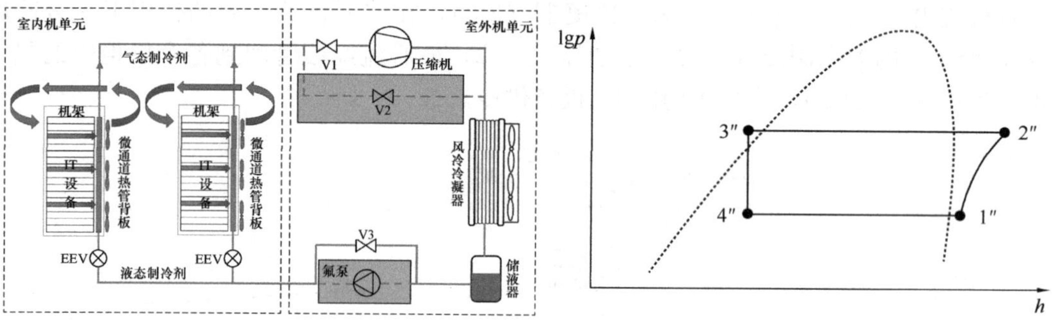

(a) (b)

图 5-4　压缩机模式原理及其压焓图

（a）原理图；（b）压焓图

（1）在冷量制备环节，系统将动力热管技术与蒸气压缩制冷技术集于一身，可实现三种模式的运行与切换，在室外温度较低时运行氟泵模式或混合模式，以最大限度地利用自然冷源；在室外温度较高时运行压缩机模式，以确保系统运行的可靠性，二者实现优势互补。

（2）在冷量输送环节，系统依靠制冷剂相变输送冷量，相比以空气、水作为冷量载体的输送方式，载冷密度显著提高，有效降低输送过程中的能耗及冷量损失，并规避了水直接进入数据中心带来的安全隐患。

（3）在冷量供需匹配环节，系统以微通道热管背板作为末端供冷方式，实现定量化和精确化供冷。同时，系统可通过变频技术实现冷量的按需匹配，避免冷热气流掺混造成的冷量损失和局部热点问题的发生。

因此，该复合节能冷却系统的三种运行模式共用部分管路与设备，对于节能、节材、节约投资具有重要意义，且整套系统可设计成模块化集成冷站，符合当前数据中心快速安装、便捷运维、一体化交付的工程建设需求。

5.1.4　并联机柜系统循环动力与性能实效

对于采用并联热管背板蒸发器的系统，以两台机柜并联为例，若两台机柜内各服务器设备负载功率相同，则各并联热管背板所分配的制冷剂体积流量一致，系统运行状态均衡。然而，若两机柜服务器负载存在差异，热管背板蒸发器间的流量分配将发生变化，导致各机柜背板的换热能力出现差异，从而改变系统的工作状态。此时，制冷剂在各蒸发器中的流量不仅受支路驱动力影响，还会因机柜侧热负荷的变化而波动；当某一支路制冷剂体积流量不足以带走对应的热负荷时，易引发该机柜及机房局部过热，影响设备安全性与可靠性。

在动力驱动模式下，所有并联支路的循环动力主要由动力设备（氟泵、压缩机）提供，温差驱动效应可视为次要因素，从而保证了各支路中制冷剂体积流量的一致性与稳定性，这一特性使得氟泵驱动在维持系统整体稳定运行方面具有显著优势。目前，虽然部分高端系统通过冷量分配单元（CDU）对各机柜流量进行精细化调节，但由于其初期投资较大，当前大多数数据中心仍采用成本更低、实现简便的重力驱动或动力驱动模式。

1. 热管内部制冷剂流态阻力分析

在室内外环境参数保持不变的条件下，热管内部的制冷剂流态由机柜的热负荷决定，而热负荷在一定程度上通过影响热管背板内部的制冷剂流态，进一步影响热管内部的阻力。

如图 5-5 所示，在并联机柜系统中，假设机柜 1 的热负荷较大，机柜 2 的热负荷较小。图中下降管内充满液态制冷剂（深色部分），而上升管内充满气态制冷剂（深色部分）。流体颜色的深浅代表不同相态制冷剂的比例：流体颜色越深表示该相态比例越高，越浅则表示该相态比例越低。$H_{a,1}$ 和 $H_{a,2}$ 分别表示机柜 1 与机柜 2 热管背板内气相制冷剂的高度，Δp_{loss} 定义为系统支路因摩擦阻力、局部阻力和相变过程引起的压力降。

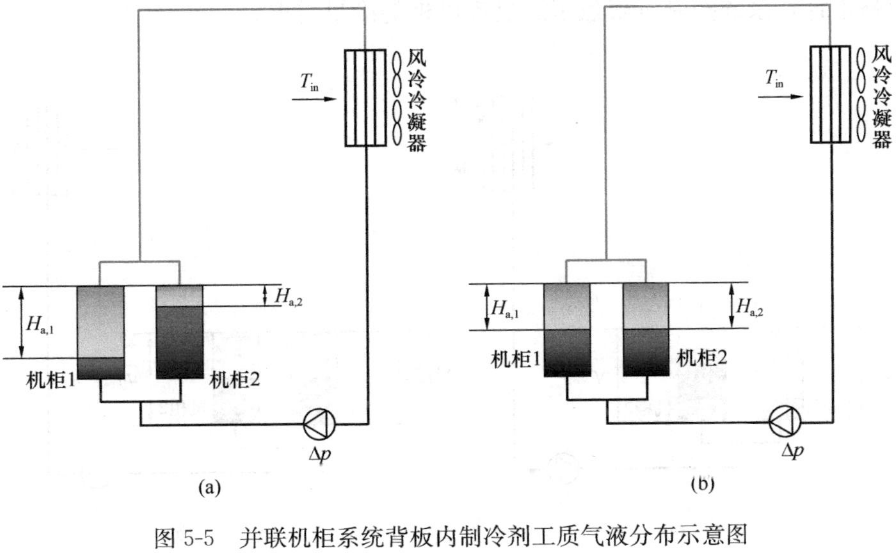

图 5-5 并联机柜系统背板内制冷剂工质气液分布示意图

（a）制冷剂体积流量均分；（b）制冷剂体积流量按服务器设备负荷分配

当两机柜热管系统支路的制冷剂体积流量均匀分配时［图 5-5（a）］，由于两支路蒸发器进液量相同，而机柜 2 内服务器设备热功率较低、热负荷较小，致使蒸发段制冷剂相变量相对较少，平均液位升高；反观机柜 1，因服务器设备热功率较大，热管背板中制冷剂相变量增多，平均液位下降。因此，$H_{a,1}$ 大于 $H_{a,2}$，进而导致 $\Delta p_{loss,1}$ 大于 $\Delta p_{loss,2}$，表明此时机柜 1 内由于制冷剂两相态而形成的阻力比机柜 2 大。

当两机柜热管系统支路的制冷剂体积流量按服务器设备的热负荷进行分配时（即机柜

热负荷之比等于制冷剂体积流量之比）[图 5-5（b）]，制冷剂的体积流量分配与各热管系统的热负荷相匹配，进而使得两机柜热管背板中的平均液位高度趋于一致，即 $H_{a,1}$ 等于 $H_{a,2}$，从而使 $\Delta p_{loss,1}$ 等于 $\Delta p_{loss,2}$，表明此时两机柜热管系统支路的阻力相当。

2. 系统循环动力分析

在采用动力设备为两台机柜提供流量的系统中，动力模式下的循环动力分析需要综合考虑动力设备输出的统一压头以及两支路在局部阻力和热负荷方面的差异。单系统通过动力设备输出端形成的统一入口压力 Δp，为并联支路提供流体驱动力，其总体平衡关系可描述为式（5-1），其中 Δp_{eff} 为系统支路实际的有效驱动力。

$$\Delta p = \begin{cases} \Delta p_{loss,1} + \Delta p_{eff,1} \\ \Delta p_{loss,2} + \Delta p_{eff,2} \end{cases} \tag{5-1}$$

考虑到机柜 1 内 IT 设备热负荷较大，其热管背板内相变更为剧烈［图 5-6（a）］，导致机柜 1 支路局部热交换区的压降 $\Delta p_{loss,1}$ 高于机柜 2 支路（$\Delta p_{loss,2}$）。在动力驱动模式下，动力设备提供的统一压头必须同时克服两支路的压降，故在无额外分流调控措施下，较低的局部阻力将使机柜 2 支路获得相对较高的制冷剂流量，而机柜 1 支路则因阻力较高使制冷剂流量偏低，同时由于热负荷较大，机柜 1 难以满足其更高的散热需求。因此，应以机柜 1 的热负荷为基准，通过调节动力设备来保障其所需的驱动压差与流量。与此同时，这种由于热管背板内部流态带来压降的差异相对动力驱动模式提供的动力相对较小，基本可忽略不计，系统控制可聚焦于满足各机柜的冷量需求。

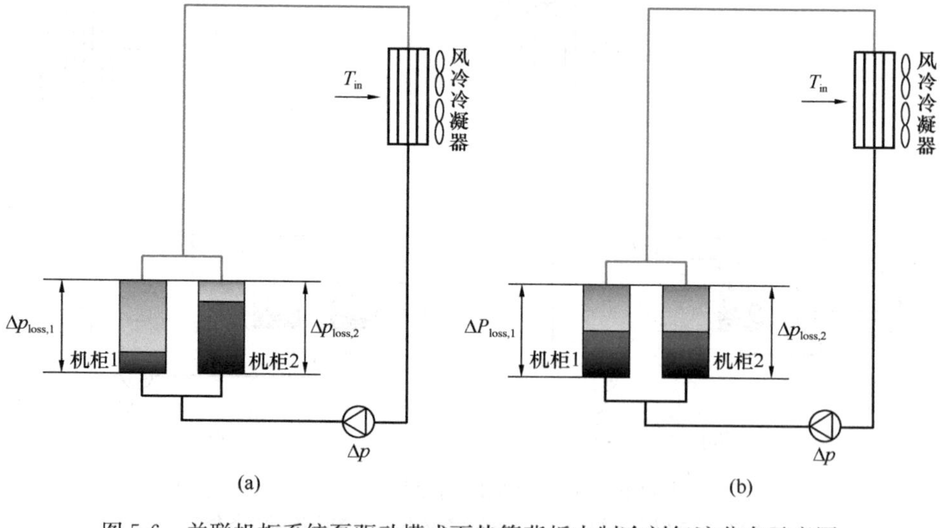

图 5-6　并联机柜系统泵驱动模式下热管背板内制冷剂气液分布示意图

（a）制冷剂体积流量均分；（b）制冷剂体积流量按服务器负荷分配

当两机柜因空间位置相对较远而导致热管管路阻力差异增大时，须引入分流装置或流量调节单元（如冷量分配单元 CDU），人为调控各支路的局部阻力，实现按热负荷需求的制冷剂流量分配。例如，可在机柜 2 支路中适当增加附加阻力或采用节流措施，使在统一压头作用下两支路的压降 Δp_{loss} 趋于一致，或使 $\Delta p_{loss,2}$ 较大，从而实现 $\Delta p_{eff,1} \geqslant \Delta p_{eff,2}$，使机柜系统支路制冷剂流量 $G_1 \geqslant G_2$，以确保两机柜均可获得满足各自热负荷需求的循环驱动力。

当两机柜热负荷相同［图 5-6（b）］时，热管背板的液位高差 H 及局部阻力 Δp_{loss} 均基本相同，因而两支路的循环驱动力 Δp 和制冷剂流量 G 也近似相等。

5.2 复合节能冷却系统测试条件

基于复合节能冷却系统，通过优选系统关键部件和构建实验测试环境，搭建了复合节能冷却系统性能测试平台，重点考虑了系统在变工况条件下的运行稳定性与测试数据的准确性，为开展复合节能冷却系统在不同室外温度下的运行特性分析与性能测试打下基础。

5.2.1 复合节能冷却系统组成

1. 实验平台

在 4.3.1 节所述实验平台的基础上进行升级改造，主要分为室内机单元和室外机单元两部分，分别布置于室内环境实验室与室外环境实验室，以模拟真实的数据中心机房环境和室外环境，其中室外环境实验室温度控制范围为 0～40℃，控制精度为±0.5℃，因此实验在 0～40℃的环境下开展。系统主要由 42U 机柜、机架式负载箱、微通道热管换热器、风冷冷凝器、压缩机、氟泵以及辅助设备等组成。其中机架式负载箱模拟数据中心 IT 服务器设备排风，热空气通过微通道热管换热器后，由温度记录仪记录机柜内的温度变化。

实验系统管路的设计对于系统性能和安全性同样影响显著，其布置遵循以下原则：①制冷剂管路采用铜管，为减少系统沿程阻力与局部阻力，管路应尽量简短且直线布局；②在压缩机吸气管道的安装过程中，为确保回油效果良好，管道朝向压缩机的方向应设置至少 0.01 的坡度，并在吸气管前安装 U 形管；③将冷凝器安装在高于储液器的位置，并保证二者的高度差大于 300mm，可利用重力使液态制冷剂顺利回流至储液器，从而提高系统效率与可靠性。实验台布置如图 5-7、图 5-8 所示。

(a) (b)

图 5-7 复合节能冷却系统实验台布置图（室内）

（a）室内环境实验室；（b）室内机单元

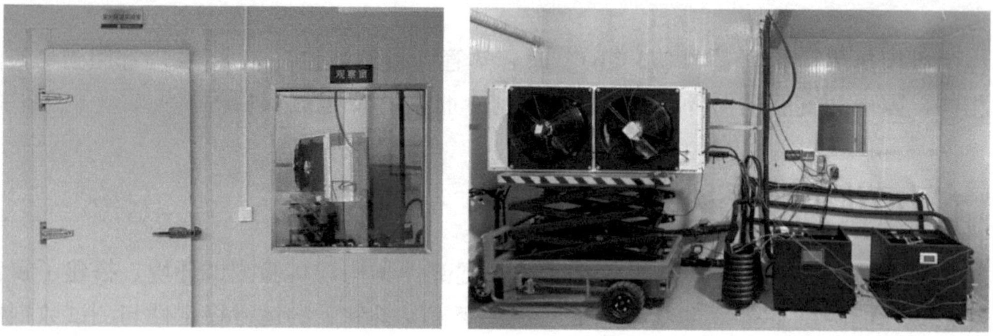

(a) (b)

图 5-8 复合节能冷却系统实验台布置图（室外）

（a）室外环境实验室；（b）室外机单元

2. 附加实验设备选取

（1）压缩机

压缩机是系统的核心部件，其性能直接决定系统的热力学效率与工况适应范围。综合考虑实验所需的负荷波动幅度、启停频次及长期运行稳定性，选用 ATF400D64UMV 型变频涡旋压缩机作为核心驱动单元。该机型通过变频调速技术，可在较宽频率区间连续调节制冷量，实现对蒸发温度与冷凝压力的精细控制，从而保证系统在不同测试工况下始终运行于最佳能效点。

与传统往复式压缩机相比，该压缩机的涡旋结构省去了活塞、连杆与进排气阀等易损件，减少了摩擦副数量，显著提升了机械可靠性与容积效率。此外，涡旋盘的啮合运动能够实现连续压缩，且压力脉动小、运行噪声低，可有效抑制系统振动，不仅延长了压缩机的寿命，也为后续的温度与流量测量提供了更稳定的边界条件。该压缩机主要技术参数参见表 5-2，其外观与电控箱如图 5-9 所示。

变频涡旋压缩机主要技术参数 **表 5-2**

参数	数值	参数	数值
额定制冷量	12.285kW	额定功率	3.365kW
气缸容积	39.8cm³/rev	运行频率范围	20～60Hz
容积效率	70%	等熵效率	70%

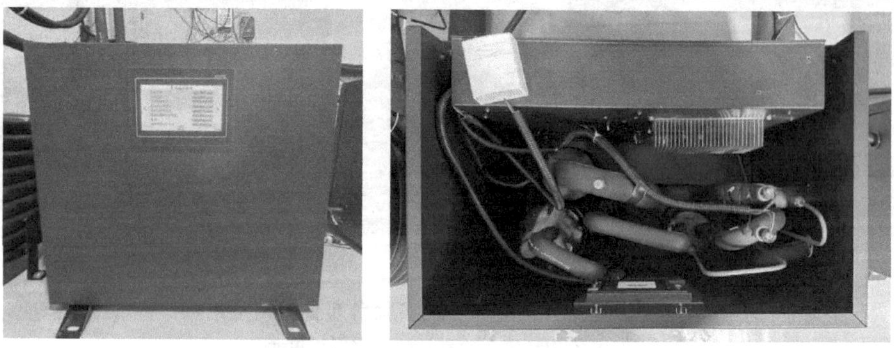

图 5-9 压缩机外观及电控箱图

（2）其他辅助设备

为保证系统在不同负荷与启停工况下的安全与稳定运行，实验回路中配置了电子膨胀阀、储液器、气液分离器与油分离器等关键辅助设备，其参数与外观见表5-3与图5-10。这些设备共同构成了制冷剂流动与相态调控的支撑框架，使得复合节能冷却系统能够根据实际数据中心机房工况开展性能测试。

辅助设备参数 **表5-3**

设备名称	型号规格	功能
电子膨胀阀	DPF1.65，名义制冷量10.4kW	调节制冷剂流量与节流降压
储液器	容积4.5L，接口管径19.05mm	储存液态制冷剂
气液分离器	容积1.8L，接口管径19.05mm	防止液态制冷剂进入压缩机引发压缩机液击问题
油分离器	YFQ-408，最大工作压力4.2MPa	有效分离润滑油和制冷剂

(a) (b) (c) (d) (e)

图5-10 辅助设备实物图

（a）电子膨胀阀；（b）储液器；（c）气液分离器；（d）油分离器；（e）干燥过滤器

电子膨胀阀通过调节阀门开度实现对节流过程的精细控制，其快速响应特性有利于维持蒸发器出口过热度的稳定，从而避免蒸发器发生液击或过热度过低导致的换热效率下降。为与变频压缩机调节策略匹配，电子膨胀阀的开度调节通常与系统传感器信号形成闭环控制，使制冷剂流量随实验需求动态变化。

储液器的设置旨在提供制冷剂缓冲空间，平衡由于环境温度变化或工况切换引起的系统内制冷剂总流量的波动。通过在回路中设置储液器，可确保压缩机吸气侧始终维持稳定的供液，避免因瞬时制冷剂短缺引起的压缩机吸气过热度异常，同时也为测试过程中可能的制冷剂充注调节提供便利。

气液分离器作为制冷系统关键安全组件，其核心功能是通过多级分离技术实现气液两相工质的有效分离。该装置采用重力沉降与惯性分离相结合的物理原理：当含有液态制冷剂的混合工质进入分离器后，首先通过扩容降速使大液滴因重力作用沉降；随后经由内置挡板或滤网结构实现二次分离，最终确保输出工质的气相满足要求。这种设计可从根本上避免液态制冷剂直接进入压缩机吸气端，消除因液击现象导致的阀片断裂、曲轴箱润滑油稀释等系统性风险，在不改变上游换热状态的前提下，确保压缩机获取相对均匀的气相工质。

油分离器则用于将压缩机排气中夹带的润滑油快速分离并回流至压缩机曲轴箱。由于润滑油在长时间循环中可能沉积于换热器或管路壁面，造成传热性能下降与流道阻塞风险。油分离器可有效提升系统运行的长期可靠性，并降低实验结果受油膜影响而产生的偏差。

上述辅助设备的协同作用，使整个实验系统的运行边界得到有效约束，为后续工况切换与参数测定打下了稳定与可重复的基础。

3. 数据监测系统

实验系统的测点布置如图 5-11 所示，围绕空气侧与制冷剂侧两条主线布设测点。针对微通道热管背板进出口，分别布设空气温度传感器与循环风量测量装置，以捕捉背板前后空气温度的实时变化，从而量化不同工况下换热驱动力与气流组织的耦合关系。通过在蒸发段入口与出口处对空气参数进行同步采集，可追踪空气温升随时间的波动，为后续评估换热均匀性与风量调控策略的有效性提供基础数据。

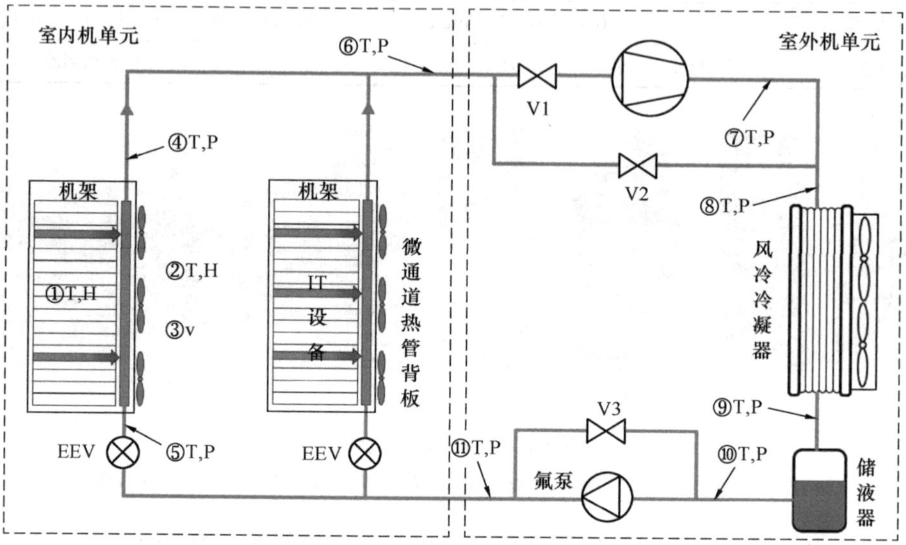

图 5-11　实验系统测点布置图

T—温度传感器；H—湿度传感器；v—风速传感器；P—压力传感器；M—流量传感器

在制冷剂回路中，蒸发器、压缩机、冷凝器以及氟泵等关键部件的进出口均设置温度与压力测点，以获取制冷剂在流动传热过程中的热力状态变化。每个测点的布置位置均依据设备内部流动路径与相态转变区域进行优化，以避免局部流动死角或两相混合区造成的测量误差。制冷剂温度与压力的配合监测，使得饱和度、过热度及节流前后相态变化能够被准确判读，进而支撑对节流调节、氟泵控制及压缩机变频策略的评价与修正。除热力参数外，系统运行功耗也纳入监测范围。通过在压缩机、风机组、氟泵及电子膨胀阀等主要用电设备的供电侧设置功率采集模块，实现对瞬时功率与累计能耗的实时记录。

为提高数据质量与可追溯性，监测系统的信号采集、数据记录与处理流程同 4.3.1 节所述。各类传感器在安装前均完成必要的校准和初始检定，采集系统采用统一的时间戳，保证多通道数据在时间轴上的同步性与一致性。在实验过程中，数据采集平台按预设的采样频率自动记录各测点信息，并通过冗余存储与在线监控降低数据丢失和异常漂移的风险。通过上述布置与方法，实验系统能够在较复杂的工况切换下保持稳定、可靠的测量精度，确保后续热工性能分析的有效性。

在实验过程中，部分参数可通过仪器直接读取，另一些参数则须依据已测数据进行计算与处理，此类参数定义为间接测量参数。由于测量中随机误差不可避免，直接测量误差会在计算过程中传递并可能被放大，进而影响间接测量结果的准确性。

为定量评估直接测量误差对间接测量结果的影响，采用不确定度分析方法。参照3.4.1节，可得实验中系统制冷量的相对不确定度为6.10%，*COP*的相对不确定度为3.40%，符合实验精度要求。

5.2.2 运行工况控制

为实现对数据中心内外部热环境的精准模拟，室内机单元与室外机单元分别置于不同的温控环境室中，环境室温度可在−20℃至40℃范围内调节且控制精度为±1℃，正式实验工况温度设定在0℃至24℃之间，以满足不同运行条件下的性能评估需求。系统设备及管路连接完成后，由于平台存在多处焊接接头，需要通过抽真空与保压试验对环路进行气密性检验，全系统抽至负压后静置48h，若真空计读数无明显变化则判定气密性合格，随后进行制冷剂充注。为降低设备与环境温差引发的对流换热对测量数据的影响，实验中对主要设备及管路均采用保温材料进行包覆。同时，考虑制冷剂充注量对传热性能的影响，依据系统换热器与管路总容积并参照高压储液器80%容积控制原则，本实验制冷剂充注量为20kg。

数据中心IT设备的发热量全年相对稳定，且当前数据中心的典型运行负载普遍集中在5～8kW，其中6kW为多数中高密度部署场景下的平均负载水平，具有较强的代表性与工程适用性。因此，实验研究中的系统总负荷设定为12kW，即每台机柜均开启6kW的运行负载。

影响数据中心复合节能冷却系统运行性能的主要参数包括室外温度、蒸发器风量、冷凝器风量、氟泵频率和压缩机频率等，其中机柜蒸发器的循环风量受IT设备稳定冷却需求的制约，且由机柜内部结构及气流组织决定，运行过程中变化不显著，因此实验过程中保持蒸发器风机转速恒定，控制蒸发器风量为1800m^3/h。

同时，冷凝器风量对系统的冷凝压力与冷凝温度具有直接影响，冷凝器风机也是系统主要的耗能部件之一。若风量不足，将导致系统冷凝压力过高，无法有效冷凝制冷剂且难以满足末端供冷需求；若风量过大，则会引起不必要的风机能耗，降低系统整体能效。对于具备多种运行模式的复合节能冷却系统而言，不同模式下的运行机理各异，使得冷凝器风量对系统性能的影响存在差异，所对应的最优冷凝器风量也不同，所以有必要研究冷凝器风量对系统性能的影响，为后续运行优化提供依据。

氟泵和压缩机作为系统的关键动力部件，其运行频率的变化对系统的蒸发压力、冷凝压力、制冷量和能耗等均具有显著影响。其中，氟泵频率与冷凝器风量类似，不同运行模式下系统对制冷剂循环流量的需求不同，氟泵频率变化的影响存在差异，但以往研究仅针对某一固定室外温度下氟泵频率与压缩机频率的安全运行范围，缺乏对不同室外温度下最优频率的系统性总结。因此，应进一步分析不同室外温度下氟泵频率与压缩机频率对系统性能的影响，为系统高效运行提供理论依据与数据参考。结合氟泵安全工作的频率范围，实验中设定氟泵频率为20Hz、25Hz、30Hz和35Hz；控制压缩机频率变化范围为20～45Hz。

室外温度是影响复合节能冷却系统运行性能的关键因素之一，它不仅决定系统冷凝侧的散热能力，还影响制冷剂的相变状态和系统的运行模式切换。结合复合节能冷却系统三种模式（氟泵模式、混合模式与压缩机模式）的运行原理，实验中初步设定了各运行模式对应的室外温度区间，并设置相邻模式下的室外温度区间存在交集，以确保实验对比的完整性，具体划分如表 5-4 所示。

三种运行模式室外温度实验区间 **表 5-4**

运行模式	氟泵模式	混合模式	压缩机模式
室外温度区间	0～20℃	10～30℃	20～40℃

本节主要研究室外温度为 0～40℃时，氟泵模式、混合模式和压缩机模式下冷凝器风量、氟泵频率和压缩机频率对系统性能的影响，同时对比分析三种运行模式下的系统性能差异，具体实验工况如表 5-5 所示。

实验工况表 **表 5-5**

运行模式	因素	数值
氟泵模式	室外温度（℃）	0、5、10、15、20
	氟泵频率（Hz）	20、25、30、35
	冷凝器风量（m^3/h）	3000、6000、9000、12000、15000
混合模式	室外温度（℃）	10、15、20、25、30
	氟泵频率（Hz）	20、25、30、35
	压缩机频率（Hz）	20、25、30、35、40、45
	冷凝器风量（m^3/h）	3000、6000、9000、12000、15000
压缩机模式	室外温度（℃）	20、25、30、35、40
	压缩机频率（Hz）	20、25、30、35、40、45
	冷凝器风量（m^3/h）	3000、6000、9000、12000、15000

5.2.3 不同运行模式的实测条件

1. 氟泵模式

氟泵模式下系统性能实测步骤：①将室外环境实验室温度调至 0℃并将系统阀门切换至氟泵模式；②打开冷凝器风机并调至最大风量（15000m^3/h），同时启动机柜风机并将风量设定为 1800m^3/h；③启动两台机柜共 12kW 发热量的负载，开启氟泵并将其频率调节至 20Hz；④当系统稳定运行 30min 且各测点数据无明显变化后开始读取测点数据；⑤依次将氟泵频率调整至 25Hz、30Hz 与 35Hz，以考察氟泵频率对系统性能的影响；⑥将氟泵频率复位至 25Hz，逐步调节冷凝器风量至 3000m^3/h、6000m^3/h、9000m^3/h 与 12000m^3/h，在各测点数据稳定后读取数据，以分析冷凝器风量对系统性能的影响；⑦将室外环境实验室温度依次调至 5℃、10℃、15℃和 20℃并重复步骤②～⑥，以研究室外温度变化对系统性能的影响。

2. 混合模式

混合模式下系统性能实测步骤：①将室外环境实验室温度调至 10℃并将系统阀门切换至混合模式；②打开冷凝器风机并调至最大风量（15000m^3/h），启动机柜风机并将风量设定为 1800m^3/h；③启动两台机柜共 12kW 发热量的负载，打开氟泵并将其频率调至 20Hz；④开启压缩机并将其频率调节至 30Hz；⑤当系统稳定运行 30min 且各测点数据不再发生明显变化时开始读取测点数据；⑥完成测点数据采集后，将氟泵频率依次调整至25Hz、30Hz和35Hz，以研究其对系统性能的影响；⑦将氟泵频率复位至25Hz，依次调节压缩机频率至25Hz、30Hz、35Hz、40Hz、45Hz，在各测点数据稳定后读取数据，以分析压缩机频率对系统性能的影响；⑧将压缩机频率复位至30Hz，将冷凝器风量依次调节为3000m^3/h、6000m^3/h、9000m^3/h和12000m^3/h，待各测点数据稳定后读取数据，以研究冷凝器风量对系统性能的影响；⑨将室外环境实验室温度依次调至15℃、20℃、25℃和30℃并重复步骤②～⑧，考察室外温度对系统性能的影响。

3. 压缩机模式

在压缩机模式下系统性能实测步骤：①将室外环境实验室温度调至20℃并将系统阀门切换至压缩机模式；②打开冷凝器风机并调至最大风量（15000m^3/h），启动机柜风机并将风量设定为1800m^3/h；③启动两台机柜共12kW发热量的负载，开启压缩机并将其频率调节至20Hz；④系统稳定运行30min且各测点数据无明显变化后开始读取测点数据；⑤完成数据采集后，依次将压缩机频率调至25Hz、30Hz、35Hz、40Hz、45Hz，以研究压缩机频率对系统性能的影响；⑥将压缩机频率复位至35Hz，依次调节冷凝器风量至3000m^3/h、6000m^3/h、9000m^3/h和12000m^3/h，在各测点数据稳定后读取数据，以分析冷凝器风量对系统性能的影响；⑦将室外环境实验室温度依次调至25℃、30℃、35℃和40℃并重复步骤②～⑥，考察室外温度对系统性能的影响。

5.3 氟泵模式下系统性能分析

5.3.1 不同室外温度下冷凝器风量对系统性能的影响

氟泵模式下系统的冷凝压力与冷凝温度受冷凝器风量影响，若风量不足将导致系统冷凝压力过高，无法有效冷凝制冷剂且难以满足末端供冷需求；风量过大则会增大风机能耗，降低系统整体能效。为明晰冷凝器风量对系统性能的影响，将氟泵的运行频率固定为25Hz，测试室外温度在0～20℃时不同冷凝器风量下系统制冷量、*COP*等性能参数的变化。

在相同冷凝器风量下，系统蒸发温度t_e和冷凝温度t_c随室外温度的升高而线性增大，且蒸发温度略大于冷凝温度（图5-12）。当室外温度从0℃升到20℃后，冷凝器风量为3000m^3/h、6000m^3/h、9000m^3/h、12000m^3/h和15000m^3/h时，蒸发温度分别增加了9.87℃、10.88℃、12.09℃、13.30℃与14.55℃，冷凝温度分别增加了9.91℃、10.93℃、12.15℃、13.32℃与14.59℃。当冷凝器风量保持恒定时，空气侧的对流换热系数相对稳定，随着室外温度升高，冷凝器中的制冷剂与环境之间的温差逐渐减小，同时为保证冷凝器散热量能够匹配机柜负载的发热量，制冷剂侧须升高冷凝温度来维持足够的传热温差，但氟泵模式下系统压力差较小，冷凝压力上升会带动蒸发压力上升，从而导致蒸发温度和冷凝温度均随室外温度的升高而逐渐增大。

同时，氟泵的机械驱动作用弱化了传统热管对自然温差的依赖，仅须较小的温差即可克服管路阻力并维持循环，故蒸发温度与冷凝温度之间的差值通常较小。而在相同室外温度下，蒸发温度和冷凝温度会随冷凝器风量的增大而降低，因为冷凝器风量的增大提高了冷凝器空气侧的对流换热系数，即在相同换热面积和热负荷条件下，制冷剂与空气之间换热温差减小，使得冷凝温度 t_c降低。由于系统处于氟泵驱动的两相循环模式，高、低压侧的压力差（仅存在管路摩擦阻力、局部阻力及静压头等微小影响）不显著，因此当冷凝侧饱和压力随之下降时蒸发侧饱和压力同步下降，蒸发温度降低。然而，过低的蒸发温度易导致蒸发器结露，从而对 IT 设备的安全运行构成威胁。当室外温度低于 2℃且冷凝器风量为 15000m³/h 时，蒸发温度将到达蒸发器进风侧的露点温度，对 IT 设备的安全运行造成潜在威胁。因此，当室外温度降至相应阈值时，需要减少冷凝器风量，以防止结露。

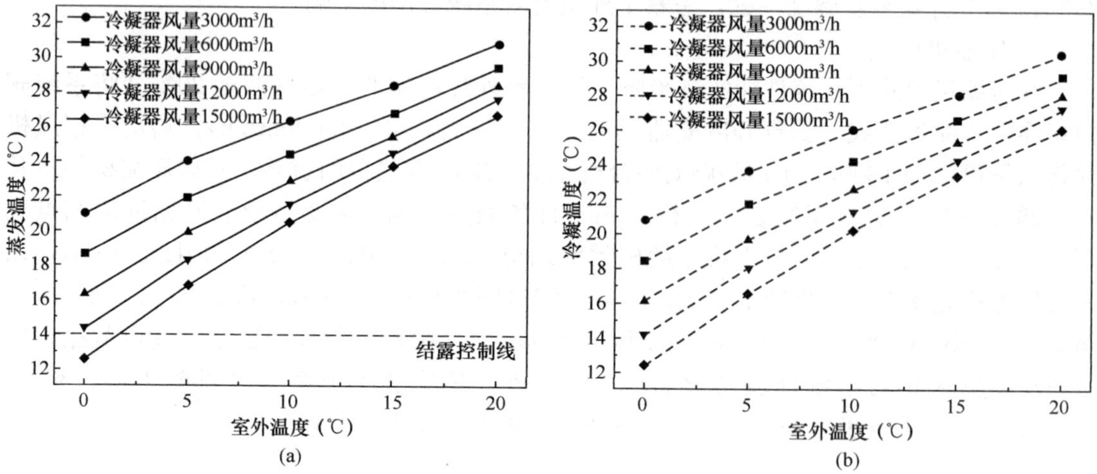

图 5-12　氟泵模式下不同室外温度时冷凝器风量对蒸发温度与冷凝温度的影响

（a）蒸发温度；（b）冷凝温度

制冷量是复合节能冷却系统的关键性能指标，它决定了系统对机柜的冷却效果。若制冷量不足，不仅难以满足既定负载的散热需求，还会导致蒸发器出风温度升高，降低服务器内部的冷却效率，导致过热风险且威胁机房的稳定运行。当冷凝器风量保持恒定时，随着室外温度升高，制冷量呈明显下降趋势（图 5-13）。当室外温度升高后，室内外温差减

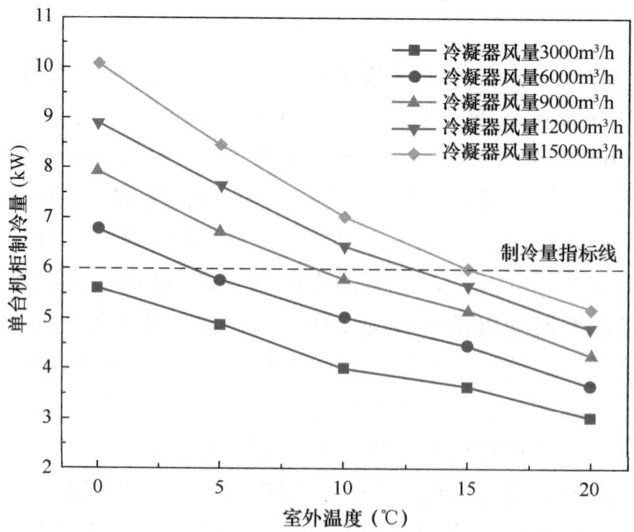

图 5-13　氟泵模式下不同室外温度时冷凝器风量对制冷量的影响

小，冷凝器侧与环境间的换热驱动力减弱，导致冷凝温度及饱和压力上升，并引起蒸发温度升高，削弱了蒸发器对机柜排气的冷却能力，从而导致制冷量下降、蒸发器出风温度升高。其中在室外温度15℃时，微通道热管背板（蒸发器）的蒸发温度升至22.62℃，仍可满足单机柜6kW的供冷需求，其出风温度维持在24℃以下，表明将微通道热管背板集成至复合节能冷却系统后，其更高的传热效率使系统在更高的室外温度下依然满足供冷需求，有效延长了氟泵模式的适用时长与室外温度运行区间，提升了自然冷源的利用率。而当室外温度升至20℃时，不同冷凝器风量下的系统制冷量均低于单台机柜6kW的冷量需求，氟泵模式难以稳定运行，需切换至混合模式或压缩机模式，室外温度（20℃）已超过氟泵模式运行的上限温度。

然而，当室外温度恒定时，增大冷凝器风量可强化空气侧对流换热，使冷凝温度与对应的系统饱和压力降低，带动蒸发温度下降，从而扩大蒸发器与机柜排气的温差，提高了系统整体换热效率（制冷量升高、蒸发器出风温度下降）。

在氟泵模式下，系统总能耗既受室外温度的影响，也高度依赖于冷凝器风量。研究表明，在冷凝器风量保持恒定时，随着室外温度由0℃升至20℃，液态制冷剂的密度和黏度下降，系统内制冷剂流动阻力显著减小，致使氟泵的能耗降低约18.7%，但由于其在系统总能耗中所占比例较小，故系统总能耗变化并不显著（图5-14）。相较之下，冷凝器送风量的增加对系统能耗的推动作用更为显著：在相同室外温度条件下，将风量由3000m^3/h提升至15000m^3/h，可使系统总能耗由0.383kW增至1.337kW，增幅约3.49倍；其中风冷冷凝器的能耗增幅甚至超过8倍（图5-14）。这一现象主要源于风机相似定律中$N \propto n^3$的三次方关系——为了实现更大风量，必须显著提高风机转速，从而大幅增加轴功率；但是在实际运行中，风机效率曲线的动态偏移以及内部流动损失通过效率参数$\eta(Q)$的隐函数效应会削弱这一理论比例关系。此外，不同室外温度下，相同送风量对应的风机能耗差异极小，仅在极端低温时因空气密度升高导致风机压头增加，能耗出现轻微上升，可见环境

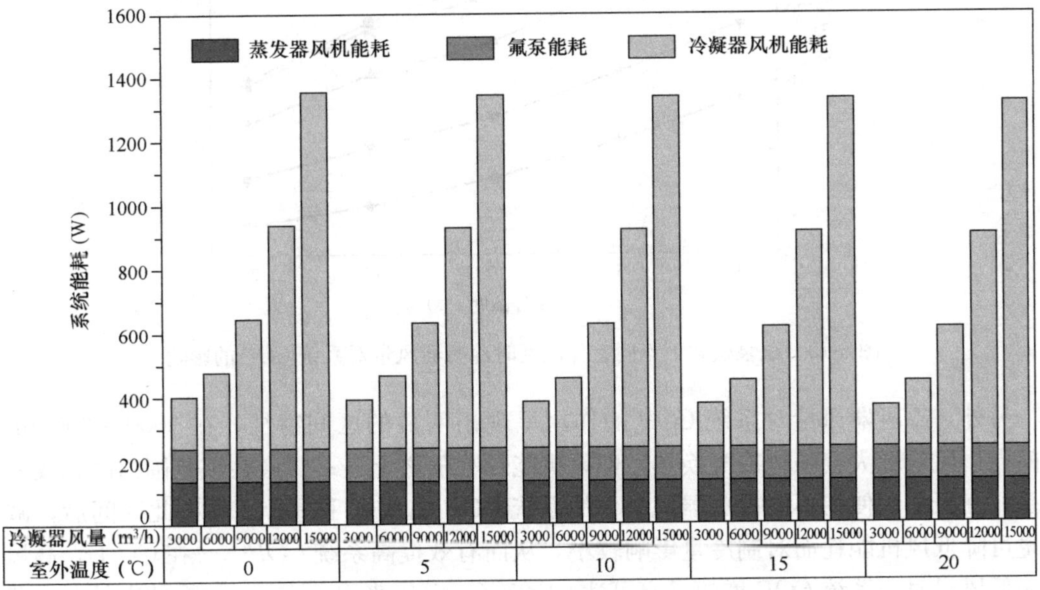

图5-14 氟泵模式下不同冷凝器风量时系统能耗的变化

温度对风机能耗的影响有限。随着冷凝器风量依次增大至 3000m³/h、6000m³/h、9000m³/h、12000m³/h 和 15000m³/h，风机能耗在系统总能耗中的占比分别由 33.9%、45.1%、59.7%、72.6%提升至 80.9%，充分表明冷凝器风量不仅是决定系统整体能耗水平的直接因素，更是影响系统用能强度的关键变量。因此在系统运行优化中，应着重通过合理调节冷凝器风量来提升系统能效水平。

此外，结合图 5-12 与图 5-13 可见，随着冷凝器风量的持续增加，每单位风量所带来的制冷量增益逐渐减小，而风机能耗却按近似三次方规律快速上升（图 5-14），导致系统能效降低、运行成本显著增加。因此，冷凝器风量与制冷需求、能耗成本之间必须保持动态平衡。在工程应用中，可采用变频或多级风机组，根据机柜负载和室外温度动态调节冷凝器风量：当机柜负荷较低或室外温度较低时，仅需较小风量即可满足制冷需求，以节省风机能耗；而在负荷高或室外温度升高时，则可适当增大风机转速，确保系统拥有足够的冷却能力，同时避免过大的能耗。

在氟泵模式下，系统 *COP* 不仅随室外温度的变化而发生显著波动，也受到冷凝器风量的非线性影响（图 5-15）。随着室外温度由 0℃升至 15℃乃至更高，系统冷凝压力及饱和温度显著提高，使蒸发器与机柜侧之间的有效换热温差减小，从而削弱制冷能力；与此同时，由于风机与氟泵的能耗几乎保持不变，系统 *COP* 呈持续下降趋势。反之，当室外温度由 15℃降至 0℃时（以冷凝器风量为 9000m³/h 为例），系统 *COP* 可由 16.5 提高至 25.1，这主要源于低温条件下冷凝侧换热更充分，而系统总能耗的变化相对有限。

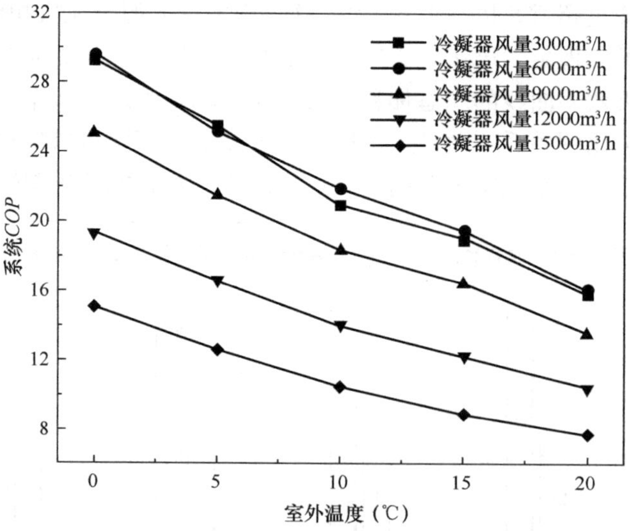

图 5-15　氟泵模式下不同室外温度时冷凝器风量对系统 *COP* 的影响

另外，冷凝器风量对系统 *COP* 的作用呈现出明显的区间特征，在 3000～6000m³/h 区间内，风量增大会强化冷凝换热，但风机能耗亦随之上升；二者在该范围内的相反效应几乎相互抵消，使得不同冷凝器风量下的系统 *COP* 曲线近乎重合。超出此区间后，减少风量可降低风机能耗而对制冷量影响较小，从而有效提高系统 *COP*——在 0℃下，高风量转为低风量时，系统 *COP* 增幅最高可达 94.35%。总体来看，在 0～20℃的室外温度范围内，不同冷凝器风量下的系统平均 *COP* 始终保持在 8 以上，表明在氟泵模式下，系统能够充分利用自然低温冷源，实现整体能效的显著提升。

综上所述，实验结果表明，室外温度与冷凝器风量对泵驱动微通道热管背板冷却系统性能具有显著的耦合作用。降低室外温度和增大冷凝器风量可强化冷凝侧换热效率，进而降低系统冷凝压力、蒸发温度及过热度，从而提升制冷量并降低机柜出风温度。然而，增大冷凝器风量虽可进一步提高制冷量，但风机能耗近似于送风量的三次方增长，导致单位制冷量能耗显著上升，且在中、高送风量区间，换热增益与风机能耗的增加基本相互抵消，体现出明显的边际效益递减现象。

基于上述研究发现，建议在工程运行中结合实时室外温度与机柜热负荷，采用变频或分级风机组实现冷凝器风量的动态调节。在满足制冷需求的前提下，可进一步建立系统 *COP* 与冷凝器风量的关联模型，依据实时环境温度动态调整冷凝器风量，使系统始终运行于近似系统 *COP* 最佳工况，从而在满足制冷需求的前提下，实现制冷能力与能效水平的平衡，使系统运行经济性最大化。

5.3.2　不同室外温度下氟泵频率对系统性能的影响

如图 5-16 所示，随着氟泵频率由 20Hz 提升至 35Hz，系统制冷剂体积流量由 0.171m^3/h 增至 0.276m^3/h，二者呈显著的单调递增关系，直接反映了变频泵在提高流体输送能力方面的作用。

根据 4.4.1 节所述，充足且可控的制冷剂体积流量是维持稳定热驱动回路的前提，尤其在低温工况下更为关键。此外，从双柜级流量分布来看，两柜支路所分得的制冷剂体积流量基本保持一致，其中机柜 2 较机柜 1 略有增高。这一现象与 5.1.4 节中关于流动阻力微差导致分配差异的分析相符，说明在氟泵模式下，虽整体循环动力由泵压主导，但支路间的阻力差仍会引起微小的制冷剂体积流量偏差。

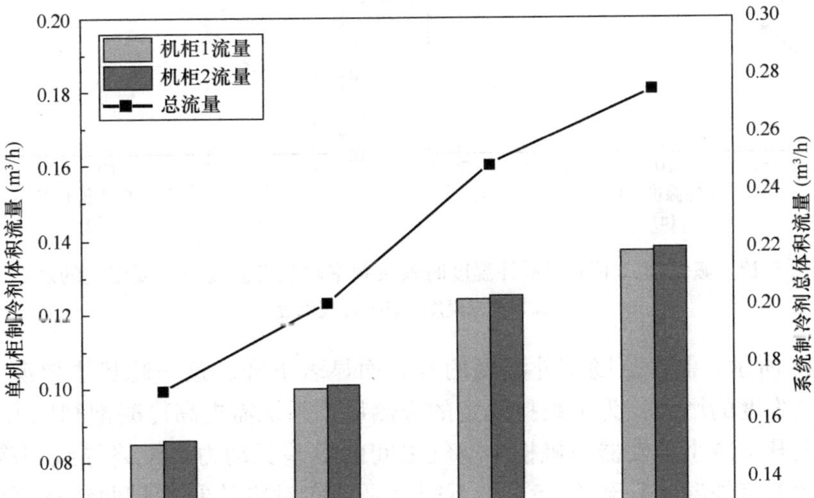

图 5-16　氟泵模式下不同室外温度时氟泵频率对制冷剂体积流量的影响

不同室外温度下氟泵频率对蒸发温度与冷凝温度的影响如图 5-17 所示。对于同一氟泵频率，蒸发温度与冷凝温度均随室外温度的升高而线性上升。室外温度升高后，冷凝器的散热难度增大，需提高系统的饱和压力以维持既定的换热量，从而使蒸发侧与冷凝侧的温度同步上升。另外，在相同室外温度下，蒸发温度在不同氟泵频率下的差异随着室外温度的升高而逐渐减小，即室外温度在 5℃以下时，较高的氟泵频率会使蒸发温度增大；而当室外温度超过 5℃后，高频与低频下的蒸发温度曲线趋于重合，差异变得不明显，其原因在于室外温度较低时，增大氟泵频率能够提供更多的制冷剂体积流量，使蒸发器获得充足的供液，从而提高蒸发压力与蒸发温度，形成明显的温度差异；然而当室外温度升至 5℃以上，冷凝侧的饱和压力基本主导了系统运行的压力水平，此时蒸发侧的温度提升主要受限于高、低压之间微小的压差所带来的调节空间，氟泵频率对蒸发器侧供液量的调控效应逐渐减弱，因此在室外温度高时，不同频率下的蒸发温度基本趋于一致，氟泵频率对蒸发温度基本无明显影响。这一结果表明，变频泵在系统中更多是通过控制制冷剂体积流量及换热速率来优化热量传导过程的，其对系统温度平衡点的干预相对有限。当追求更精细的蒸发温度控制时，单纯依赖氟泵频率调节难以实现较大幅度的温度偏移，应将重心放在提高冷凝器换热能力、优化压缩机运行频率或合理调整膨胀阀开度等措施上，以获得更有效的温度调控范围和更高的系统整体能效。

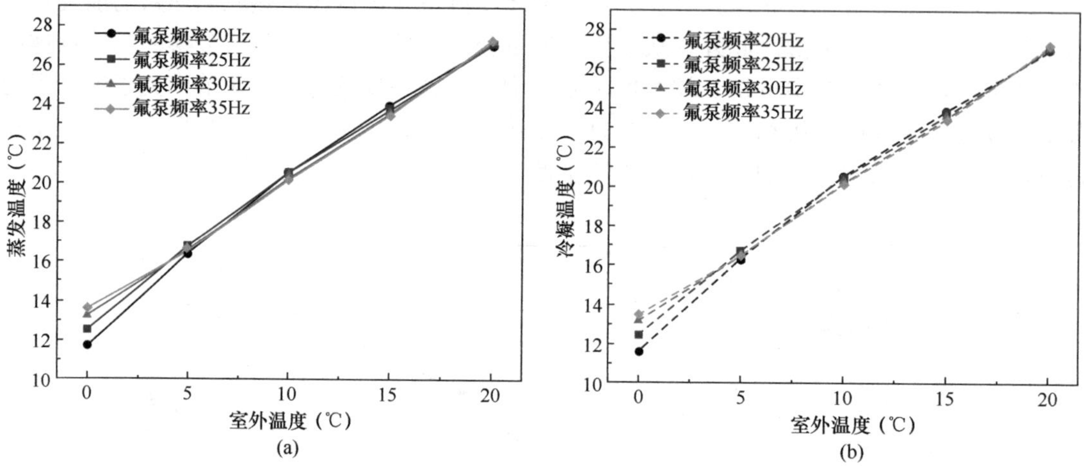

图 5-17　氟泵模式下不同室外温度时氟泵频率对蒸发温度与冷凝温度的影响

（a）蒸发温度；（b）冷凝温度

如图 5-18 所示，制冷量随室外温度的升高而显著下降。这一趋势主要源于高温工况下冷凝侧传热难度的增大：为了维持既定的换热量，系统需提高冷凝饱和压力，进而使蒸发温度同步上升，减小蒸发器与机柜中空气之间的温差驱动力，最终导致制冷能力下降。与此同时，随着室外温度升至约 15℃，不同氟泵频率对应的制冷量曲线逐渐收敛并几乎重合，表明氟泵频率调节对制冷量的边际增益在高温区间已基本耗尽。在低温工况下，增大氟泵频率对制冷量的促进作用尤为明显。例如，当室外温度为 0℃时，将氟泵频率由 20Hz 提升至 35Hz，制冷量可由约 8.6kW 增至近 11.5kW；而在 15℃高温工况下，不同氟泵频率下的制冷量差异则大幅缩小。这一现象可归因于两个方面：①在低冷凝压力下，提高氟泵频率可显著增强制冷剂循环量与蒸发器供液量，强化了蒸发侧换热；②当冷凝压力过高时，蒸发器与冷凝器之间的压力差趋于饱和，制冷剂体积流量的进一步增加已难以有效提升制冷量。

由此可见，氟泵频率对制冷量的影响具有明显的温度依赖性：在低温环境中，氟泵高频运行能够大幅提升制冷量；而在高温工况下，由于饱和压力与换热限制，同等策略则难以带来显著收益，反而可能增加能耗。因此，建议在系统运行控制中针对不同室外温度采用分段氟泵频率策略，即在温度较低时适度提高氟泵频率，以提升制冷能力，而在温度较高时宜保持中、低频率，以优化整体能效。

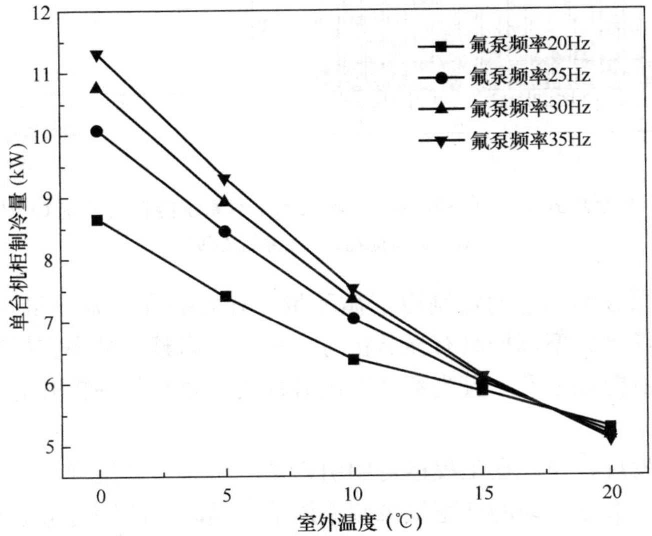

图 5-18　氟泵模式下不同室外温度时氟泵频率对制冷量的影响

在相同室外温度条件下，氟泵频率由 20Hz 分别提高至 25Hz、30Hz 和 35Hz，氟泵能耗显著上升，由约 93W 增至 115W、138W 和 172W，增幅达 84.9%，而系统总能耗仅上升约 6.0%（图 5-19）。这一结果表明，尽管高频工况下氟泵自身能耗显著增加，其在系统整体能耗中的占比提升对总能耗的影响相对有限，因此通过适度提升氟泵频率以增强制冷剂循环量和换热速率在经济性上是可行的。系统 *COP* 的变化则主要受制冷量增幅与能耗增幅之间的相对关系支配。在低温工况（例如室外温度 0℃）下，将氟泵频率从 20Hz 提升至 35Hz，制冷量可由约 8.6kW 增至接近 11.5kW，系统 *COP* 由基准值上升约 24.2%，此时高频运行不仅显著增强了蒸发器供液，也极大地提升了单位能耗的制冷效果。

然而，随着室外温度升高至 15℃，制冷侧的饱和压力和换热阻力急剧增大，高频增益被传热条件所限制，不同氟泵频率下的系统 *COP* 曲线逐渐收敛，并在该温度点附近几乎重合（平均系统 *COP*≈8.84）。此时，尽管高频仍略优于低频，但性能差异已不足以抵消其附加能耗，从而凸显出在高温工况下系统主要受冷凝侧传热条件的制约。基于上述规律，建议在实际运行中采用动态频率调节策略：当室外温度较低或制冷负荷较大时，可适度提高氟泵频率以充分发挥其对制冷能力和系统 *COP* 的增益；而在高温或低负荷工况下，则宜维持中、低频率，以避免无谓的能耗增长，从而实现制冷效率与能耗的最优平衡。

结果表明，随着氟泵频率逐步提高，制冷剂体积流量显著增大，从而增强了蒸发器的传热能力并提高了机柜的制冷量。同时，氟泵频率对系统性能的影响在室外温度较低时尤

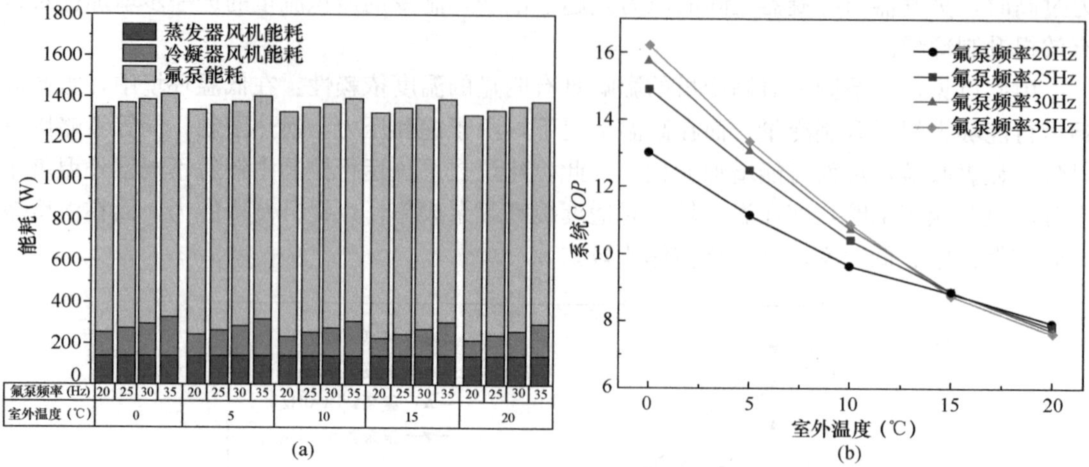

图 5-19　氟泵模式下不同室外温度时氟泵频率对系统能耗与系统 *COP* 的影响

(a) 系统能耗；(b) 系统 *COP*

为明显。较高的氟泵频率通过增加制冷剂循环量，有效提升了制冷量及系统 *COP*，表明在高负荷工况下，氟泵频率调控具有显著优势。然而，高氟泵频率在提升系统性能的基础上，也促使氟泵自身能耗上升，且当室外温度升高时，氟泵频率提升对系统性能的边际增益逐渐减弱。

基于上述研究发现，建议在工程运行中引入基于实时室外温度与机柜负荷的闭环控制策略，采用自适应或数据驱动的动态氟泵频率调节。同时，应综合考虑氟泵频率、冷凝器风量及压缩机工况之间的耦合效应，构建多参数联合优化模型，实现各运行参数的协同调控，从而在满足制冷需求的同时，尽可能降低不必要的能耗，确保系统长期运行于高 *COP* 区间，兼顾制冷性能与能效。

5.4　混合模式下系统性能分析

5.4.1　不同室外温度下压缩机频率对系统性能的影响

室外温度恒定的工况下，随着压缩机频率的提升，蒸发温度与冷凝温度呈现相反的变化规律：压缩机频率升高后，吸气能力增强，制冷剂吸入速率加快，导致蒸发器内部压力下降，从而使蒸发温度逐渐降低；与此同时，制冷剂体积流量增大使排气侧负荷加重，冷凝压力升高，进而引起冷凝温度明显上升（图 5-20）。

当室外温度从 10℃升至 30℃时，蒸发温度和冷凝温度整体上均随之升高，但冷凝温度的上升幅度远大于蒸发温度。当压缩机频率为 30Hz 时，蒸发温度上升约 5.31℃，而冷凝温度则升高了约 15.36℃。室外温度高会显著提高冷凝端压力，以确保足够的散热，从而引起冷凝温度的剧烈变化；反之，蒸发端在氟泵与压缩机协同作用下保持了较稳定的供液和蒸发环境，热力状态平稳，温度增长平缓。

在相同的压缩机频率下，压缩机排气温度随室外温度的升高而升高［图 5-21（a）］，即随着室外温度的升高，冷凝器的散热难度加大，导致冷凝压力升高。在蒸发压力变化不显著的情况下，冷凝压力升高意味着压缩比增大，压缩机对单位质量制冷剂所做的功也随

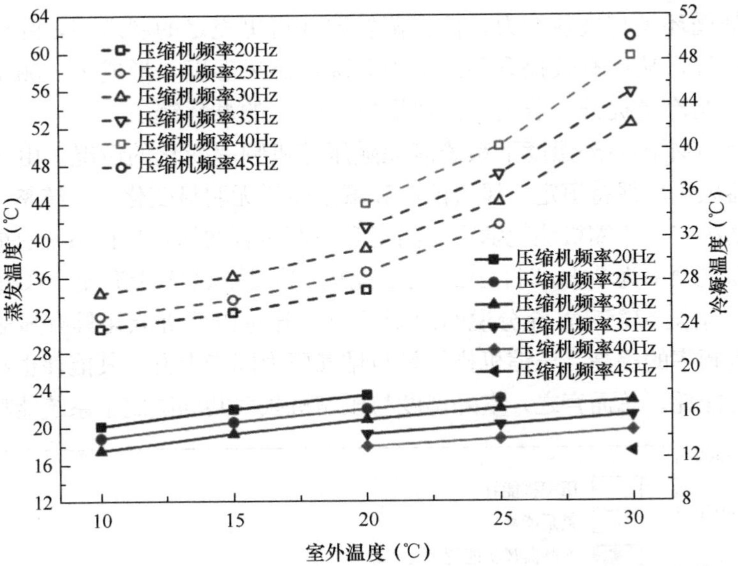

图 5-20　混合模式下不同室外温度时压缩机频率对蒸发温度与冷凝温度的影响

注：虚线为冷凝温度曲线，实线为蒸发温度曲线。

之增加，从而导致排气温度升高。例如，当室外温度从 10℃升至 30℃，压缩机频率为 30Hz 时的排气温度提高了 11.7%。此外，在相同室外温度下，压缩机排气温度也随压缩机频率的升高而显著上升，压缩机频率升高后，单位时间内制冷剂体积流量与压缩比增大，使得排气温度进一步上升。在室外温度为 20℃时，压缩机频率从 20Hz 升至 40Hz，排气温度增加了 27.09℃。

混合模式下制冷量随室外温度的上升而逐渐降低［图 5-21（b）］。在同一室外温度下，随着压缩机频率的升高，制冷量呈显著上升的趋势。当室外温度为 20℃时，压缩机频率从 20Hz 逐步提高至 40Hz，制冷量提升幅度分别为 4.78%、7.76%、9.32%和 12.40%，这主要归因于压缩机高频运行可向冷凝器输送更多高温高压的制冷剂，进而提

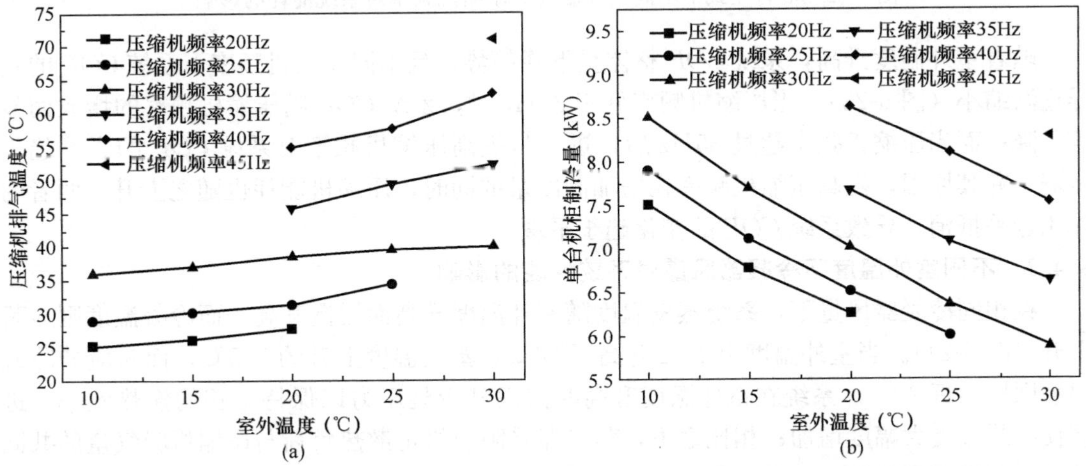

图 5-21　混合模式下不同室外温度时压缩机频率对压缩机排气温度与制冷量的影响

（a）压缩机排气温度；（b）单台机柜制冷量

升系统的制冷剂循环量与换热能力，使得蒸发器获得更充足的制冷剂，强化了空气与制冷剂之间的换热过程，从而有效提升制冷能力并降低出风温度，形成了“频率提升—流量增加—换热增强—制冷量提升—蒸发器出风温度下降”的循环链条。

图 5-22 展示了不同室外温度下系统能耗随压缩机频率变化的情况。由于机柜风量、氟泵频率和冷凝器风量均保持恒定，风机能耗和氟泵能耗无明显变化，系统整体能耗主要由压缩机能耗的波动决定。压缩机能耗随室外温度升高而显著增加，且在系统总能耗中的占比不断上升。在压缩机频率为 30Hz 时，压缩机能耗从 10℃的 802W 上升至 30℃的 1369W，其能耗占比由 38.2%增至 51.5%，充分说明冷凝压力上升对压缩机能耗具有显著推动作用。此外，随着压缩机频率的提高，压缩机排气量与排气压力同步上升，其能耗也相应增加，进一步增大了系统总能耗。总而言之，室外温度与压缩机频率共同决定了系统能耗。

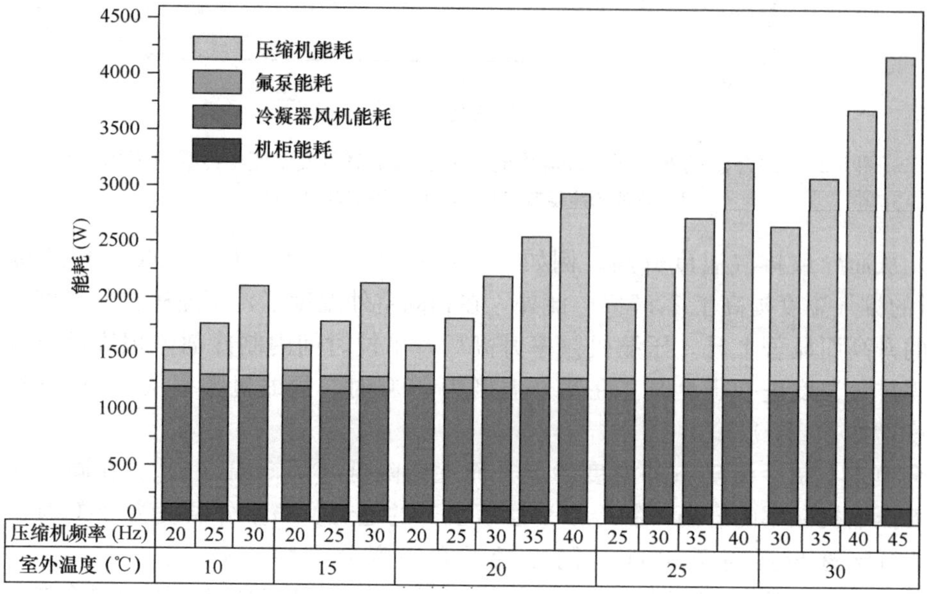

图 5-22　混合模式下不同室外温度时压缩机频率对系统能耗的影响

随着室外温度升高，系统 *COP* 整体呈下降趋势，且不同压缩机频率下系统 *COP* 的差异逐渐缩小（图 5-23）。当压缩机频率低于 35Hz 时，系统 *COP* 随压缩机频率的增大而显著下降；而当压缩机频率超过 35Hz 后，进一步提高压缩机频率对系统 *COP* 的影响趋于减弱。究其原因，提高压缩机频率在增加制冷量的同时，压缩机能耗也随之上升，两者的作用近乎抵消，导致系统 *COP* 的变化趋于平缓。

5.4.2　不同室外温度下冷凝器风量对系统性能的影响

在相同冷凝器风量下，系统蒸发温度随室外温度升高而缓慢升高，而冷凝温度则显著上升（图 5-24）。当室外温度由 10℃升高至 30℃，蒸发温度上升约 3.5℃，而对应的冷凝温度则提高近 20℃。系统在室外温度升高时需提升冷凝压力以保持足够的换热效率，进而使冷凝温度大幅度增加；相比之下，蒸发器受限于机柜散热负荷与压缩机吸气量的共同约束，蒸发温度随外界工况变化相对平稳，因此蒸发温度增幅远小于冷凝温度。

另外，在相同室外温度下，随着冷凝器风量的增大，冷凝温度显著下降，而蒸发温度

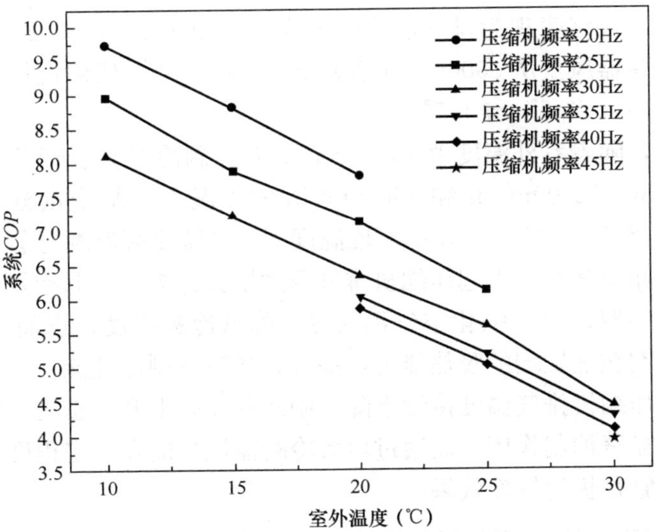

图 5-23　混合模式下不同室外温度时压缩机频率对系统 *COP* 的影响

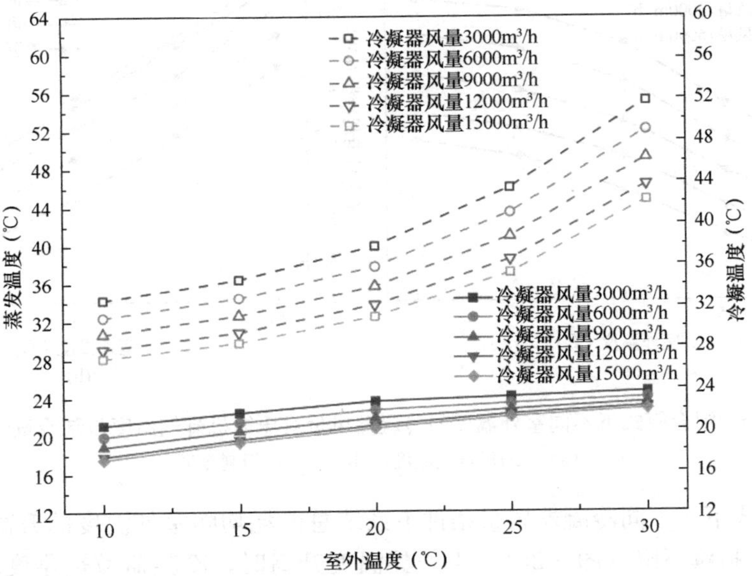

图 5-24　混合模式下不同室外温度时冷凝器风量对蒸发温度与冷凝温度的影响

注：虚线为冷凝温度曲线，实线为蒸发温度曲线。

基本保持稳定。当冷凝器风量由 3000m^3/h 增至 15000m^3/h 时，不同室外温度下的冷凝温度均显著降低（6～8℃）。强化空气侧对流换热能有效减轻冷凝器的排热压力，降低冷凝温度。同时，由于蒸发器的压力主要受压缩机吸气量与氟泵供液量的控制，冷凝器风量变化对其影响有限，因而蒸发温度变化幅度较小。总之，冷凝器风量的提升在降低冷凝温度方面具有显著效果，而蒸发温度则更依赖于系统制冷剂循环量与负荷匹配情况。

压缩机排气温度随冷凝器风量的增大而降低［图 5-25（a）］，冷凝器风量增大后，空气侧的换热能力增强，使制冷剂在冷凝器中能更充分地散热，从而降低了冷凝压力与冷凝温度。在蒸发压力不变的情况下，冷凝压力的降低减小了压缩机的压缩比，使压缩机对制冷剂所做的功减小，最终表现为排气温度的下降。在10℃、15℃、20℃、25℃与30℃的室外温度下，当冷凝器风量从3000m³/h增大至15000m³/h，压缩机排气温度依次降低了3.4℃、4.1℃、4.7℃、4.7℃与4.5℃。

在混合模式下，随着室外温度由10℃升至30℃，制冷量显著降低，其中在冷凝器风量分别为9000m³/h、12000m³/h和15000m³/h的工况下，制冷量分别降低了32.7%、29.7%和27.5%［图5-25（b）］。在高环境温度下，系统冷凝温度与蒸发温度升高，蒸发端的有效传热温差相应减小，引起压缩机排气温度增大并减少了制冷量。此外，在同一环境温度下，增大冷凝器风量可强化空气侧换热，降低冷凝温度，进而减轻压缩机排热压力，从而提高制冷剂在蒸发端的吸热能力，提升系统整体制冷性能。具体表现为：随着冷凝器风量的提高，压缩机排气温度持续下降，制冷量显著上升。总之，室外温度的升高对系统冷却能力具有显著抑制作用，而通过增大冷凝器风量能在一定程度上缓解这一不利影响，改善微通道热管背板的供冷效果。

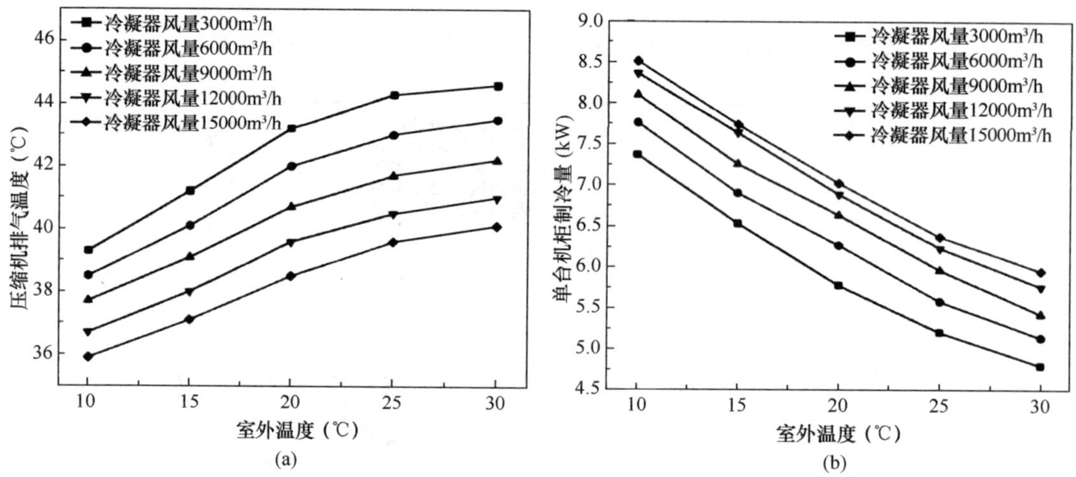

图5-25　混合模式下不同室外温度时冷凝器风量对压缩机排气温度与制冷量的影响
（a）压缩机排气温度；（b）单台机柜制冷量

在混合模式下，不同冷凝器风量条件下系统总能耗均随室外温度的升高而不断上升，导致系统 *COP* 持续下降（图5-26）。当外界温度升高时，冷凝器散热难度增加，压缩机需维持更高的排气压力以确保系统的制冷效果，从而自身功耗增大；且由于制冷量在高温环境下进一步降低，系统 *COP* 也因此显著降低。同时，压缩机能耗在总能耗中占据主导地位，其负荷变化直接决定了系统整体能耗的变化。另外，在相同的室外温度下，增大冷凝器风量虽然可以降低冷凝温度并降低压缩机的能耗，但相应的冷凝器风机能耗也会随之增加，从而部分抵消了能效方面的潜在收益。当冷凝器风量从3000m³/h增至9000m³/h时，系统总能耗增幅相对较小，使系统 *COP* 在该风量区间内整体呈上升趋势；而当冷凝器风量进一步增大至15000m³/h时，风机能耗的增幅超过了制冷量的提升幅度，导致系统 *COP* 反而有所下降，故存在最优的冷凝器风量以使系统 *COP* 最大。

5.4.3　不同室外温度下氟泵频率对系统性能的影响

在混合模式下，不同氟泵频率时的蒸发温度和冷凝温度均随室外温度的升高而逐渐增加，且冷凝温度的上升幅度显著大于蒸发温度［图5-27（a）］，此现象与第5.3.1节中冷

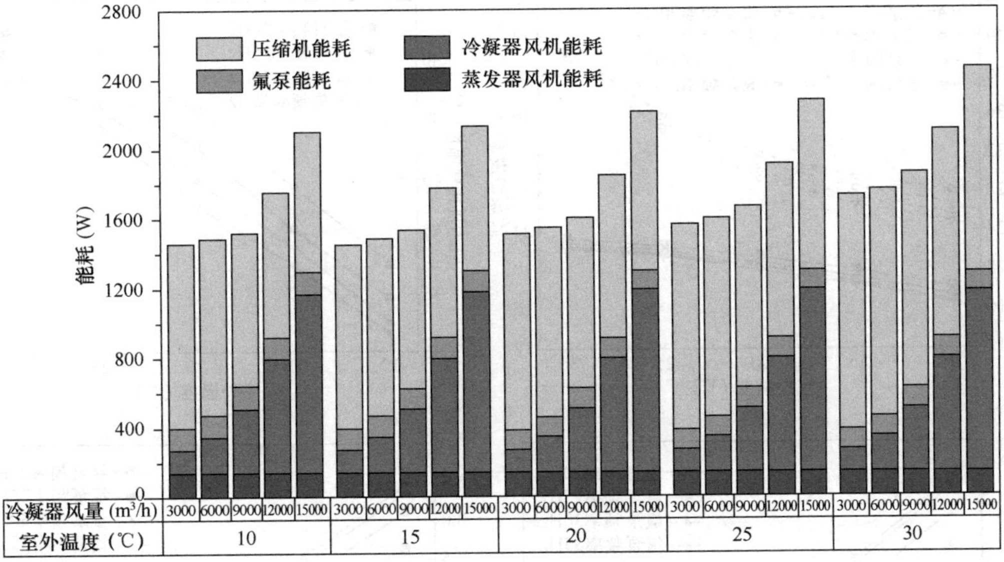

(a)

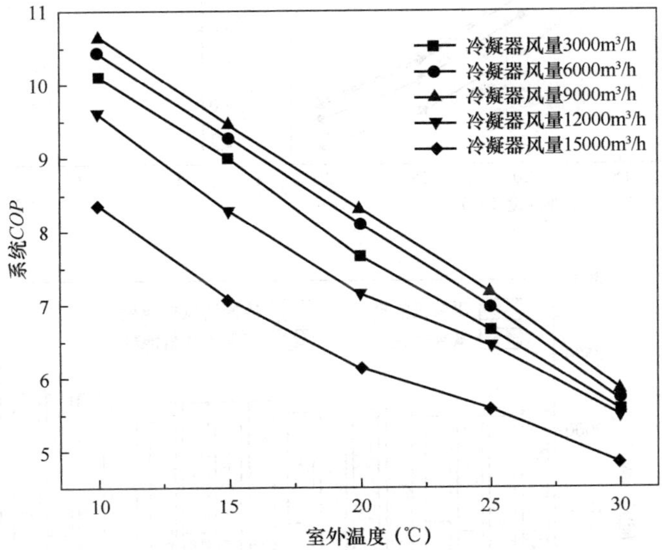

(b)

图 5-26　混合模式下不同室外温度时冷凝器风量对系统能耗与 *COP* 的影响

（a）系统能耗；（b）系统 *COP*

凝器风量对系统性能的影响一致。在不同氟泵频率下，蒸发温度和冷凝温度的差异较小，几乎趋于一致。在较高的室外温度下，系统处于稳定的热力运行状态，蒸发侧的温度对氟泵频率变化的响应较弱，并且冷凝器和蒸发器的性能变化主要由系统的饱和压力所主导，因此在相同的室外温度下，不同氟泵频率时系统表现出相似的蒸发温度和冷凝温度。

压缩机排气温度随氟泵频率的升高而降低，这是因为氟泵频率升高增强了制冷剂的循环能力，使蒸发器供液更加充分，从而降低了蒸发器出口处的过热度和压缩机的吸气温度，

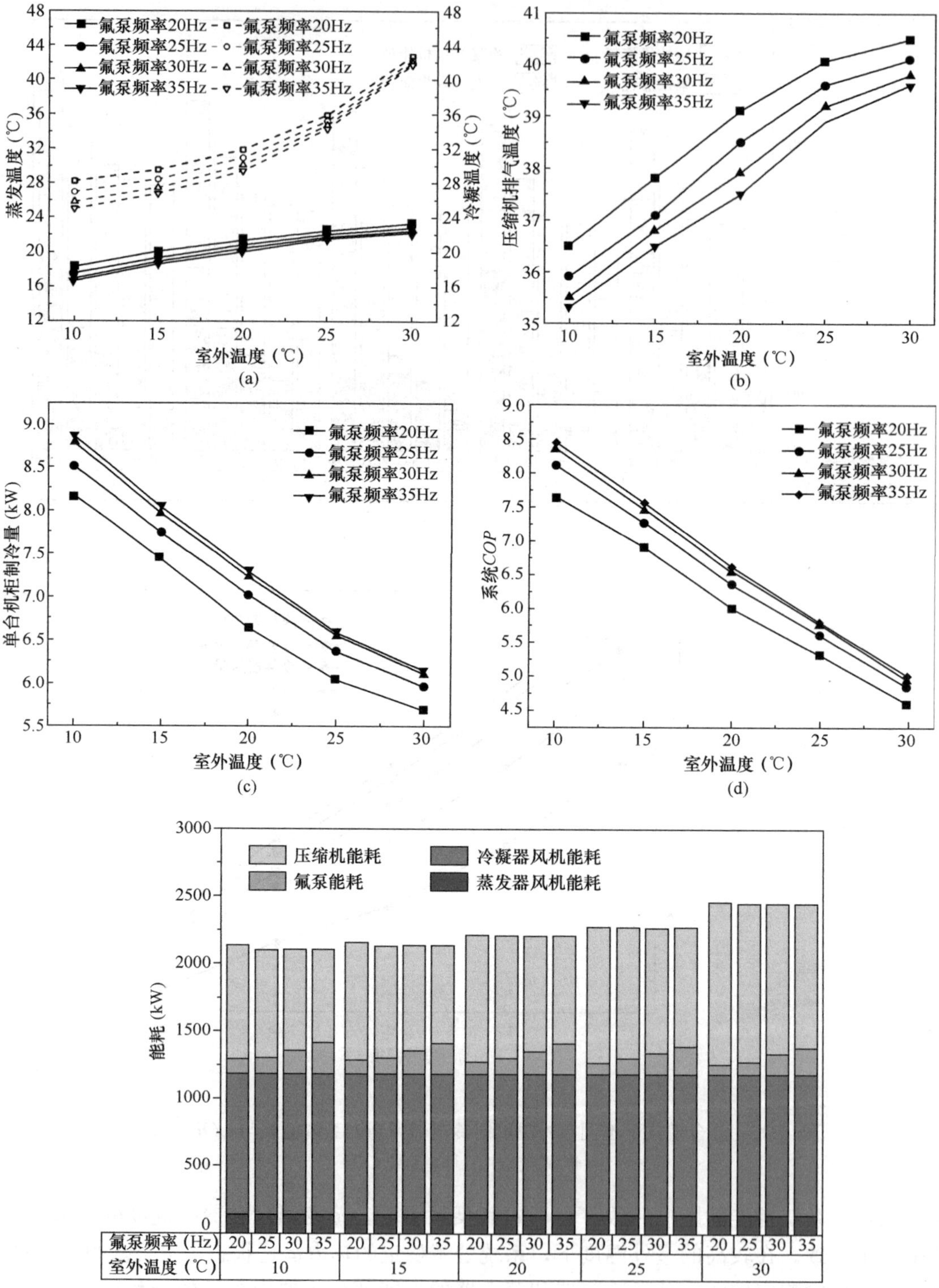

图 5-27 混合模式下不同室外温度时氟泵频率对系统性能参数的影响

(a) 蒸发温度与冷凝温度；(b) 压缩机排气温度；(c) 制冷量；(d) 系统 *COP*；(e) 系统能耗

注：虚线为冷凝温度曲线，实线为蒸发温度曲线。

在压缩比基本不变的情况下，吸气温度的降低直接导致排气温度下降［图 5-27（b）］。混合模式下制冷量、系统 *COP* 以及总能耗随着室外温度和氟泵频率展现出明显的变化规律［图 5-27（c～e）］。制冷量随室外温度的升高而逐渐下降，冷凝侧散热的难度增加，导致系统整体制冷能力下降。同时，系统总能耗随室外温度的升高而增大，尤其是压缩机能耗的增加导致系统 *COP* 明显下降。氟泵频率的提升使得系统制冷量增大，但随着氟泵频率从 20Hz 提升至 30Hz，制冷量的增幅逐渐减小。在室外温度由 10℃升至 30℃的过程中，氟泵频率从 20Hz 到 25Hz 的制冷量平均增幅约为 5.4%，而氟泵频率从 25Hz 到 30Hz 制冷量的平均增幅则下降至 2.8%。氟泵频率在 30Hz 时，制冷剂体积流量已达到足够水平，进一步提高氟泵频率对于制冷量的提升作用逐渐减弱。

在系统能耗方面，尽管氟泵频率升高导致其自身能耗略有增加，但由于压缩机和冷凝器风机在总能耗中占比较大，氟泵能耗波动对系统总能耗影响较小，故系统总能耗变化幅度不大，进一步强调了系统 *COP* 的变化主要由制冷量主导。总之，氟泵频率的提升在一定程度上增加了制冷量，但其对系统 *COP* 的增益效果逐渐减弱，其中氟泵频率超过 30Hz 时，系统的冷却能力已接近饱和，进一步提高氟泵频率对能效的提升作用有限。

5.5　压缩机模式下系统性能分析

5.5.1　不同室外温度下压缩机频率对系统性能的影响

当室外温度与压缩机频率变化时，压缩机模式下系统性能参数的变化规律与混合模式类似（图 5-28）。两种模式的不同之处仅在于氟泵的启停状态，而其他运行条件并未发生变化。当室外温度从 20℃升至 40℃时，蒸发温度与冷凝温度均呈上升趋势，其中冷凝温度的上升幅度远大于蒸发温度，如在压缩机频率为 30Hz 的工况下，蒸发温度提高约 5.56℃，而冷凝温度则升高约 25.05℃［图 5-28（a）］。压缩机排气温度随室外温度的升高而增大，制冷量同步减少［图 5-28（b、c）］。在同一室外温度下，随着压缩机频率的提高，压缩机排气温度与制冷量均呈明显上升趋势。当室外温度为 30℃时，压缩机频率从 30Hz 提高至 35Hz、45Hz 后，排气温度分别升高了约 6.9℃、3.5℃和 4.8℃，制冷量增加了约 14.3%、11.0%与 10.9%。与混合模式相比，压缩机模式下少了氟泵的能耗，系统总能耗的变化取决于压缩机能耗。压缩机能耗随室外温度的升高而增加，并在系统总能耗中所占比例逐渐提升［图 5-28（e）］。当室外温度从 20℃升至 40℃时，压缩机在 30Hz 频率下的能耗由 830W 增至 1651W，占总能耗的比例由 40.7%上升至 58.8%。压缩机模式下的系统 *COP* 随室外温度的升高而降低，其整体趋势与混合模式相似，但曲线斜率略大，即系统 *COP* 下降更为明显［图 5-28（d）］。究其原因，在压缩机模式下仅依靠压缩机来驱动制冷剂循环，缺乏氟泵辅助的“部分自然循环”或“液相补给”，导致系统运行对室外温度变化更为敏感。

5.5.2　不同室外温度下冷凝器风量对系统性能的影响

压缩机模式下，蒸发温度与冷凝温度均随室外温度的升高而增加，且随着冷凝器风量的增大，冷凝温度显著降低，而蒸发温度基本保持不变，与混合模式一致。在室外温度为 30℃的工况下，冷凝器风量由 3000m^3/h 增至 15000m^3/h，系统蒸发温度变化仅约 2.3℃，而冷凝温度则显著下降了约11.8℃［图5-29(a)］。随着室外温度由20℃升至40℃，压缩

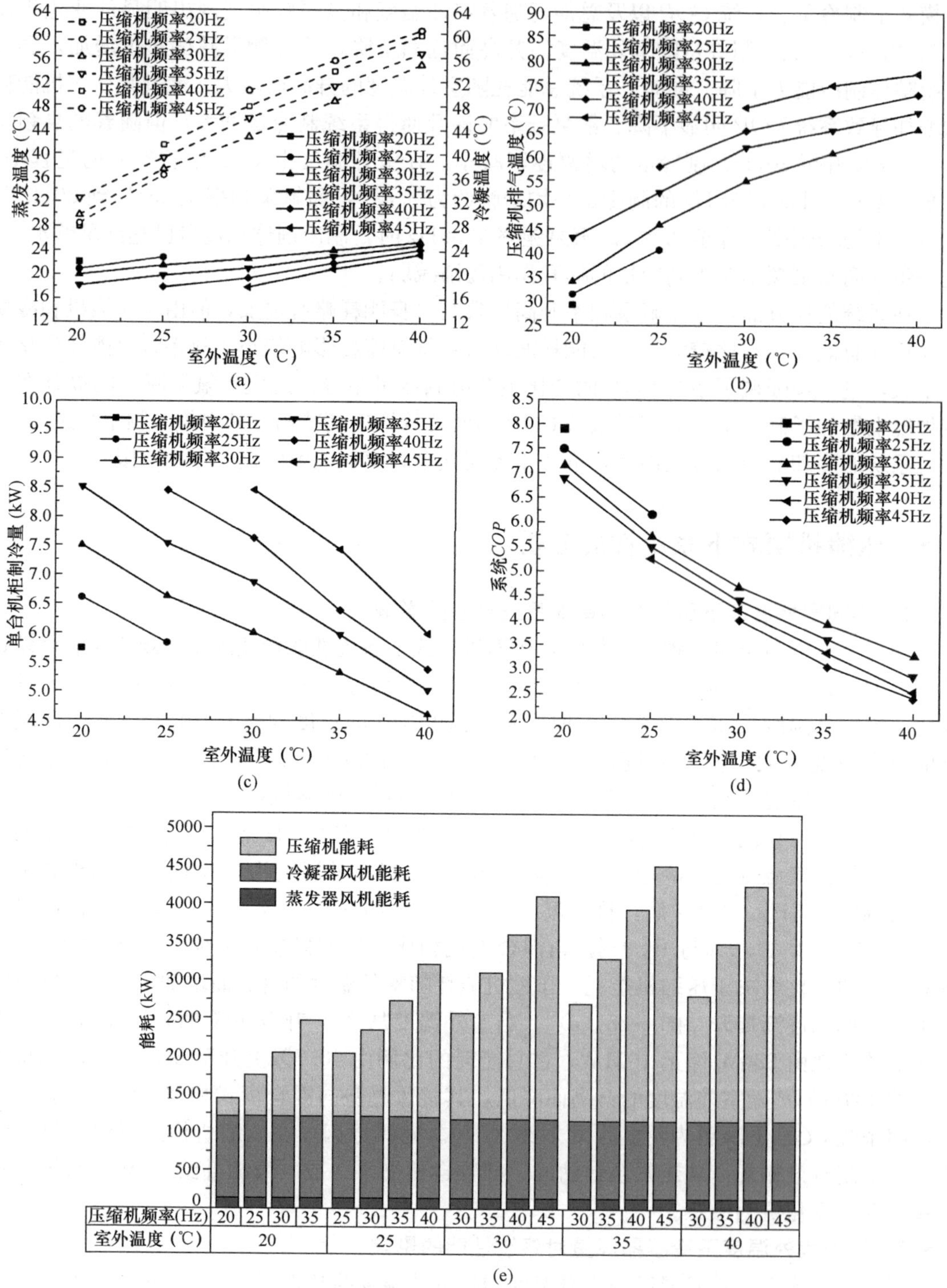

图 5-28　压缩机模式下不同室外温度时压缩机频率对系统性能参数的影响

（a）蒸发温度与冷凝温度；（b）压缩机排气温度；（c）制冷量；（d）系统 *COP*；（e）系统能耗

注：虚线为冷凝温度曲线，实线为蒸发温度曲线。

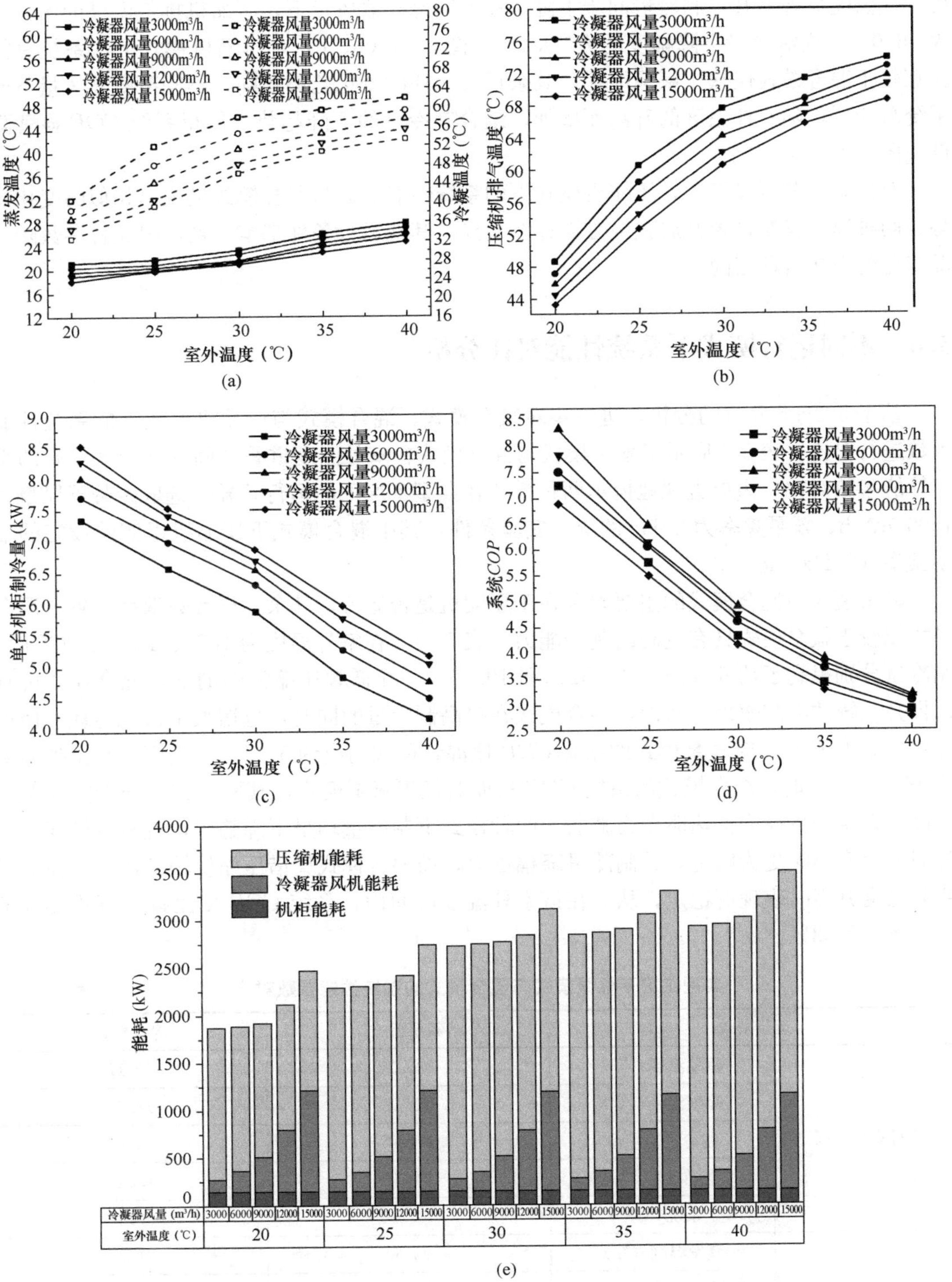

图 5-29　压缩机模式下不同室外温度时冷凝器风量对系统性能参数的影响

(a) 蒸发温度与冷凝温度；(b) 压缩机排气温度；(c) 制冷量；(d) 系统 *COP*；(e) 系统能耗

注：虚线为冷凝温度曲线，实线为蒸发温度曲线。

机排气温度显著上升，制冷量同步下降，在不同冷凝器风量下，压缩机排气温度的增幅约为56.0%，而制冷量下降幅度约为40.4%［图5-29（b、c）］。压缩机模式下，系统总能耗相较于混合模式仅缺少氟泵能耗，其余设备能耗的变化趋势相同，不同冷凝器风量下的系统总能耗均随室外温度的升高而增加，结合制冷量的下降趋势，使得系统 *COP* 显著降低［图5-29（d、e）］。

对比5.4节可以发现，压缩机模式下的系统性能参数与混合模式呈现出相似的变化趋势。两种模式仅在是否开启氟泵方面存在差异，其他运行条件基本一致，因此各参数随工况变化的内在机理相同。

5.6 不同运行模式下系统性能对比分析

基于5.3～5.5节的分析，进一步对氟泵模式、混合模式与压缩机模式下的系统性能参数进行对比。表5-6展示了氟泵模式与混合模式在室外温度重叠区间（10～20℃）的系统性能参数对比。为更直观地揭示两种模式在典型工况下的运行差异，选取冷凝器风量为15000m^3/h、氟泵频率为25Hz的统一实验条件，其中混合模式下压缩机以实验设定的最小频率（20Hz）运行。

氟泵模式与混合模式的主要差别在于压缩机是否运行，其余运行参数保持一致。混合模式相较于氟泵模式具有更高的制冷能力（表5-6）。在室外温度为10℃、15℃和20℃时，制冷量分别提高了约6.81%、15.62%和19.95%。在低频压缩机辅助下，混合模式可有效提升系统的冷却效果。然而，混合模式在提高制冷量的同时，也增大了系统能耗，使得在室外温度为10℃时氟泵模式的系统 *COP* 比混合模式高出约5.11%。然而，在室外温度为15℃、20℃时，混合模式的系统 *COP* 反而略优于氟泵模式，其原因在于随着室外温度升高，系统冷凝侧的换热驱动力减弱，两种模式下制冷量均呈下降趋势，且氟泵模式受室外温度上升影响更为敏感，其制冷量降幅更大，而混合模式凭借压缩机辅助运行，在应对室外温度升高时表现更稳定，从而在该室外温度区间内，系统 *COP* 相比氟泵模式提升了1.22%、2.38%。

典型工况下氟泵模式与混合模式的系统性能参数对比 　　**表5-6**

运行模式		氟泵模式	混合模式
室外温度10℃	蒸发温度（℃）	20.5	20.17
	冷凝温度（℃）	20.41	23.74
	制冷量（kW）	14.088	15.048
	系统总能耗（kW）	1.377	1.546
	系统 *COP*	10.231	9.734
室外温度15℃	蒸发温度（℃）	22.62	21.97
	冷凝温度（℃）	22.49	25.22
	制冷量（kW）	12.014	13.891
	系统总能耗（kW）	1.369	1.564
	系统 *COP*	8.775	8.882

续表

运行模式		氟泵模式	混合模式
室外温度 20℃	蒸发温度（℃）	27.11	22.47
	冷凝温度（℃）	26.92	27.22
	制冷量（kW）	10.376	12.446
	系统总能耗（kW）	1.358	1.591
	系统 *COP*	7.641	7.823

在不同室外温度下，混合模式和压缩机模式的系统性能参数的变化趋势基本一致，其影响机制也相似。为更直观地揭示两种模式在典型工况下的运行差异，表 5-7 列出了混合模式与压缩机模式在室外温度重叠区间（20～30℃）内的系统性能参数对比。

在室外温度为 20℃和 25℃时，混合模式下压缩机以 20Hz 频率运行时，制冷量分别达到 12.446kW 与 12.028kW，明显高于压缩机模式同频率下的 11.480kW 与 11.900kW。究其原因，在过渡季节，室外温度较低导致冷凝压力与蒸发压力之间的压差较小，蒸发器供液不足，即便电子膨胀阀开度调至 100%，压缩机模式仍难以提供足够的制冷剂流量，整体制冷能力受限。针对此问题，压缩机模式需进一步提高压缩机频率来增大压差，保证系统供液充足，如在室外温度为 20℃时压缩机频率采用 25Hz、在室外温度为 25℃时压缩机频率采用 30Hz 才能达到目标制冷量。而复合节能冷却系统中的混合模式则可利用氟泵进行辅助驱动补充制冷剂流量，无须额外提高压缩机频率即可增强蒸发器的换热能力，虽然相比于压缩机模式增加了氟泵能耗，但氟泵能耗远小于压缩机升频所产生的能耗增量，从而使系统 *COP* 在室外温度为 20～25℃时系统 *COP* 提升了 3.74%～7.88%。

而在室外温度为 30℃ 的高温工况下，混合模式与压缩机模式以相同压缩机频率（30Hz）运行时的制冷量均超过 12kW，满足末端供冷需求，但混合模式下的系统 *COP* 比压缩机模式降低了约 3.41%。因为高温工况下系统冷凝压力显著升高，冷凝压力与蒸发压力的差值足以驱动制冷剂循环，无须额外开启氟泵即可保证系统供液充足，此时混合模式下氟泵能耗与压缩机能耗的叠加使得系统总能耗上升，而制冷量未能相应提高，导致系统能效比降低。

典型工况下混合模式与压缩机模式的系统性能参数对比　　表 5-7

运行模式		混合模式	压缩机模式	
压缩机频率（Hz）		20	20	25
室外温度 20℃	蒸发温度（℃）	22.47	22.08	20.87
	冷凝温度（℃）	27.22	27.95	28.44
	制冷量（kW）	12.446	11.480	13.220
	氟泵能耗（kW）	0.128	—	—
	压缩机能耗（kW）	0.235	0.242	0.538
	系统总能耗（kW）	1.591	1.454	1.753
	系统 *COP*	7.823	7.895	7.541
室外温度 25℃	蒸发温度（℃）	22.21	22.84	21.5
	冷凝温度（℃）	33.51	34.93	37.43

续表

运行模式		混合模式	压缩机模式	
室外温度 25℃	制冷量（kW）	12.028	11.900	13.266
	氟泵能耗（kW）	0.110	—	—
	压缩机能耗（kW）	0.671	0.692	1.117
	系统总能耗（kW）	1.965	1.907	2.338
	系统 *COP*	6.121	6.240	5.674
压缩机频率（Hz）		30	30	
室外温度 30℃	蒸发温度（℃）	22.86	22.65	
	冷凝温度（℃）	42.21	42.84	
	制冷量（kW）	12.013	12.038	
	氟泵能耗（kW）	0.111	—	
	压缩机能耗（kW）	1.369	1.395	
	系统总能耗（kW）	2.657	2.572	
	系统 *COP*	4.521	4.681	

综上所述，氟泵模式、混合模式与压缩机模式在不同室外温度下各具优势。在室外温度较低时，氟泵模式可充分利用自然冷源，系统能效比高、能耗低；在过渡季节，氟泵与压缩机协同运行能够有效提升系统供液能力，增强蒸发器换热能力；而在室外温度较高时，单独运行压缩机即可满足系统需求，可避免氟泵带来的冗余能耗。因此，应根据室外温度灵活切换运行模式，在确保系统运行稳定性的前提下高效节能运行。

5.7 氟泵/蒸气压缩复合节能冷却系统的宽裕仿真

随着我国北方地区数据中心建设的不断加速，数据中心在全年大部分时间内均面临室外温度处于低温条件。复合节能冷却系统在此类低温工况下的运行效率与稳定性，直接关系到机柜内电子设备的热平衡与可靠性。然而，现有研究多集中于常温或高温条件下的系统性能分析，对于－20～0℃的低温环境运行性能的研究尚显不足。本节通过数值仿真手段，系统性地揭示氟泵/蒸气压缩复合节能冷却系统（简称复合节能冷却系统）在极寒环境下的热—气动耦合行为，为后续实验验证与现场应用提供理论与数据支撑。

基于 Dymola 平台构建了完整的复合节能冷却系统仿真模型，并从以下三个方面开展深入分析：①模型建立与验证：首先，引入空气—制冷剂热力学模型及其互联管道、风机和冷凝器等关键组件的动力学方程，通过参数标定与已有实验数据比对，确保仿真平台能够准确再现系统在既有工况下的运行特征；②低温工况模拟：设计覆盖室外温度从－20℃至 0℃的多个模拟工况，分别考察氟泵模式下，冷凝器风量与氟泵频率在低温环境下对系统性能的影响；③性能指标评估：针对仿真结果提取系统 *COP*、氟泵频率、压缩机频率、冷凝温度等关键性能参数，系统分析各性能参数对整体热管理效率的影响规律。

通过仿真研究，不仅拓展了实验数据的温度覆盖范围，而且为后续在低温环境下的参数优化提供了丰富的定量依据。后续章节将基于此仿真结果，结合现场实验验证，进一步提出适用于北方寒冷地区数据中心的复合节能冷却系统运行调控策略，最终实现系统能耗最小化与设备运行安全性的协调平衡。

5.7.1　氟泵/蒸气压缩复合节能冷却系统仿真平台搭建

在 Dymola 环境下，热系统（Thermal Systems）库作为一款商业化的制冷系统建模工具，其模块化设计涵盖了从流体力学到热力学全过程：无论是单相换热器、两相换热器，还是针对微通道结构的高效蒸发器与冷凝器；无论是加载等熵效率、机械损失等可调参数的压缩机，还是能够精细描述阀门特性与动态响应的电子膨胀阀；或是用于循环流量控制的氟泵装置，均可在该库中找到对应的模块选项。这些模块背后的建模机理基于质量守恒方程、能量守恒方程及动量守恒方程，辅以相关经验方式和准静态假设，不同模块在物性参数计算、相变过程模拟以及流动阻力与传热系数的处理上各有侧重。

为了确保复合节能冷却系统整体模型既具备足够的精度，又能在仿真过程中保持良好的数值收敛性与计算效率，必须在建模之初即深入剖析各部件模块的数学基础与参数需求。具体而言，需要对各模块内部采用的热力学状态方程、传热换热系数模型、流动阻力特性模型进行全面梳理。通过对不同层次模型在求解速度与精度上的权衡，并结合系统预期运行工况（包括压力、温度与流量范围），才能合理选择最适合的部件模块。同时，明确各模块的输入输出接口与可调参数范围，对于后续的模型调试、灵敏度分析和参数辨识至关重要，为后续各部件及整体系统的建模与优化奠定理论基础。

1. 微通道蒸发器模块

微通道蒸发器安装于机柜背板位置，通过制冷剂在蒸发过程中的相变吸热，有效带走工厂设备运行所产生的热量，从而保障数据中心工厂设备的稳定运行。混合模式或压缩机模式下，制冷剂在微通道蒸发器中通常会经历两相区和过热区；而在氟泵模式下，根据微通道蒸发器在机柜内部的换热量不同，制冷剂在微通道蒸发器中可能存在三个相区，也可能仅存在过冷区和两相区（图 5-30）。

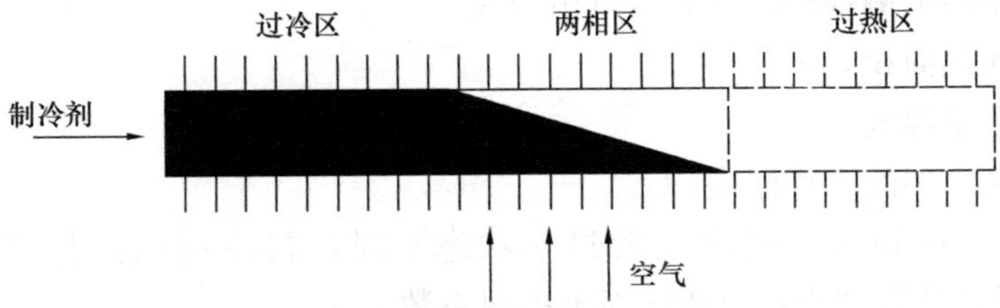

图 5-30　微通道蒸发器换热模型示意图

本节选用热系统库中的微通道平行流蒸发器模块，如图 5-31 所示。

为简化模块计算量并确保计算精度，微通道蒸发器模块的构建基于以下假设：①管内制冷剂流动为一维均相流动且忽略压降对制冷剂参数的影响；②管外空气的流动为一维流动；③忽略换热器热损失及制冷剂摩擦热。

此外，换热器以离散化的方式建模，通过层级化构建制冷剂侧、传热管壁和空气侧的子模型，三个子模型通过接口相连，组成一个换热单体，多个换热单体拼接成完整的换热器，上一个单体内制冷剂热力学性质的输出作为下一个单体的输入，保证换热器模型的精度。对于任意换热单体，均遵循动量、能量及质量守恒定律，其运行机理可由如下方程组

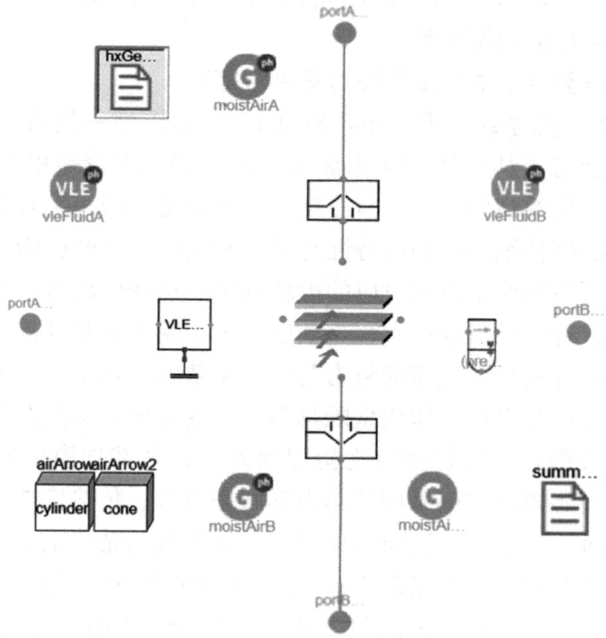

图 5-31　微通道蒸发器模块

表示：

（1）制冷剂侧传热方程

$$Q_r = m_r(h_{r,i} - h_{r,o}) = \alpha_r A_i(T_w - T_{r,m}) \tag{5-2}$$

式中　m_r——制冷剂的质量流量，kg/s；

$h_{r,i}$、$h_{r,o}$——蒸发器微元段进、出口的制冷剂焓值，J/kg；

α_r——制冷剂侧换热系数，W/(m^2·℃)；

A_i——换热面积，m^2；

T_w——管壁温度，℃；

$T_{r,m}$——制冷剂的平均温度，℃。

当制冷剂处于单相区（过冷或者过热状态）时，制冷剂侧换热系数采用 Dittus-Boelter 换热关联式计算制冷剂单相区对流换热系数 α_{r1}：

$$\alpha_{r1} = \frac{Nu_r \cdot \lambda_r}{d_i} = 0.023Re^{0.8}Pr^{0.4}\frac{\lambda_r}{d_i} \tag{5-3}$$

式中　Nu_r——制冷剂努塞尔数；

Pr——制冷剂普朗特数；

Re——制冷剂雷诺数；

λ_r——制冷剂导热系数，W/(m·K)；

d_i——管内径，m。

而当制冷剂处于两相区时，制冷剂侧两相区对流换热系数 α_{r2} 由下式计算：

$$\alpha_{r2} = \frac{3}{X_{tt}^{\frac{2}{3}}}\alpha_{r1} \tag{5-4}$$

式中　X_{tt}——马丁尼利（Martinelli）数，$X_{tt}=\left(\frac{1-X}{X}\right)^{0.9}\left(\frac{\mu_{r,l}}{\mu_{r,g}}\right)^{0.1}\left(\frac{\rho_{r,g}}{\rho_{r,l}}\right)^{0.5}$；

ρ_r——制冷剂密度，kg/m^3；

μ_r——制冷剂动力黏度系数，Pa·s；

X——制冷剂干度；

下标 g、l——气、液相。

（2）空气侧传热方程

$$Q_a=m_a(h_{a,i}-h_{a,o})=\xi\alpha_a A_o(T_{a,m}-T_w) \tag{5-5}$$

式中　m_a——空气的质量流量，kg/s；

$h_{a,i}$、$h_{a,o}$——微元段进出、口的空气焓值，J/kg；

ξ——空气的析湿系数；

α_a——空气侧对流换热系数，W/(m^2·℃)；

A_o——换热器空气侧换热面积，m^2；

T_w——管壁外表面温度，℃；

$T_{a,m}$——制冷剂的平均温度，℃。

空气侧对流换热系数采用Chang换热关联式计算：

$$\alpha_a=\frac{j\cdot Re_{LP}\cdot Pr^{0.33}\cdot\lambda_a}{L_p} \tag{5-6}$$

其中，j 为柯尔本因子（Colburn），用于描述空气与蒸发器壁面之间的对流换热性能，其表达式如下：

$$j=1.18Re_{LP}^{-0.505}\left(\frac{\theta}{90}\right)^{0.26}\left(\frac{F_l}{L_p}\right)^{-0.51}\left(\frac{T_d}{L_p}\right)^{-0.26}\left(\frac{L_l}{L_p}\right)^{0.82}\left(\frac{T_p}{L_p}\right)^{-0.25}\left(\frac{\delta_f}{L_p}\right)^{-0.097} \tag{5-7}$$

式中　Re_{LP}——基于百叶窗间距的空气雷诺数，$Re_{LP}=\frac{v\cdot L_p\cdot\rho}{\eta}$；

v——空气流速，m/s；

L_p——百叶窗间距，mm；

η——百叶窗的表面系数；

θ——百叶窗角度，°；

F_l——翅片长度，mm；

T_d——管深，mm；

L_l——百叶窗长度，mm；

T_p——管距，mm；

δ_f——管壁厚度，mm。

（3）制冷剂压降方程

$$\Delta p=\lambda\cdot\left(\frac{l}{d_i}\right)\cdot\left(\frac{\rho_r}{2}\right)v_r^{2} \tag{5-8}$$

式中　Δp——制冷剂压降，Pa；

λ——压力损失系数；

l——传热管长度，m；

d_i——传热管内径，m；

ρ_r——管道内制冷剂的密度，kg/m^3；

v_r——管道内制冷剂的流速，m/s。

根据制冷剂的流动状态，压力损失系数 λ 由不同的压降关联式计算。层流流动采用 Hagen-Poiseuille 公式，而湍流流动采用 Konakov 公式，并通过平滑过渡将两者线性合并。

当 $Re<2300$ 时，

$$\lambda = \frac{64}{Re} \tag{5-9}$$

当 $2300<Re<10^7$ 时，

$$\lambda = [1.8\lg(Re) - 1.5]^{-2} \tag{5-10}$$

（4）微元段长度

$$dL = \frac{Q_r}{\pi d_i \alpha_r (T_w - T_{r,w})} \tag{5-11}$$

式中 Q_r——制冷剂在该微元段内的换热量，W；

$T_{r,w}$——管内制冷剂近壁温度（制冷剂靠近管壁一侧的温度），℃；

其他符号意义同前文。

2. 风冷冷凝器模块

在系统中，翅片管式冷凝器作为风冷冷凝器，其主要作用是通过与外界空气换热，将气态制冷剂冷凝为饱和或过冷液态制冷剂。对于混合模式及压缩机模式，制冷剂在冷凝器中可分为过热区、两相区和过冷区；对于氟泵模式，制冷剂在冷凝器中可能存在三个相区，也可能仅存在两相区和过冷区，这取决于蒸发器出口处制冷剂的状态。风冷冷凝器换热模型如图 5-32 所示。

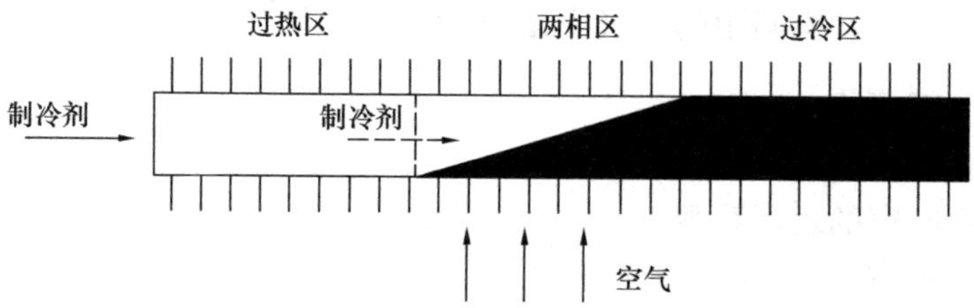

图 5-32 风冷冷凝器换热模型示意图

选用热系统库中的翅片管式冷凝器模块，如图 5-33 所示。

在保证计算精度前提下，采用简化计算模型，风冷冷凝器模块的构建基于如下假设：①将冷凝器中的蛇形管简化为水平直管，忽略管内制冷剂轴向导热，将制冷剂流动视为一维均相流动；②忽略压降对制冷剂参数的影响；③冷凝器管外空气的流动视为一维流动；④忽略换热器热损失及制冷剂摩擦热。

与蒸发器模块相同，冷凝器模块由多个换热单体拼接而成，上一个单体内制冷剂热力学性质的输出作为下一个单体的输入，以保证换热器模型精度。对于任意换热单体，均遵循动量、能量及质量守恒定律，其运行机理可由如下方程组表示：

（1）制冷剂侧传热方程

$$Q_r = m_r(h'_{r,i} - h'_{r,o}) = K_i A_i (T_{r,m} - T_{a,m}) \tag{5-12}$$

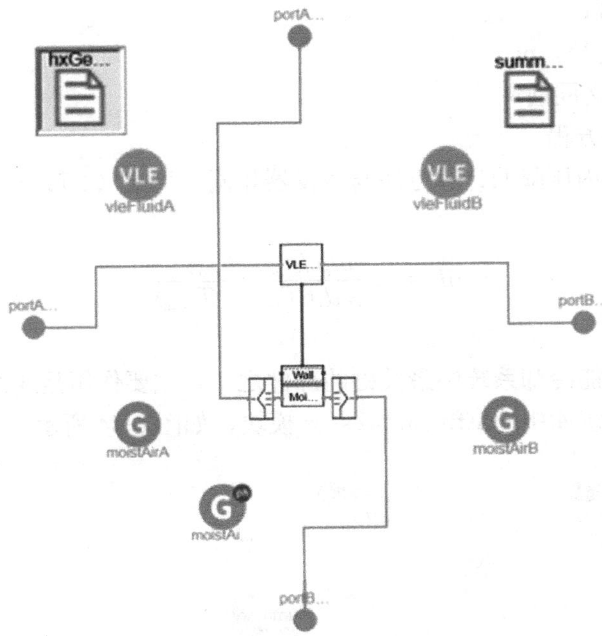

图 5-33　翅片管式冷凝器模块

式中　K_i——总传热系数，W/(m^2·℃)；

$h'_{r,i}$、$h'_{r,o}$——冷凝器微元段进、出口的制冷剂焓值，J/kg；

$T_{a,m}$——管外微元空气平均温度,℃；

其他符号意义同前文。

其中总传热系数 K_i 的计算公式如下：

$$K_i = \left(\frac{1}{\alpha_r} + \frac{A_i}{A_o \alpha_a}\right)^{-1} \tag{5-13}$$

当制冷剂处于单相区（过冷或者过热状态），制冷剂侧换热系数同样采用 Dittus-Boelter 换热关联式计算：

$$\alpha_{r1} = 0.023 Re^{0.8} Pr^{0.4} \frac{\lambda_r}{d_i} \tag{5-14}$$

而当制冷剂处于两相区时，制冷剂侧换热系数由下式计算：

$$\alpha_{r2} = \alpha_{r,l}\left[(1-X)^{0.8} + \frac{3.8X^{0.76}(1-X)^{0.04}}{Pr^{0.38}}\right] \tag{5-15}$$

式中　$\alpha_{r,l}$——液相制冷剂的换热系数，W/(m^2·℃)；

其他符号意义同前文。

(2) 空气侧传热方程

$$Q_a = m_a(h_{a,i} - h_{a,o}) \tag{5-16}$$

空气侧换热系数由下面的关联式进行计算：

$$\alpha_a = 0.982 Re^{0.424} \left(\frac{s_1}{d}\right)^{0.0887} \left(\frac{N \cdot s_2}{d}\right)^{-0.159} \frac{\lambda_a}{d} \tag{5-17}$$

式中　s_1——翅片间距，m；

s_2——沿空气流动方向管间距，m；

N——管排数；

d——翅根直径，m；

其他符号意义同前文。

（3）制冷剂压降方程

制冷剂在冷凝器内压降的计算方法与蒸发器相同，见式（4-7）～式（4-9）。

（4）微元段长度

$$\mathrm{d}L=\frac{m_{\mathrm{r}}(h_{\mathrm{r,i}}-h_{\mathrm{r,o}})}{K_{\mathrm{i}}\pi d_{\mathrm{i}}(T_{\mathrm{r,m}}-T_{\mathrm{a,m}})} \tag{5-18}$$

3. 压缩机模块

压缩机是复合节能冷却系统中最关键的部件之一，主要作用是通过压缩制冷剂来实现制冷循环，选用热系统库中的 EffCompressor 模块，如图 5-34 所示。

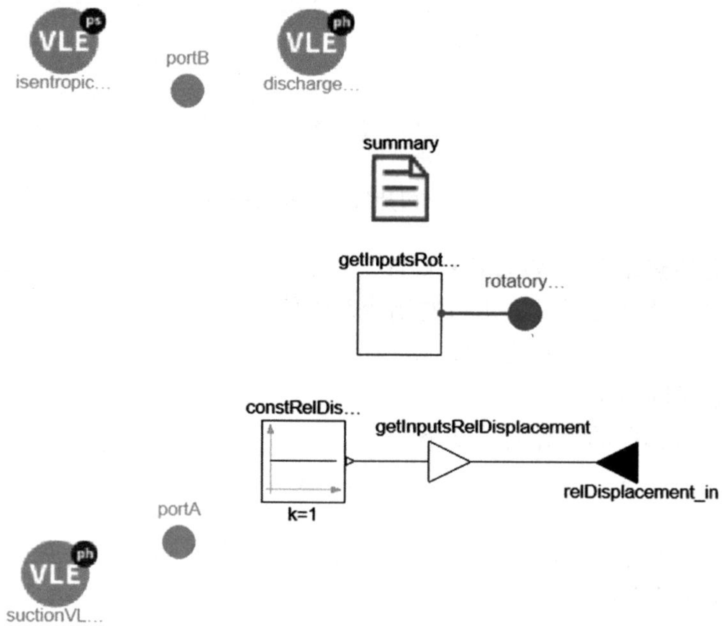

图 5-34　压缩机模块

从系统仿真的角度出发，构建压缩机模块的主要目的是分析其关键运行参数对系统整体性能及其他部件的影响，而不须详尽地反映压缩机内部结构参数对其性能的具体影响。因此，压缩机模块在构建过程中的假设如下：①忽略吸气和排气过程中的压力损失；②假设压缩机腔体内制冷剂蒸气状态均匀；③忽略压缩过程中壳体与外界空气的换热。

由于压缩机对系统的作用是通过制冷剂迁移来实现的，压缩机模块运行机理主要基于制冷剂质量流量、功率与制冷剂热力参数之间的关系。

压缩机吸入低压制冷剂的质量流量为：

$$m_{\mathrm{r}}=\eta_{\mathrm{v}}\frac{V_{\mathrm{h}}}{v_{\mathrm{s}}}\frac{n}{60} \tag{5-19}$$

式中　m_{r}——制冷剂的质量流量，kg/s；

η_{v}——压缩机的容积效率；

V_h——压缩机的气缸总容积，m^3；

v_s——压缩机吸气比容，m^3/kg；

n——压缩机转速，r/min。

对于变频压缩机，其频率与转速的关系如下：

$$n = \frac{60f(1-s)}{p} \tag{5-20}$$

式中　f——压缩机频率，Hz；

s——电机转差率；

p——电机极对数；

其他符号意义同前文。

根据蒸发压力、冷凝压力及压缩机吸入制冷剂的物性参数，通过等熵压缩过程计算得到制冷剂的实际排气焓值 h_o：

$$h_o = h_i + \frac{h_s - h_i}{\eta_s} \tag{5-21}$$

式中　h_i——压缩机吸气焓值，J/kg；

h_s——压缩机等熵压缩后的排气焓值，J/kg；

η_s——压缩机的等熵效率。

压缩机功率 W 为：

$$W = m_r \frac{h_o - h_i}{\eta_c} \tag{5-22}$$

式中　η_c——压缩机的机械效率。

4. 氟泵模块

在复合节能冷却系统中，氟泵的主要作用是为热管回路提供循环动力，以维持系统的稳定运行，选用热系统库中的 Pump2ndorder 模块，如图 5-35 所示。

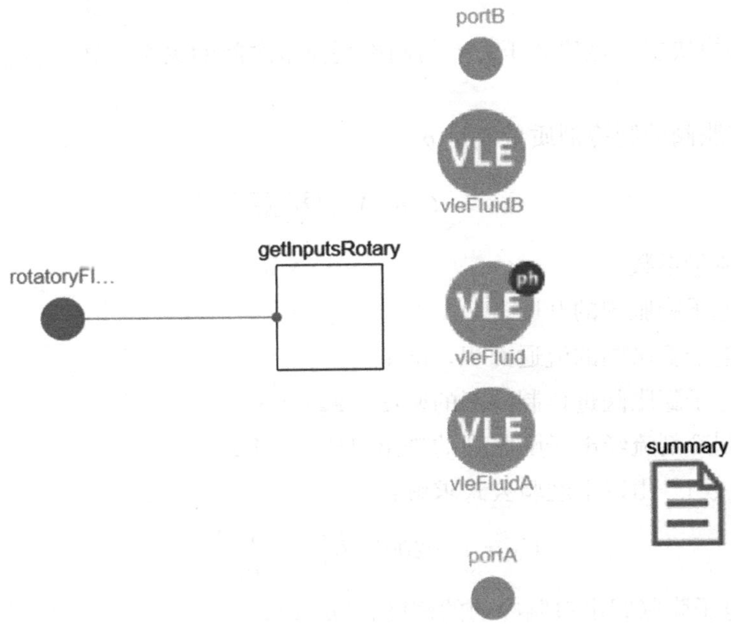

图 5-35　氟泵模块

氟泵模块参数采用二阶泵模型进行计算，氟泵扬程由转速、制冷剂体积流量及制冷剂密度共同决定，并通过相似定律进行计算：

$$\Delta p = \Delta p_0 \left(\frac{\rho}{\rho_0}\right)\left(\frac{n}{n_0}\right)^2 \left[1 - \left(\frac{V_r \cdot n_0}{V_0 \cdot n}\right)^2\right] \tag{5-23}$$

式中　Δp_0——额定扬程，MPa；

ρ_0、ρ——额定工况下对应的制冷剂密度与实际密度，kg/m^3；

n_0、n——额定转速、实际转速，r/min；

V_0、V_r——额定流量、实际流量，m^3/s。

氟泵功率 W_p 为：

$$W_p = \Delta p \cdot V_r \tag{5-24}$$

5. 电子膨胀阀模块

电子膨胀阀是复合节能冷却系统中的关键部件，其功能是调节进入蒸发器的制冷剂流量，从而控制蒸发器的过热度，确保系统高效运行，选用热系统库中的 Orifice Valve 模块，如图 5-36 所示。

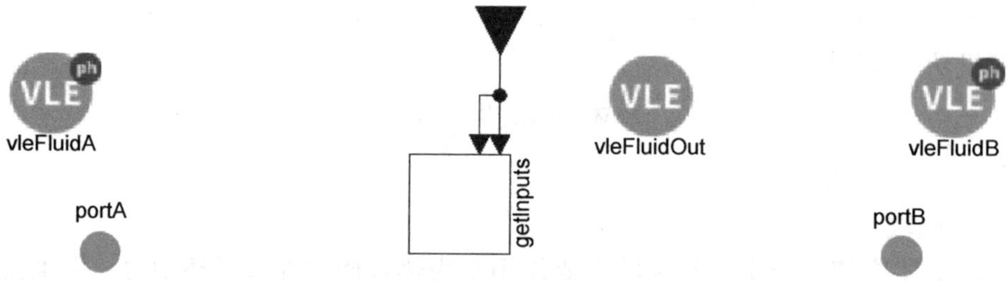

图 5-36　电子膨胀阀模块

电子膨胀阀模块主要是建立压力差与制冷剂流量之间的关系，并且将整个节流过程视为等焓过程。

流经电子膨胀阀的制冷剂质量流量 m_r 为：

$$m_r = C_d K_v A_v \sqrt{2\rho_i \Delta p_v} \tag{5-25}$$

式中　C_d——流量系数；

K_v——电子膨胀阀的开度；

A_v——电子膨胀阀的流通面积，m^2；

ρ_i——电子膨胀阀进口制冷剂的密度，kg/m^3；

Δp_v——制冷剂流经电子膨胀阀的进出口压差，Pa。

其中流量系数 C_d 由以下经验公式求解：

$$C_d = 0.02005\sqrt{\rho_i} + \frac{0.634}{\rho_o} \tag{5-26}$$

式中　ρ_o——电子膨胀阀出口制冷剂的密度，kg/m^3。

电子膨胀阀的流通面积 A_v 为：

$$A_v = \frac{\pi d^2}{4} \tag{5-27}$$

式中　d——阀口直径，m。

6. 系统整体建模

在已建立的各系统部件模块的基础上，加入对应的接口，输入结构参数及边界条件，并将各模块按照系统原理图进行连接，最终搭建成如图 5-37 所示的数据中心氟泵/蒸气压缩复合节能冷却系统仿真平台。在该平台中，深色连接线及其连接的各部件模块组成的回路代表制冷剂 R410a 的流动回路，浅色连接线及所连接的换热器模块则表示室内外空气的流动过程。

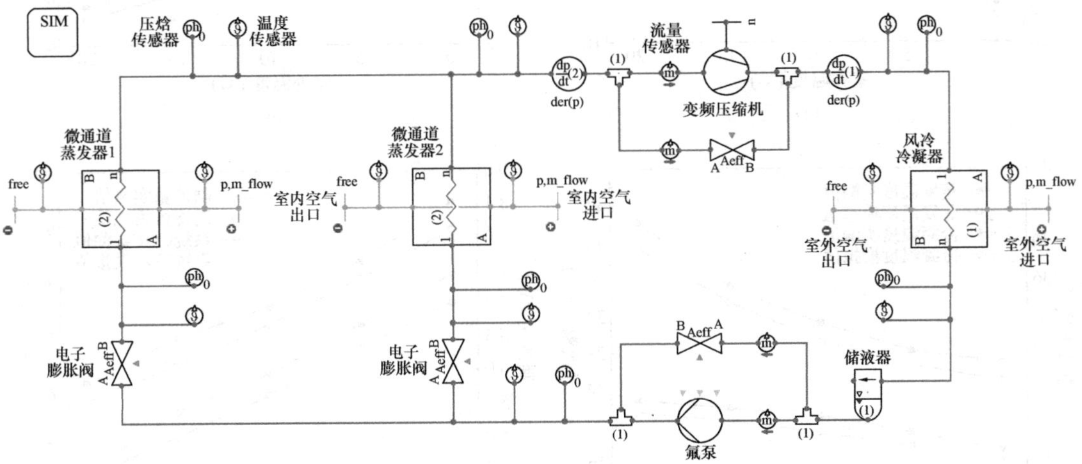

图 5-37　数据中心氟泵/蒸气压缩复合节能冷却系统仿真平台

5.7.2　仿真平台可靠性验证

为验证所建仿真平台的可靠性，在与实验工况相同的运行条件下，分别对系统的三种运行模式进行模拟，并将模拟结果与实测结果进行对比，同时采用 *RMSE*（均方根误差）作为评价指标，其计算公式如下：

$$RMSE = \sqrt{\frac{\sum_{i=1}^{n}(y'_i - y_i)^2}{n}} \tag{5-28}$$

式中　n——样本数量；

y'_i——第 i 种参数的模拟值；

y_i——第 i 种参数的实测值。

在相同工况下，三种运行模式的蒸发温度、冷凝温度、制冷量与系统 *COP* 的模拟结果与实测结果相对误差均为 5%～10%，且两者间的 *RMSE* 均低于 ASHRAE 指南（ASHRAE Guideline 14：Measurement of Engergy，Demandand Water Savings）中建议的模型验证阈值，处于合理范围内（图 5-38 和表 5-8）。仿真模拟结果与实测数据高度吻合，所建仿真平台能够准确复现复合节能冷却系统的多模式运行特性，可作为系统运行模拟分析的有效工具。

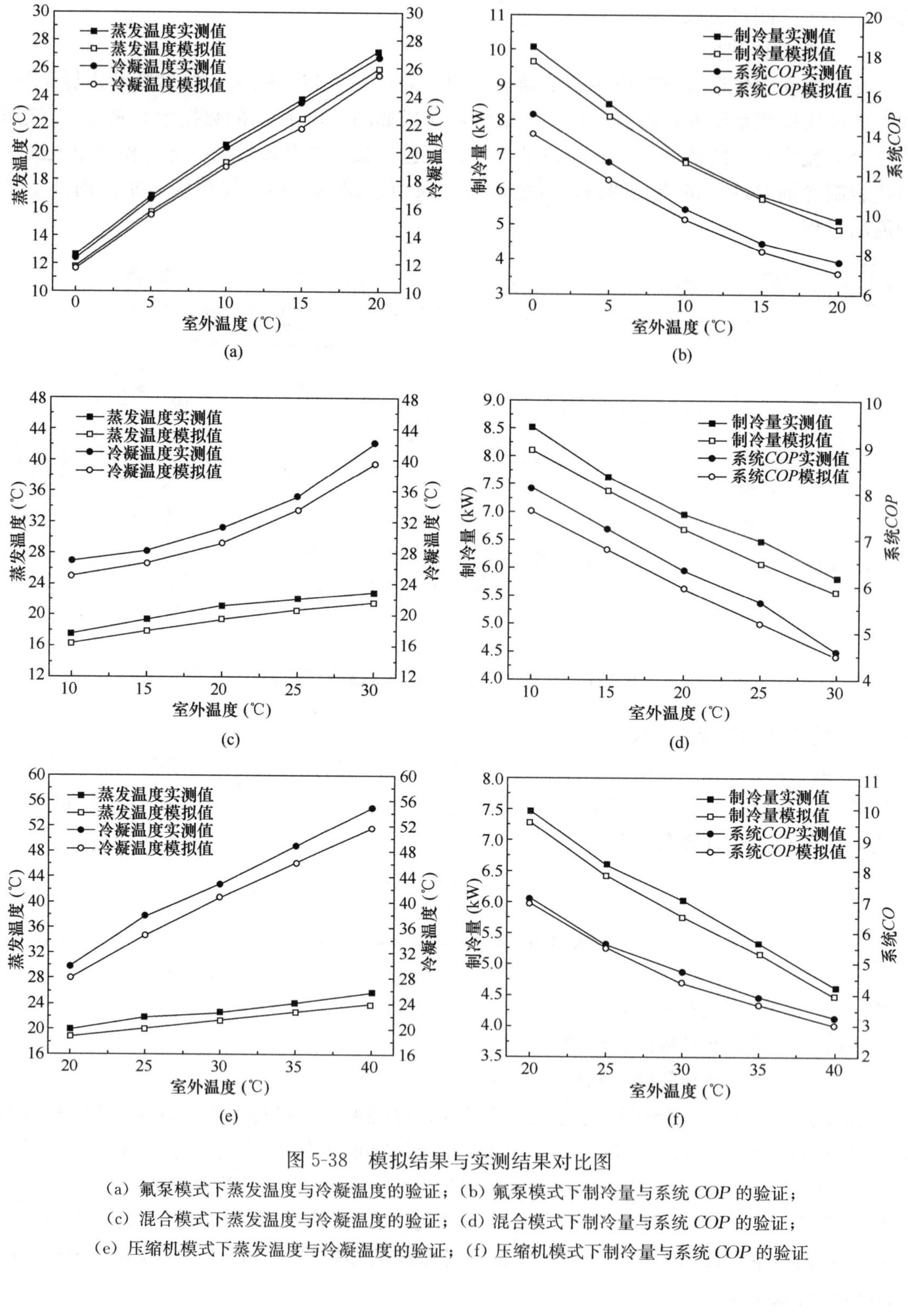

图 5-38　模拟结果与实测结果对比图

（a）氟泵模式下蒸发温度与冷凝温度的验证；（b）氟泵模式下制冷量与系统 *COP* 的验证；
（c）混合模式下蒸发温度与冷凝温度的验证；（d）混合模式下制冷量与系统 *COP* 的验证；
（e）压缩机模式下蒸发温度与冷凝温度的验证；（f）压缩机模式下制冷量与系统 *COP* 的验证

模拟值与实测值的 *RMSE*　　表 5-8

运行模式	蒸发温度 *RMSE*（℃）	冷凝温度 *RMSE*（℃）	制冷量 *RMSE*（kW）	系统 *COP* *RMSE*
氟泵模式	1.00	1.11	0.57	0.78
混合模式	1.32	2.50	0.44	0.42
压缩机模式	1.20	2.29	0.27	0.23

造成误差的原因包括以下几方面：

（1）模型简化与假设：为简化计算，仿真过程中对系统部分组件和物理过程进行了简化处理或假设，其中热交换器模型与压缩机特性的理想化假设导致与实际工况下的性能有所差异。

（2）实验条件与仿真环境的差异：实验过程存在实际环境中的不可控因素，例如室内负荷波动与设备性能变化，部分因素难以完全在仿真模型中精确反映，从而导致实际测得的数据与仿真值存在误差。

（3）物性参数与传热关联式的偏差：Dymola 中所使用的物性参数和换热器传热关联式的设定与实际系统中的工况存在差异，如未考虑实际系统中润滑油与制冷剂的混合效应、传热模型未修正实际非均匀热流密度的影响，以上差异可能会影响到蒸发温度、冷凝温度以及制冷量等关键性能指标。

（4）测量误差：在实际测试过程中，传感器的标定误差导致蒸发温度、冷凝温度等相关实测数据波动。此外，实验室环境温度波动影响了冷凝器散热条件，而仿真中假设环境参数恒定，导致数据间存在偏差。

5.7.3　系统低温工况性能仿真分析

为研究复合节能冷却系统在低温工况下的运行特性，拓展实验数据覆盖范围，基于 Dymola 仿真平台，对室外温度处于－20～0℃的运行工况进行模拟分析。结合第 3 章实验结果可知，在室外温度为 10℃时，氟泵模式可充分利用自然冷源，系统 *COP* 比混合模式提高约 5.11%。因此，本节主要研究氟泵模式下，冷凝器风量与氟泵频率在低温环境下对系统性能的影响。

1. 冷凝器风量对系统性能的影响

当室外温度在－20～0℃范围内，蒸发温度和冷凝温度均随冷凝器风量的增大而下降，变化趋势与 0～20℃的实验结果基本一致（图 5-39）。但在 0℃以下时，蒸发温度和冷凝温度对冷凝器风量变化更敏感。一方面，在室外温度为 0℃以下的低温环境中，冷凝器与环境的温差显著增大，自然冷源的利用效率更高，即使冷凝器风量略有增加，也能明显增强换热效果，快速降低冷凝温度，并间接带动蒸发端的压力与温度下降。另一方面，氟泵模式通常只有微小的压力差来驱动制冷剂循环，在低温工况下系统整体压力进一步降低，使蒸发温度与冷凝温度对冷凝器风量调节的响应更灵敏。

同时，室外温度为－20～0℃时，冷凝器风量为 15000m^3/h 的工况下，蒸发温度小于蒸发器进风侧的露点温度，需适当减小冷凝器风量可以提高蒸发温度，而当冷凝器风量为 3000m^3/h、6000m^3/h、9000m^3/h 和 12000m^3/h 时，系统蒸发温度分别在室外温度为－10.6℃、－6.3℃、－2.9℃和－0.5℃时低于安全阈值，蒸发器出现结露风险，影响 IT

设备的安全运行，此时可将冷凝器风量继续降低至 1000m³/h 和 2000m³/h。若将冷凝器风量调节至最小值（1000m³/h）后仍无法满足安全需求，则需通过其他调控手段（如提高氟泵频率）以进一步提升蒸发温度，避免结露。

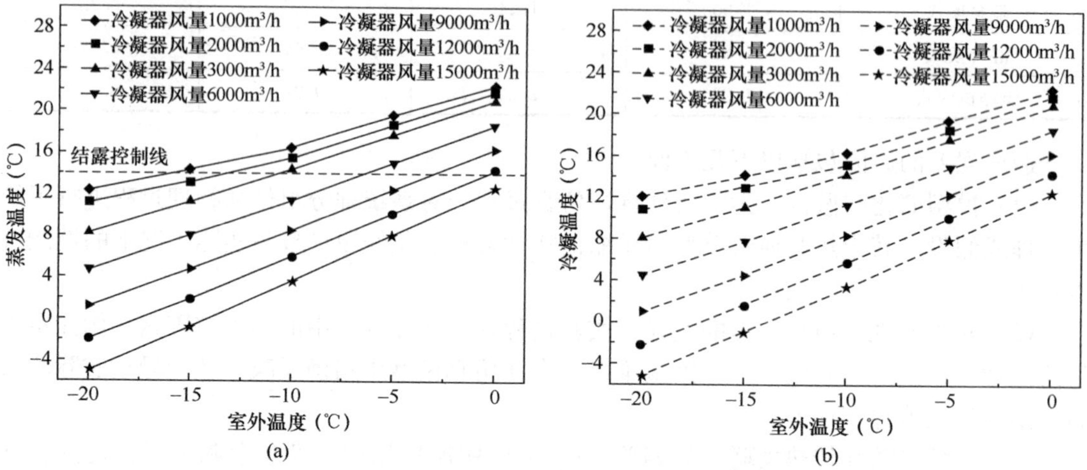

图 5-39　低温工况下冷凝器风量对蒸发温度与冷凝温度的影响

（a）蒸发温度；（b）冷凝温度

制冷量随冷凝器风量增大而显著增加，而冷凝器风量为 3000～6000m³/h 时，冷凝器风量调控对系统制冷量与能耗的影响相互抵消，使系统 *COP* 并未出现明显变化（图 5-40 和图 5-41）。在其他冷凝器风量下，系统 *COP* 随冷凝器风量的减少而升高，当室外温度低于－10℃时，将冷凝器风量降至 1000m³/h，冷凝器风机能耗大幅下降，尽管此时空气侧对流换热系数随冷凝器风量的减少而有所降低，但由于室内外温差较大，制冷量仍能得到充分保障，从而使系统 *COP* 显著升高。此外，与室外温度为 0～20℃的实验工况相比，由于－20 ～ 0℃环境下系统整体压力水平更低、换热驱动力更强，从而使冷凝器风量调节对制冷量和系统 *COP* 的影响被进一步放大。

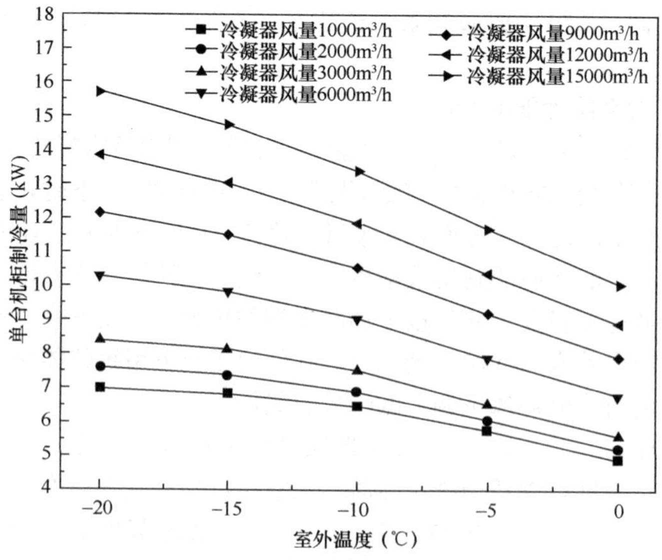

图 5-40　低温工况下冷凝器风量对制冷量的影响

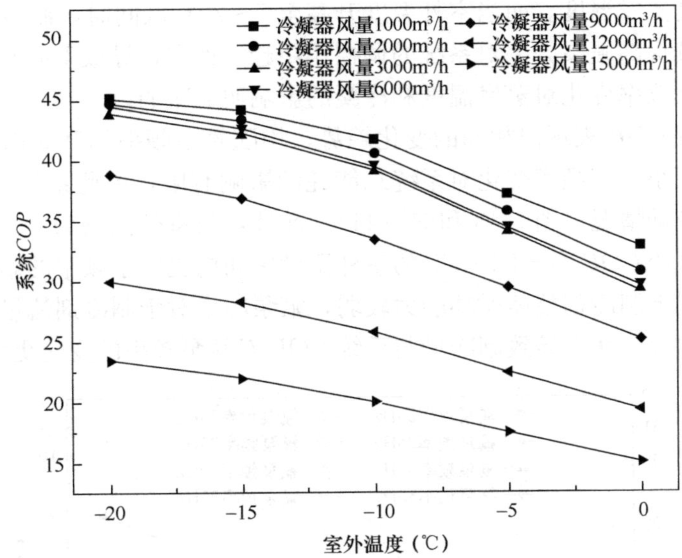

图 5-41　低温工况下冷凝器风量对系统 *COP* 的影响

2. 氟泵频率对系统性能的影响

由上述分析可知，在低温工况下系统仅需较小的冷凝器风量即可满足供冷需求，同时维持小风量有助于保持较高的蒸发温度，降低结露风险，因此将冷凝器风量设为最小值（1000m³/h），测试室外温度为－20～0℃时不同氟泵频率下制冷量、系统 *COP* 等性能参数的变化。

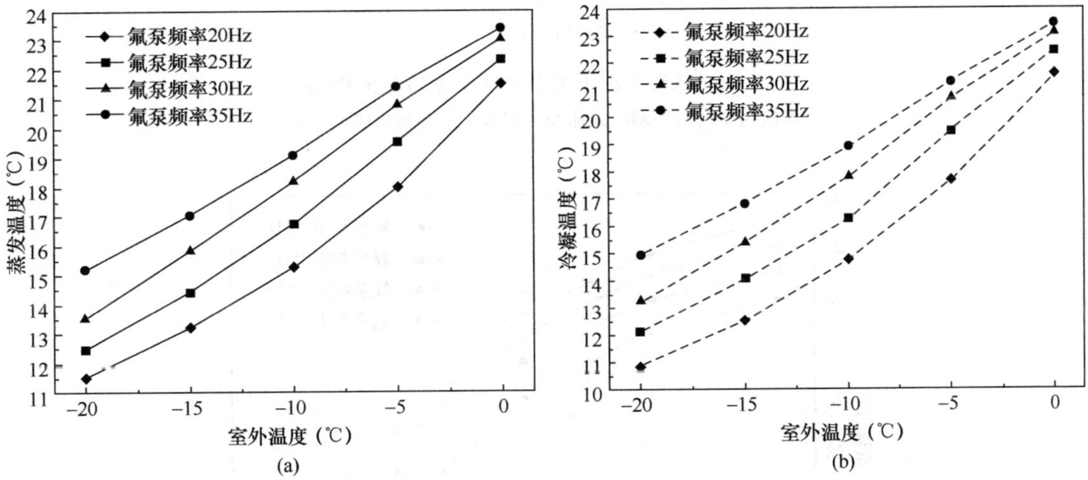

图 5-42　低温工况下氟泵频率对系统蒸发温度与冷凝温度的影响

（a）蒸发温度；（b）冷凝温度

在室外温度为－20～0℃时，随着氟泵频率的升高，蒸发温度和冷凝温度均呈上升趋势，其变化幅度与室外温度为 0～20℃时的实验结果相比，差异显著（图 5-42）。综合两个温度区间的运行特性，当室外温度处于－20～5℃的较低区间时，系统整体压力水平较低，制冷剂流量对换热性能的影响显著，因此较高的氟泵频率能够有效提升制冷剂循环量，进而显著提高蒸发温度。而当室外温度升高至 5～20℃区间时，制冷剂流量已基本满足系统需求，继续提高氟泵频率对系统的调控作用趋于饱和，导致不同氟泵频率下蒸发温度趋于一致，氟泵频率变化对蒸发温度和冷凝的影响明显减弱。

制冷量与系统 *COP* 表现出相同的变化趋势，均随氟泵频率的升高而上升，主要是由于氟泵本身能耗较小，其频率变化对系统总能耗的影响有限，因此系统 *COP* 的变化主要取决于制冷量的波动情况（图 5-43 和图 5-44）。此外，与室外温度为 0～20℃的实验工况相比，制冷量与系统 *COP* 在－20～0℃的室外温度区间内受氟泵频率的影响更为明显，其原因在于低温工况下制冷剂整体循环能力较弱，氟泵频率对于制冷剂流量及蒸发器供液能力的调控作用被放大，从而导致制冷量与系统 *COP* 对氟泵频率的变化更为敏感。

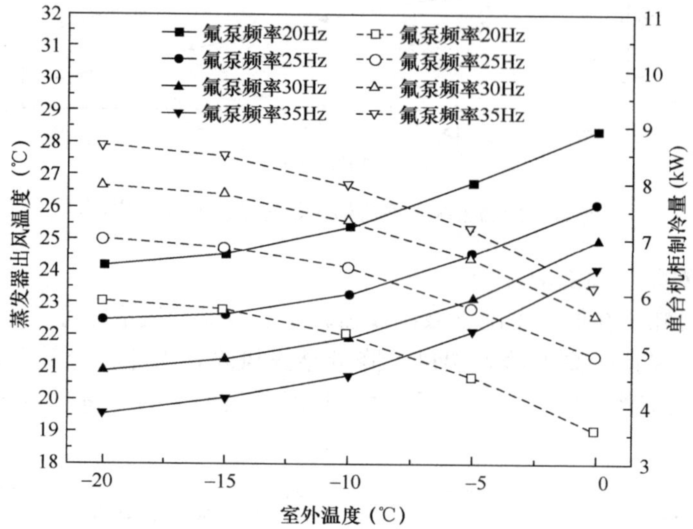

图 5-43　低温工况下氟泵频率对制冷量的影响

注：虚线为单台机柜制冷量曲线，实线为蒸发器出风温度曲线。

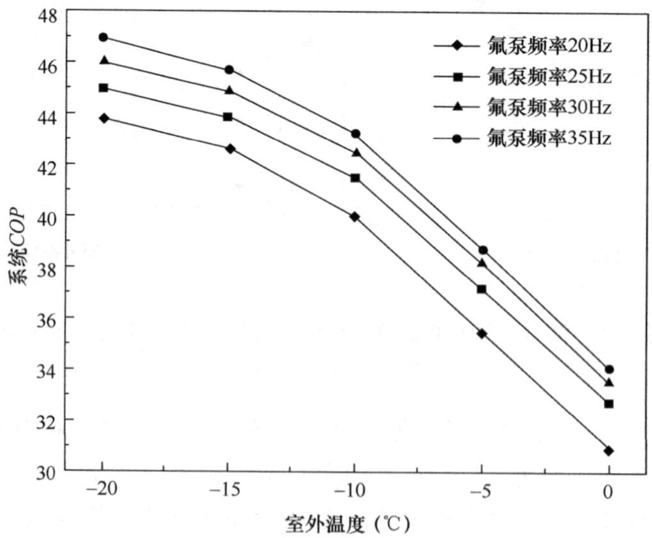

图 5-44　低温工况下氟泵频率对系统 *COP* 的影响

综上所述，相较于室外温度高于0℃的实验工况，在室外温度低于0℃时，系统性能对运行参数的变化更敏感，合理调控运行参数对于系统实现高效、稳定运行具有重要意义。

本章参考文献

[1] 佟振．分离式 CO_2 热管传热特性及在数据中心的应用研究[D]. 北京：清华大学，2016.

[2] SUNDÉN B. Advanced heat transfer topics in complex duct flows[J]. Advances in Heat Transfer, 2017，49：37-89.

[3] CHANG Y J, WANG C C. A generalized heat transfer correlation for louver fin geometry[J]. International Journal of heat and mass transfer, 1997，40(3)：533-544.

[4] 迈克尔·M·蒂勒．Modelica多领域物理系统建模入门与提高[M]. 刘俊堂，郑党党，等，译. 北京：航空工业出版社，2017.

第 6 章　氟泵/蒸气压缩复合节能冷却系统运行寻优

基于实验与仿真获得的数据，运用多元线性回归分析方法，对系统在不同运行模式下的能耗特性进行定量建模。基于实验平台与 CFD 模拟所采集的多组数据样本，选取制冷量、蒸发温度、压缩机排气温度等关键性能参数作为自变量，以系统整体能耗为因变量，建立了多元线性回归模型。该模型不仅能够准确描述各参数变化对能耗的线性影响，而且为后续优化过程提供了可量化的目标函数。

在能耗回归模型的基础上，引入制冷量、蒸发温度与压缩机排气温度等关键性能参数作为约束条件，以保证系统在追求最低能耗的同时，不偏离设计工况要求，并兼顾稳定性与安全性。针对约束条件与回归目标函数构成的多目标优化问题，采用自然启发式智能优化算法进行求解，实现了全局与局部搜索的动态平衡。输入系统在不同室外温度（例如 25℃、30℃、35℃）下的初始工况参数范围，迭代优化冷凝器风机转速、氟泵频率以及压缩机频率，最终得到使能耗最小的参数组合（图 6-1）。

图 6-1　系统运行参数优化流程

此外，还针对系统的三种运行模式（氟泵模式、混合模式与压缩机模式），设计了模式切换策略。通过在模式间引入温度阈值变量，并将该变量作为优化对象之一，自然启发式智能优化算法能够确定在何种室外温度下切换至何种运行模式，以进一步降低系统能耗。例如，当室外温度由标准模式切换至节能模式的最优临界值被确定后，系统能够自动调整组件频率与运行策略，实现平滑过渡。上述研究为数据中心热管理系统的自适应运行提供了理论依据与可行路径，具有显著的节能减排潜力和工程应用前景。

6.1　不同运行模式的能耗回归模型

室外温度、冷凝器风量与压缩机频率均与系统能耗存在较强的相关性，同时室外温度与冷凝器风量、室外温度与压缩机频率之间也存在一定的交互作用，共同影响系统的能耗水平。系统能耗整体上随运行参数的变化呈近似线性趋势。本节采用多元线性回归方法，对系统在不同运行模式下能耗与各运行参数之间的关系进行拟合，构建相应的能耗回归模型。

（1）多元线性回归方法如下：

1）建立模型。假设室外温度、冷凝器风量、压缩机频率与氟泵频率分别为自变量 X_i（$i=1, 2, 3, 4$），系统总能耗为因变量 Y。为提高模型对各参数在特定工况下影响的评估精度，进一步引入交互项，从而增强模型在运行参数优化过程中的适用性与准确性。因此，多元线性回归模型的表达式为：

$$Y = b_0 + B_1X_1 + B_2X_2 + B_3X_3 + B_4X_4 + B_5X_1X_2 + B_6X_1X_3 + B_7X_1X_4 \quad (6\text{-}1)$$

其中，b_0 是常数项；B_i（$i=1, 2, 3\cdots7$）分别是各个自变量的回归系数。

2）分析模型拟合优度。拟合优度是指回归直线对观测值的拟合程度，度量拟合优度的统计量是可决系数 R^2。R^2 最大值为 1，其值越接近 1，说明回归模型对观测值的拟合程度越好；反之，R^2 越小，说明回归模型对观测值的拟合程度越差。

3）显著性分析。分析自变量 X_i 的显著性，如果呈现出显著性（p 值小于 0.05 或 0.01）则说明 X_i 对因变量 Y 有影响关系，同时结合回归系数 B_i 对比分析 X_i 对 Y 的影响程度。

4）模型假设条件检验。基于回归分析结果对回归模型进行检验，其中包括以下四项：

① 多重共线性：可通过方差膨胀系数 VIF 判断，VIF 取值越接近 1，表示共线性越轻，反之共线性越重。如果 VIF 小于 5，则说明模型无多重共线性问题，模型构建良好。

② 自相关性：通过 $D\text{-}W$ 值判断自变量与残差之间是否独立，如果 $D\text{-}W$ 值在 2 附近（1.7～2.3），则表明无自相关性，模型构建良好；若 $D\text{-}W$ 值明显偏离 2，则说明具有自相关性，模型构建较差。

③ 残差正态性：在模型分析中保存残差项并绘制正态概率图，以直观判断残差是否符合正态分布。如果残差直观上满足正态性，说明模型构建较好，反之说明模型构建较差。如果残差严重偏离正态分布，建议重新构建模型，比如对 Y 取对数后再次构建模型等。

④ 异方差性：可将保存的残差项分别与模型的自变量 X_i 或者因变量 Y 绘制散点图，观察散点是否存在明显的规律性，例如残差随自变量 X_i 增大而逐渐增大或减小，说明模型存在异方差性，拟合效果较差。如果异方差性显著，则建议重新构建模型。

（2）对不同运行模式下的实验数据与模拟数据进行线性回归分析，结果如下：

1）氟泵模式。首先对氟泵模式下的系统能耗回归模型进行总体显著性检验，即通过 F 检验判断多元线性回归方程是否成立。统计量 $F=272.145$，对应的 p 值小于显著性水平 0.05，通过总体显著性检验，表明该回归模型的构建具有统计意义，至少存在 1 个 X 对因变量 Y 产生显著影响（表 6-1）。

氟泵模式下模型方差分析　　表 6-1

项目	平方和	自由度	均方	F	p 值
回归	14.678	5	2.926	272.145	4.67×10^{-53}
残差	0.950	90	0.011	—	—
总计	15.628	95	—	—	—

模型 R^2 值为 0.939，说明自变量室外温度、冷凝器风量、氟泵频率、室外温度×冷凝器风量、室外温度×氟泵频率可解释系统总能耗 93.9%的变化原因，系统能耗回归模型

拟合程度高（表 6-2）。

氟泵模式下模型拟合优度分析　　表 6-2

R	R^2	调整 R^2	模型误差 $RMSE$	$D-W$ 值
0.969	0.939	0.936	0.103	1.780

分析每个自变量对因变量影响的显著性，即回归系数的显著性检验（t 检验）。室外温度、冷凝器风量、氟泵频率、室外温度×冷凝器风量的 t 检验所对应的 p 值均小于 0.05，表明上述变量对系统总能耗具有显著影响（表 6-3）；而室外温度×氟泵频率的 p 值大于 0.05，说明该项对能耗影响不显著，可忽略不计。所有自变量的方差膨胀系数 VIF 值均小于 5，意味着变量间不存在严重的多重共线性问题。

氟泵模式下模型回归系数表　　表 6-3

项目	非标准化系数 B	p	VIF
常数	−0.1953	0.005**	—
室外温度	−0.0066	0.041*	1.020
冷凝器风量	8.29×10^{-5}	1.03×10^{-53}**	1.167
氟泵频率	0.0088	0.001**	1.083
室外温度×冷凝器风量	4.31×10^{-7}	0.021*	1.849
室外温度×氟泵频率	-5.60×10^{-5}	0.797	2.239

注：因变量=系统总功耗。

* $p<0.05$，** $p<0.01$。

图 6-2 和图 6-3 分别为氟泵模式下的残差正态概率图以及残差与拟合值的散点图。因变量满足多元线性回归正态性要求，残差服从正态分布，且残差随机分布在 0 水平线附近，未出现随拟合值增大或减小而明显扩散或收缩的趋势，模型不存在异方差性问题，回归模型构建合理，拟合效果较好。

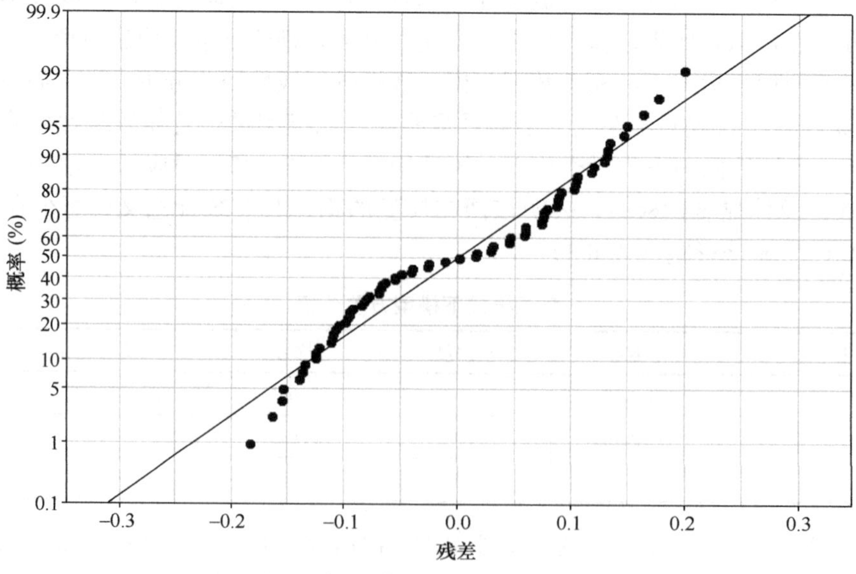

图 6-2　氟泵模式下残差正态概率图

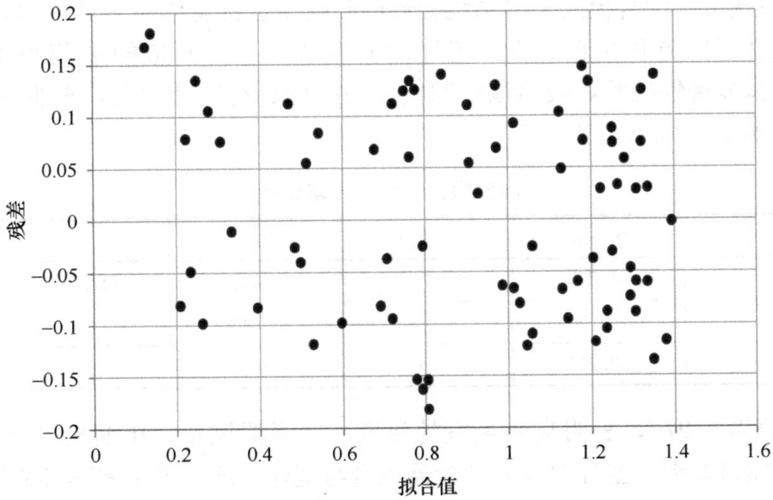

图 6-3　氟泵模式下残差与拟合值的散点图

因此，系统在氟泵模式下运行时，以室外温度、冷凝器风量、氟泵频率、室外温度×冷凝器风量作为自变量，系统总能耗作为因变量进行多元线性回归分析（图 6-4），得到回归模型方程为：

$$Y_1=-0.1953-0.0066X_1+8.29\times10^{-5}X_2+0.0088X_4+4.31\times10^{-7}X_1X_2 \quad (6\text{-}2)$$

式中　Y_1 ——氟泵模式下的系统总能耗，kW；

X_1 ——室外温度，℃；

X_2 ——冷凝器风量，m^3/h；

X_4 ——氟泵频率，Hz。

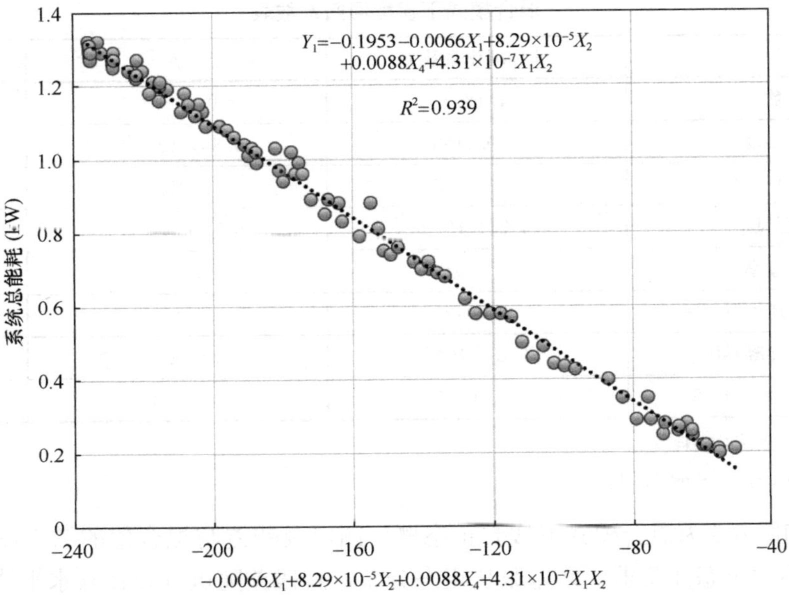

图 6-4　氟泵模式下能耗回归模型拟合结果

2）混合模式。对混合模式下的系统能耗回归模型进行总体显著性检验，即通过 F 检验判断多元线性回归方程是否成立。统计量 $F=342.585$，对应的 p 值小于显著性水平 0.05，通过总体显著性检验，表明该回归模型的构建具有统计意义，至少存在 1 个 X 对因变量 Y 产生显著影响（表 6-4）。

混合模式下模型方差分析　　表 6-4

项目	平方和	自由度	均方	F	p 值
回归	31.234	7	4.462	342.585	3.15×10^{-54}
残差	0.977	75	0.013	—	—
总计	32.211	82	—	—	—

模型 R^2 值为 0.970，表明自变量室外温度、冷凝器风量、压缩机频率、氟泵频率、室外温度×压缩机频率、室外温度×冷凝器风量与室外温度×氟泵频率可解释系统总能耗 97.0%的变化原因，系统能耗回归模型拟合程度高（表 6-5）。

混合模式下模型拟合优度分析　　表 6-5

R	R^2	调整 R^2	模型误差 $RMSE$	$D-W$ 值
0.985	0.970	0.967	0.114	1.828

分析每个自变量对因变量影响的显著性，即回归系数的显著性检验（t 检验）。室外温度、压缩机频率、冷凝器风量、氟泵频率、室外温度×压缩机频率与室外温度×冷凝器风量的 t 检验所对应的 p 值均小于 0.05，表明上述变量对系统总能耗具有显著影响；而室外温度×氟泵频率的 p 值大于 0.05，说明该项对系统总能耗影响不显著，可忽略不计。所有自变量的方差膨胀系数 VIF 值均小于 5，意味着变量之间不存在严重的多重共线性问题（表 6-6）。

混合模式下模型回归系数表　　表 6-6

项目	非标准化系数 B	p	VIF
常数	1.1849	0.006**	—
室外温度	−0.1158	4.88×10^{-8}**	1.169
压缩机频率	−0.0137	0.018*	1.178
冷凝器风量	4.74×10^{-5}	6.73×10^{-5}**	1.010
氟泵频率	0.0094	0.032*	1.000
室外温度×压缩机频率	0.0043	1.18×10^{-15}**	1.721
室外温度×冷凝器风量	1.18×10^{-6}	0.025*	1.497
室外温度×氟泵频率	−0.0003	0.504	1.852

注：因变量=系统总功耗。

* $p<0.05$，** $p<0.01$。

图 6-5 和图 6-6 为混合模式下残差正态概率图以及残差与拟合值的散点图，因变量满足多元线性回归正态性要求，残差服从正态分布，且残差随机分布在 0 水平线附近，未出现随拟合值增大或减小而扩展或收缩的趋势，模型不存在异方差性问题，表明回归模型构

建合理，拟合效果较好。

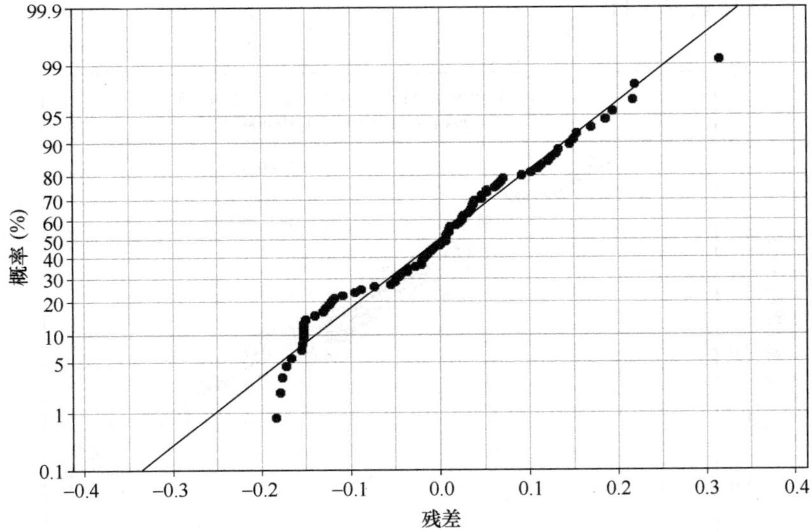

图 6-5　混合模式下残差正态概率图

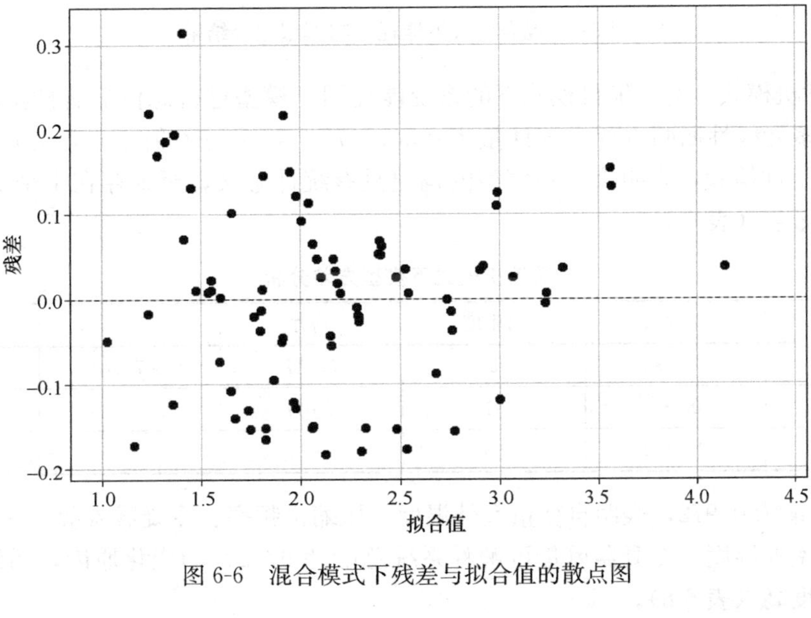

图 6-6　混合模式下残差与拟合值的散点图

因此，系统在混合模式下运行时，以室外温度、冷凝器风量、压缩机频率、氟泵频率、室外温度×压缩机频率与室外温度×冷凝器风量作为自变量，系统总能耗作为因变量进行多元线性回归分析（图 6-7），得到回归模型方程为：

$$Y_2 = 1.1849 - 0.1158X_1 + 4.74 \times 10^{-5} X_2 - 0.0137X_3 + 0.0094X_4 + 1.18 \times 10^{-6} X_1 X_2 + 0.0043X_1 X_3 \tag{6-3}$$

式中　Y_2——混合模式下的系统总能耗，kW；

X_1——室外温度，℃；

X_2——冷凝器风量，m^3/h；

X_3 ——压缩机频率，Hz；

X_4 ——氟泵频率，Hz。

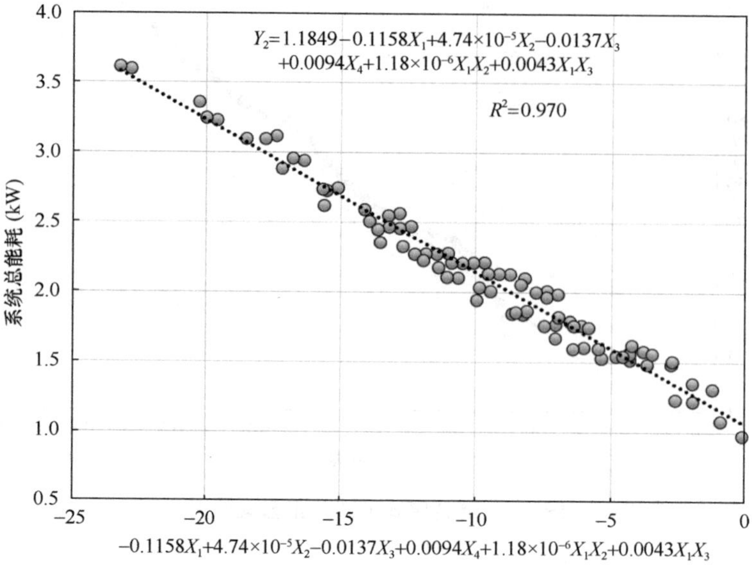

图 6-7　混合模式下能耗回归模型拟合结果

3）压缩机模式。对压缩机模式下的系统能耗回归模型进行总体显著性检验，即通过 F 检验判断多元线性回归方程。统计量 $F=347.972$，对应的 p 值小于显著性水平 0.05，通过总体显著性检验，表明该回归模型的构建具有统计意义，至少存在 1 个 X 对因变量 Y 产生显著影响（表 6-7）。

压缩机模式下模型方差分析　　**表 6-7**

项目	平方和	自由度	均方	F	p 值
回归	29.585	5	5.917	347.972	3.88×10^{-38}
残差	0.867	51	0.017	—	—
总计	30.452	56	—	—	—

模型 R^2 值为 0.972，表明自变量室外温度、压缩机频率、冷凝器风量、室外温度×压缩机频率与室外温度×冷凝器风量可解释系统总能耗 97.2%的变化原因，系统能耗回归模型拟合程度高（表 6-8）。

压缩机模式下模型拟合优度分析　　**表 6-8**

R	R^2	调整 R^2	模型误差 $RMSE$	D-W 值
0.986	0.972	0.969	0.130	1.857

分析每个自变量对因变量影响的显著性，即回归系数显著性检验（t 检验）。从表 6-9 可以看出，室外温度、压缩机频率、冷凝器风量、室外温度×压缩机频率与室外温度×冷凝器风量的 t 检验所对应的 p 值均<0.05，VIF 值均<5，表明上述变量对因变量 Y（系统总能耗）均呈现出显著性特征，且变量间不存在严重的多重共线性问题。

压缩机模式下模型回归系数表　　　　表 6-9

项目	非标准化系数 B	p	VIF
常数	0.2574	0.009**	—
室外温度	−0.0587	0.005**	1.064
压缩机频率	0.005	0.045*	1.069
冷凝器风量	6.12E-05	0.003**	1.005
室外温度×压缩机频率	0.0034	4.50×10^{-8}**	1.721
室外温度×冷凝器风量	-4.16×10^{-7}	0.032*	1.101

注：因变量=系统总功耗。

* $p<0.05$，** $p<0.01$。

图 6-8 和图 6-9 分别为压缩机模式下的残差正态概率图以及残差与拟合值的散点图，因变量满足多元线性回归正态性要求，残差服从正态分布，且残差随机分布在 0 水平线附近，未出现随拟合值增大或减小而扩展或收缩的趋势，模型不存在异方差性问题，表明回归模型构建合理，拟合效果较好。

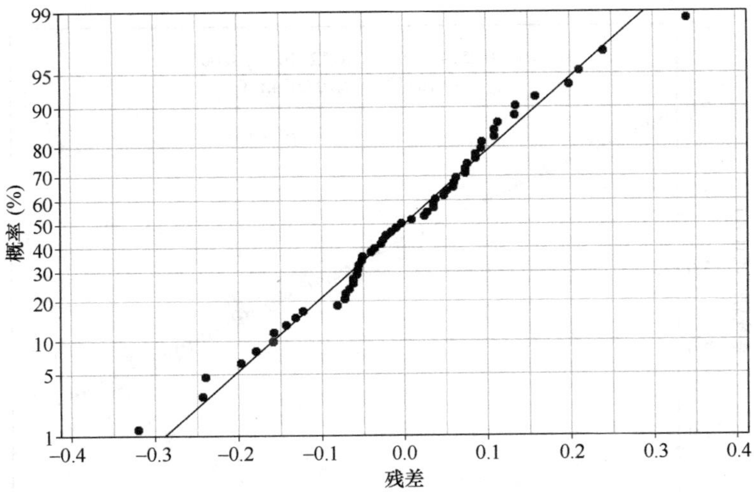

图 6-8　压缩机模式下残差正态概率图

综上分析，系统在压缩机模式下运行时，以室外温度、冷凝器风量、压缩机频率、室外温度×压缩机频率与室外温度×冷凝器风量作为自变量，系统总能耗作为因变量进行多元线性回归分析（图 6-10），得到回归模型方程为：

$$Y_3=0.2574-0.0587X_1+6.12\times10^{-5}X_2+0.005X_3 -4.16\times10^{-7}X_1X_2+0.0034X_1X_3 \quad (6\text{-}4)$$

式中　Y_3——压缩机模式下的系统总能耗，kW；

X_1——室外温度，℃；

X_2——冷凝器风量，m^3/h；

X_3——压缩机频率，Hz。

基于系统不同模式下的能耗回归模型，构建系统能耗最小化的目标函数如下：

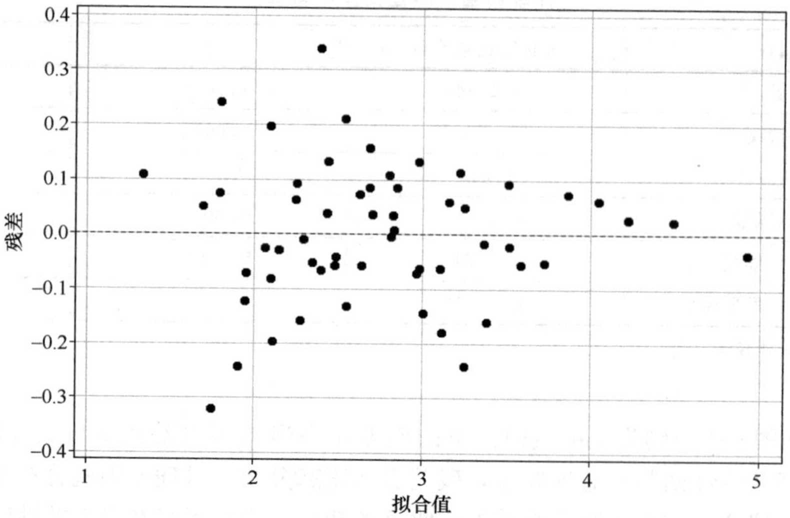

图 6-9　压缩机模式下残差与拟合值散点图

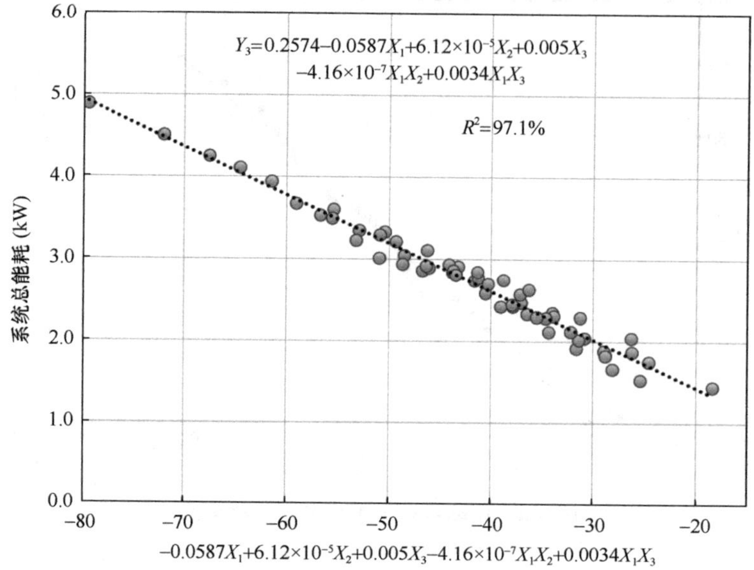

图 6-10　压缩机模式能耗回归模型拟合结果

氟泵模式：

$$\min Y_1 = \min(-0.1953 - 0.0066X_1 + 8.29 \times 10^{-5} X_2 + 0.0088X_4 + 4.31 \times 10^{-7} X_1 X_2) \tag{6-5}$$

混合模式：

$$\min Y_2 = \min(1.1849 - 0.1158X_1 + 4.74 \times 10^{-5} X_2 - 0.0137X_3 + 0.0094X_4 + 1.18 \times 10^{-6} X_1 X_2 + 0.0043X_1 X_3) \tag{6-6}$$

压缩机模式：

$$\min Y_3 = \min(0.2574 - 0.0587X_1 + 6.12\times10^{-5}X_2 + 0.005X_3 - 4.16\times10^{-7}X_1X_2 + 0.0034X_1X_3) \tag{6-7}$$

6.2 关键指标约束与优化目标

优化过程中需要对优化变量进行一定的限制以保证其可行性，由于目标函数是基于前文实验和模拟数据所构建的，因此将优化变量的约束范围设定在所测得数据对应的工况附近。此外，对于氟泵模式而言，系统制冷量须满足供冷需求，蒸发温度须保持在一定范围内，以避免蒸发器结露或供冷量不足；对于混合模式和压缩机模式而言，还须限制压缩机的排气温度不能超出压缩机允许排气温度的上限，因此除了对自变量进行约束外，还须通过多元线性回归方法构建系统制冷量、蒸发温度与压缩机排气温度的约束函数，确保得出的优化结果在合理且可靠的范围内，使系统在能耗、稳定性和安全性之间实现协调平衡，具体约束条件如下：

6.2.1 氟泵模式优化变量约束范围

室外温度＝－20℃、－19℃、－18℃……20℃

$1000\text{m}^3/\text{h} \leqslant$ 冷凝器风量 $\leqslant 15000\text{m}^3/\text{h}$

$20\text{Hz} \leqslant$ 氟泵频率 $\leqslant 35\text{Hz}$

制冷量 Q：

$$Q = 2.8376 + 0.0581X_1 + 0.0007X_2 + 0.2629X_4 - 2.39\times10^{-5}X_1X_2 - 0.0105X_1X_4 \geqslant 12\text{kW} \tag{6-8}$$

蒸发温度 T_e：

$$14℃ < T_e = 19.0648 + 0.7093X_1 - 0.0007X_2 + 0.1298X_4 + 2.19\times10^{-5}X_1X_2 - 0.0089X_1X_4 < 24℃ \tag{6-9}$$

氟泵模式下制冷量和蒸发温度方程拟合结果如图 6-11、图 6-12 所示。

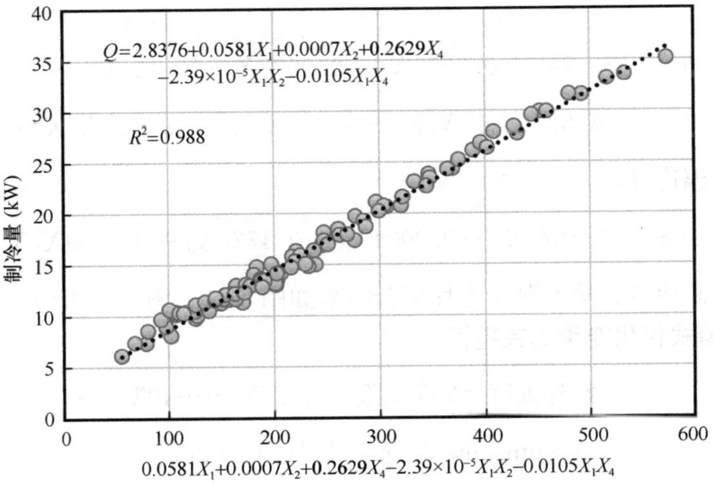

图 6-11　氟泵模式下制冷量方程拟合结果

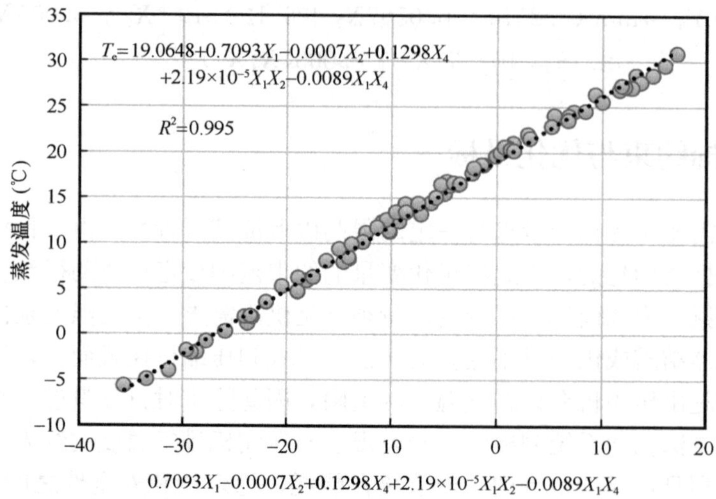

图 6-12　氟泵模式下蒸发温度方程拟合结果

6.2.2　混合模式优化变量约束范围

室外温度=10℃、12℃、13℃……30℃

$3000\text{m}^3/\text{h} \leqslant$ 冷凝器风量 $\leqslant 15000\text{m}^3/\text{h}$

20Hz≤压缩机频率≤45Hz

20Hz≤氟泵频率≤35Hz

制冷量 Q:

$$Q = 11.643 - 0.4783X_1 + 0.0002X_2 + 0.0917X_3 + 0.1003X_4 + 0.008X_1X_3 - 0.0009X_1X_4 \geqslant 12\text{kW} \tag{6-10}$$

蒸发温度 T_e:

$$14℃ < T_e = 28.0748 + 0.3099X_1 - 0.0003X_2 - 0.1471X_3 - 0.1314X_4 + 6.69 \times 10^{-6}X_1X_2 - 0.007X_1X_3 + 0.0025X_1X_4 < 24℃ \tag{6-11}$$

压缩机排气温度 T_o:

$$T_o = 25.1087 - 1.1673X_1 - 0.0004X_2 + 0.4726X_3 + 0.0499X_1X_3 < 80℃ \tag{6-12}$$

混合模式下制冷量、蒸发温度方程拟合结果如图 6-13、图 6-14 所示。

6.2.3　压缩机模式优化变量约束范围

室外温度=25℃、26℃、27℃……40℃

$3000\text{m}^3/\text{h} \leqslant$ 冷凝器风量 $\leqslant 15000\text{m}^3/\text{h}$

20Hz≤压缩机频率≤45Hz

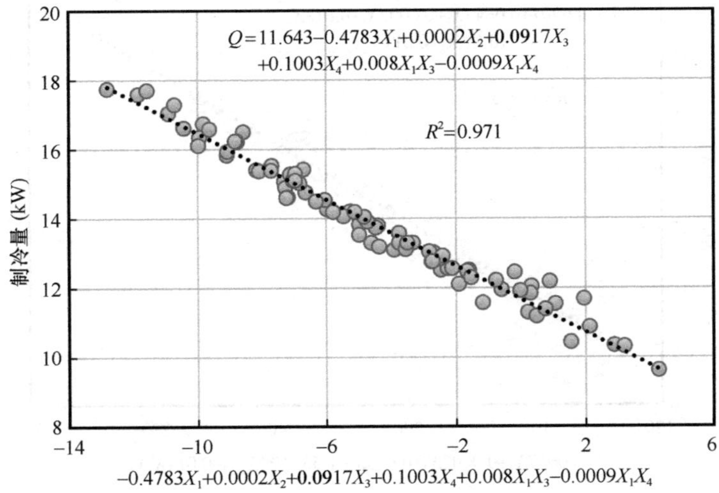

图 6-13　混合模式下制冷量方程拟合结果

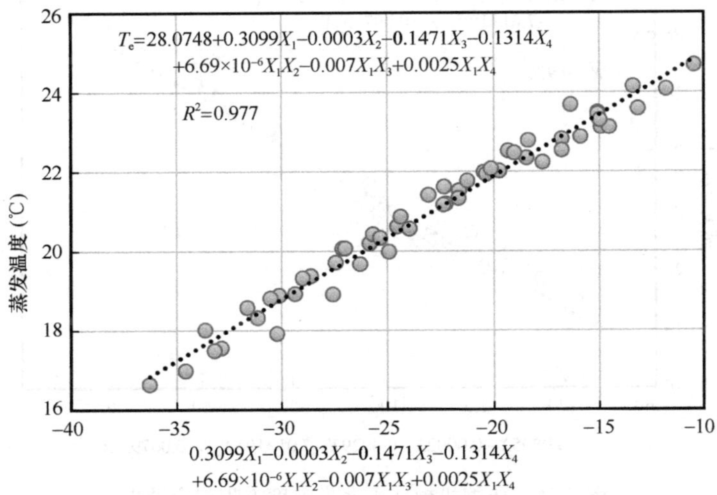

图 6-14　混合模式下蒸发温度方程拟合结果

制冷量 Q：

$$Q=-0.6907+0.0647X_1+0.0002X_2+0.618X_3-1.53\times10^{-6}X_1X_2-0.011X_1X_3\geqslant 12\text{kW} \tag{6-13}$$

蒸发温度 T_e：

$$14℃<T_e=31.1538+0.0895X_1-0.0002X_2-0.4929X_3-7.01\times10^{-7}X_1X_2+0.0079X_1X_3<24℃ \tag{6-14}$$

压缩机排气温度

$$T_o=-33.1187+2.1199X_1-0.0007X_2+1.8136X_3-0.0265X_1X_3<80℃ \tag{6-15}$$

压缩机模式下制冷量、蒸发温度方程拟合结果如图 6-15、图 6-16 所示。

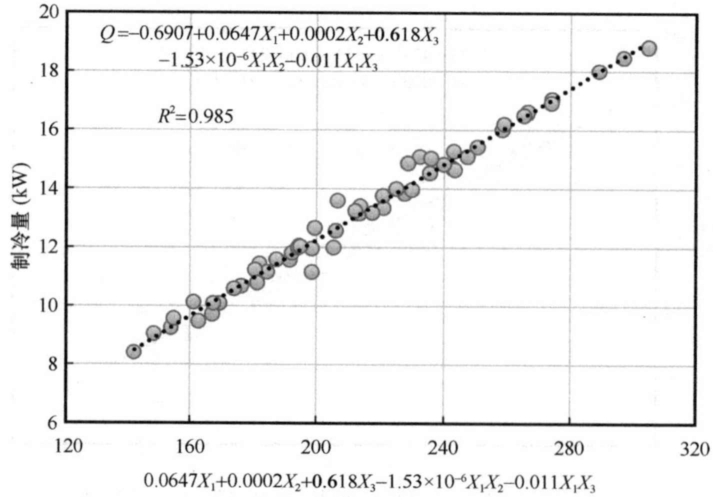

图 6-15　压缩机模式下制冷量方程拟合结果

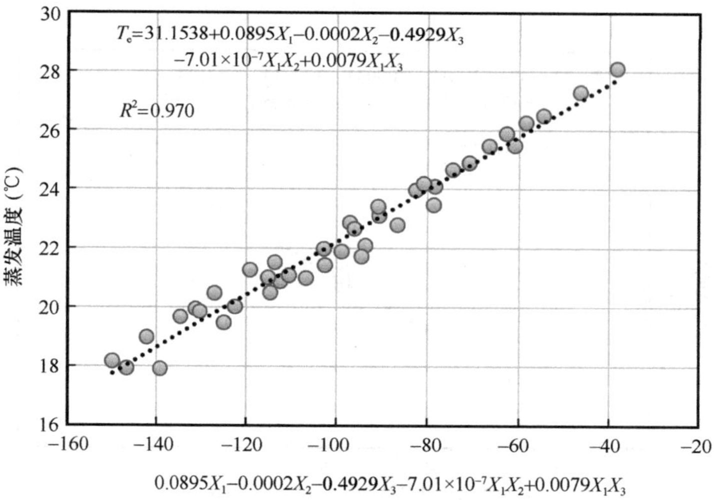

图 6-16　压缩机模式下蒸发温度方程拟合结果

6.3　氟泵/蒸气压缩复合节能冷却系统运行寻优

6.3.1　自然启发式智能优化算法

自然启发式智能优化算法（Nature-inspired Intelligent Optimization Algorithms）是一类模拟自然界生物行为、物理现象或进化机制的优化方法。这类算法以生物进化、动物觅食、群体协作、物理现象以及化学反应等为启发源，借鉴自然界在长期演化过程中形成的自组织、自适应和全局协同等特性完成求解过程。相较于传统的基于梯度信息或严格数学假设的经典优化方法，自然启发式智能优化算法展现出独特的优势：①对目标函数形式要求较低，不依赖导数信息，特别适用于黑箱优化、非线性问题以及多峰值函数优化等复杂场景；②通过将随机性搜索与启发式规则有机结合，这类算法能够实现对解空间的广泛探索，有效降低陷入局部最优解的概率；③具有较好的可扩展性与可移植性，便于与各类工程问题的特定约束条件相结合。

元启发式算法（Metaheuristic Algorithms）作为自然启发式智能优化算法的核心实现框架，将启发式策略抽象为通用的优化范式，能够指导各类优化问题的求解过程而不受具体问题形式的限制。这类算法通常表现出三个典型特征：①具有问题无关性，算法结构抽象且普适，能够适配不同领域和约束类型的优化问题；②采用随机性与确定性并存的搜索策略，通过随机搜索避免局部最优陷阱，同时利用确定性规则控制搜索方向和收敛节奏；③注重探索与开发的平衡，通过参数调节和机制设计，在全局搜索与局部精细化搜索之间实现动态切换或协同配合，从而提升最终解的质量。

从算法实现机制的角度，元启发式算法主要可分为两种类型：轨迹式算法（Trajectory-based）和群体式算法（Population-based）。前者通过单一解沿着特定轨迹进行迭代优化，如模拟退火算法（Simulated Annealing，SA）；后者则同时维护多个候选解，通过个体间的信息交互实现整体优化。相较而言，群体式算法凭借其多解协同和信息共享的机制，更有利于捕捉复杂优化问题的全局结构特征，在处理高维、多模态的复杂优化问题时展现出显著优势，能够有效平衡全局探索与局部开发的关系，近年来受到广泛关注。

根据启发来源与搜索策略的差异，自然启发式智能优化算法可划分为基于物理过程、基于生物进化和基于群体协作三大类。基于群体协作类算法通过模拟群体中个体间的信息交流与行为协同机制，能够在动态变化的解空间中快速定位最优区域，显著提升算法的收敛速度和解的质量。鲸鱼优化算法（Whale Optimization Algorithm，WOA）作为基于协作类算法的典型代表，通过模拟座头鲸在海洋中利用气泡网协同围捕猎物的独特行为，不仅简化了参数设置过程，还实现了全局搜索能力与局部开采效率的良好平衡。

鲸鱼优化算法与其他群优化算法相比的主要区别在于，它采用随机或最佳搜索代理来模拟捕猎行为，并使用螺旋来模拟座头鲸的气泡网攻击机制，具有机制简单、参数少、寻优能力强等优点，尤其在最优控制方面应用广泛。

标准 WOA 主要包括三个重要阶段：包围猎物、气泡网捕食和搜索猎物。在使用 WOA 求解问题之前，对这三个重要阶段进行建模，即用数学公式表达上述 3 类捕食行为。

1. 包围猎物

鲸鱼的搜索范围是全局解空间，须先确定猎物的位置以便包围，WOA 假定当前的最佳候选解是目标猎物或接近最优解，在定义了最佳搜索代理后，其他搜索代理将尝试向最佳搜索代理更新它们的位置。这一行为由以下方程表示：

$$D = \left| (2 \times \boldsymbol{r}_2) \cdot \boldsymbol{X}^*(t) - \boldsymbol{X}(t) \right| \tag{6-16}$$

$$\boldsymbol{X}(t+1) = \boldsymbol{X}^*(t) - (2\boldsymbol{a} \times \boldsymbol{r}_1 - \boldsymbol{a}) \cdot D \tag{6-17}$$

式中　t——当前迭代次数；

$\boldsymbol{X}^*$——当前得到的最优解的位置向量；

D——当前搜索代理与随机选择的搜索代理之间的距离；

$\boldsymbol{X}$——位置向量；

$\boldsymbol{a}$——收缩包围参数向量，用于调节搜索范围，控制个体趋近最优解的强度，其数值随着迭代次数线性衰减，从 2 减小至 0；

$\boldsymbol{r}_1$ 和 $\boldsymbol{r}_2$——［0，1］区间内的随机向量。

2. 气泡网捕食

对于气泡网捕食机制，座头鲸与猎物间的位置更新用对数螺旋方程表达：

$$\boldsymbol{X}(t+1)=D'\times e^{bl}\times\cos(2\pi l)+\boldsymbol{X}^{*}(t) \tag{6-18}$$

$$D'=|\boldsymbol{X}^{*}(t)-\boldsymbol{X}(t)| \tag{6-19}$$

式中　D'——当前搜索个体与最优解的距离；

b——对数螺旋形状参数；

l——[−1，1] 之间的随机数；

其他符号意义同前文。

由于靠近猎物过程中有两种捕食行为，因此 WOA 根据概率 p 来选择气泡网捕食或者收缩包围，位置更新公式如下：

$$\boldsymbol{X}(t+1)=\begin{cases}\boldsymbol{X}^{*}(t)-(2\boldsymbol{a}\times\boldsymbol{r}_1-\boldsymbol{a})\cdot D & p\leqslant 0.5\\ D'\times e^{bl}\times\cos(2\pi l)+\boldsymbol{X}^{*}(t) & p\geqslant 0.5\end{cases} \tag{6-20}$$

式中　p——捕食机制概率，值域为 [0，1] 的随机数；

其他符号意义同前文。

3. 搜索猎物

为保证所有鲸鱼都能在求解空间中充分搜索，WOA 根据鲸鱼间的距离以更新位置，当 $(2\boldsymbol{a}\times\boldsymbol{r}_1-\boldsymbol{a})\geqslant 1$ 时，搜索个体将会游向随机选择的鲸鱼，达到随机搜索目的。

$$D''=|C\cdot\boldsymbol{X}_{\mathrm{rand}}(t)-\boldsymbol{X}(t)| \tag{6-21}$$

$$\boldsymbol{X}(t+1)=\boldsymbol{X}_{\mathrm{rand}}(t)-(2\boldsymbol{a}\times\boldsymbol{r}_1-\boldsymbol{a})\cdot D \tag{6-22}$$

式中　D''——当前搜索个体与随机个体的距离；

$\boldsymbol{X}_{\mathrm{rand}}$——随机个体的位置向量；

其他符号意义同前文。

标准 WOA 的计算流程如图 6-17 所示。

将鲸鱼种群数量设置为 10，迭代次数设置为 1500 次，并为防止陷入局部最优解情况，将每种工况进行循环寻优 50 次。

6.3.2　不同模式下系统运行参数寻优

1. 氟泵模式下系统运行参数寻优

图 6-18 为氟泵模式下在典型工况时系统运行参数寻优结果，根据迭代曲线可发现，当室外温度为−15℃、−5℃、5℃与 15℃时，WOA 搜索优化均在 20 步内完成收敛，算法选择及其参数设置合适，使其能在搜索空间中迅速锁定最优区域。当室外温度为 16℃时，迭代曲线一直无法完成收敛 [图 5-19（d)]，说明 16℃已超过氟泵模式可运行的室外温度上限，因此氟泵模式可运行的室外温度区间为−20～15℃。

同时，室外温度为 15℃时进行寻优的有效结果仅有 32 次，且结果波动幅度较大，冷凝器风量与氟泵频率分别在 14700m³/h 和 28Hz 上下波动，由于 15℃已接近在氟泵模式运行的室外温度上限，求解难度较大，出现较多无法满足约束条件的无效解。室外温度为−15℃、−5℃和 5℃时的寻优结果波动较为平缓，冷凝器风量寻优结果分别趋于 1000m³/h、1000m³/h 和 2850m³/h，氟泵频率寻优结果分别趋于 26Hz、29Hz 和 34Hz，各运行参数多次寻优分别趋于同一结果，说明该结果可靠，可作为运行参数在当前工况下的最优解。

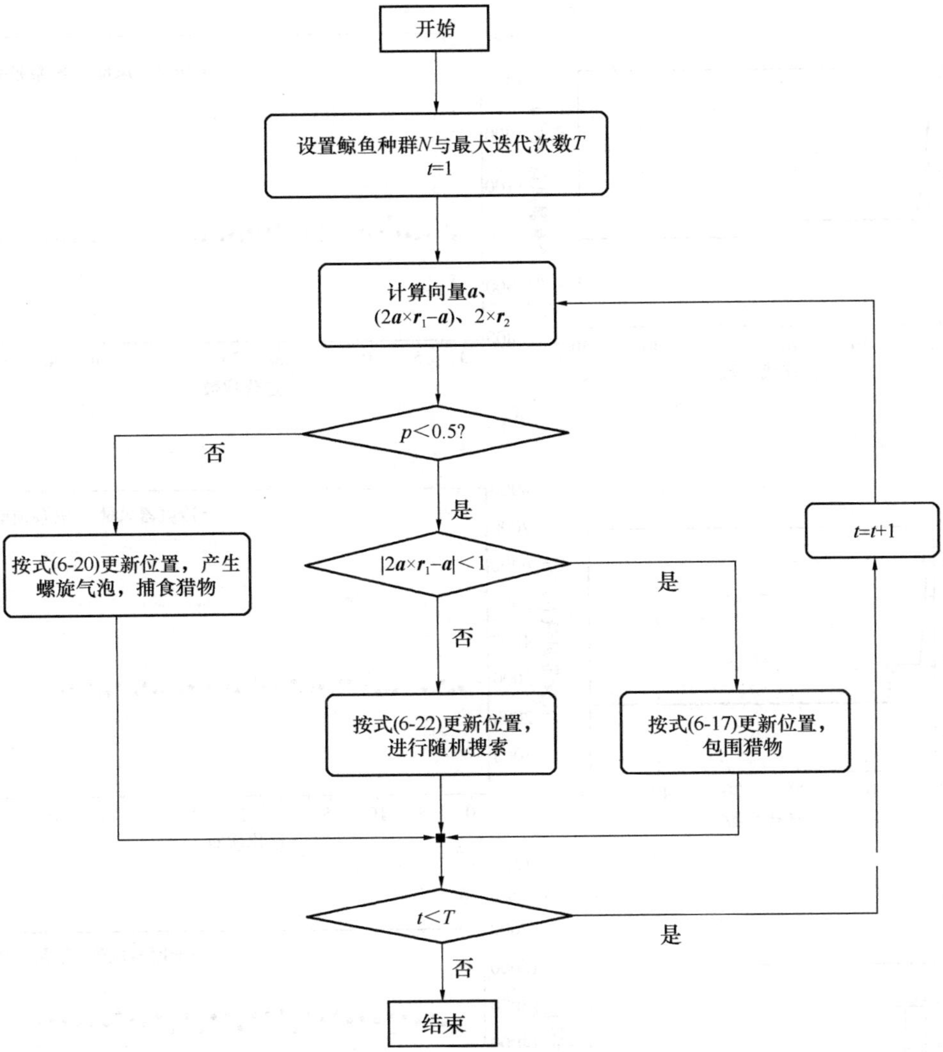

图 6-17　标准 WOA 计算流程图

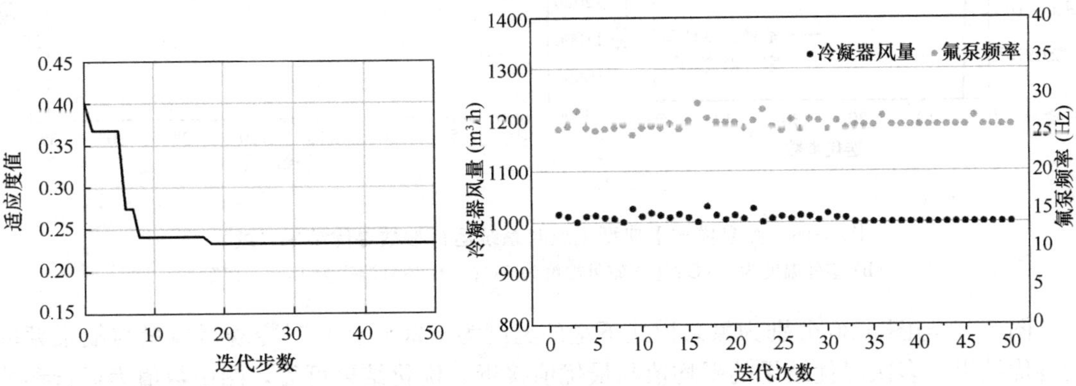

(a)

图 6-18　氟泵模式下典型工况时系统运行参数寻优结果

(a) 室外温度为−15℃

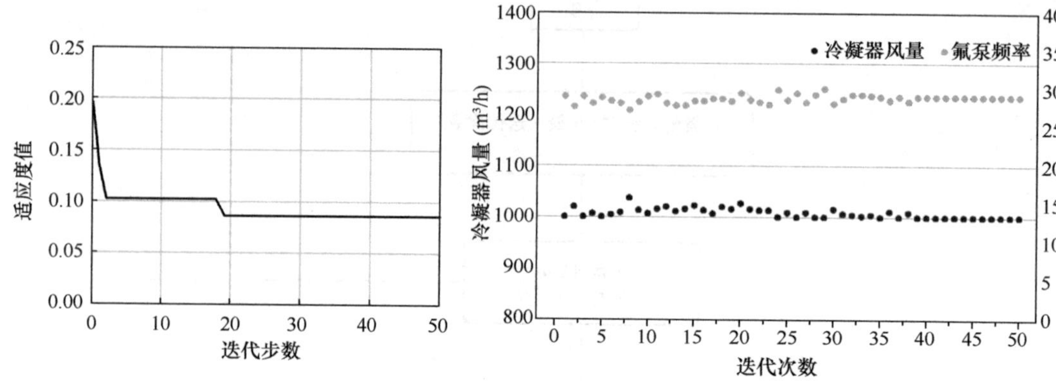

(b)

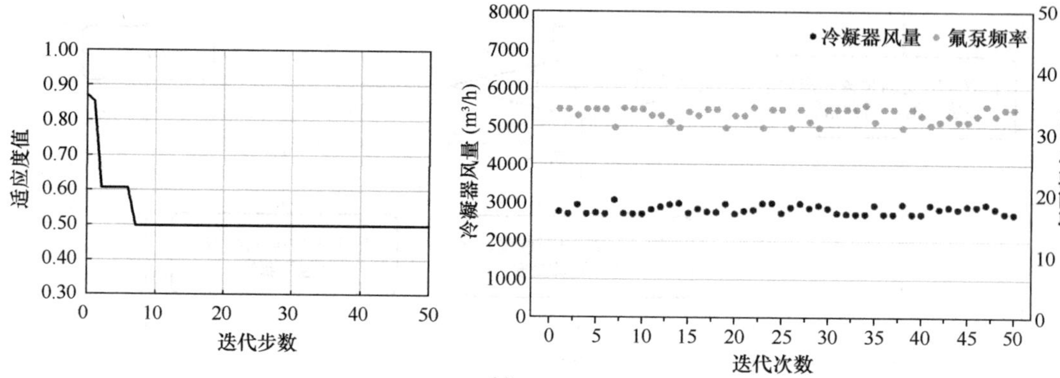

(c)

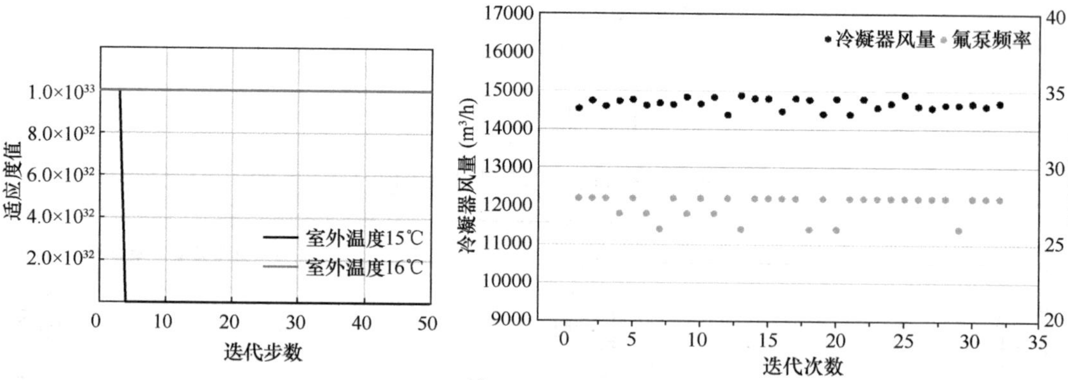

(d)

图 6-18　氟泵模式下典型工况时系统运行参数寻优结果（续）

(b) 室外温度为−5℃；(c) 室外温度为 5℃；(d) 室外温度为 15℃、16℃

图 6-19 与图 6-20 分别为氟泵模式下室外温度为－20～15℃时冷凝器风量与氟泵频率的寻优结果，多次寻优结果的平均值与最优值接近，优化结果可靠，图中数值为运行参数在对应室外温度下的最优值。在室外温度为－20～1℃的区间内，冷凝器风量始终维持在最小值（1000m^3/h），此时由于外界环境温度极低，冷凝侧仅需少量风量即可充分冷凝，系统主要通过调控氟泵频率来匹配制冷量需求（图 6-19）。随着室外温度升高，冷凝侧的

散热难度增大，为维持合理的蒸发温度与冷凝温度，需适当提高冷凝器风量以保证制冷剂充分相变并避免蒸发器供冷能力大幅下降，并且在 2℃时氟泵频率已升至最大值（35Hz），系统调控的重心因此转向提升冷凝器风量。由此，当室外温度高于 2℃时，最优冷凝器风量随室外温度呈近似线性上升，至 15℃时已升至 14700m^3/h，接近冷凝器运行上限。

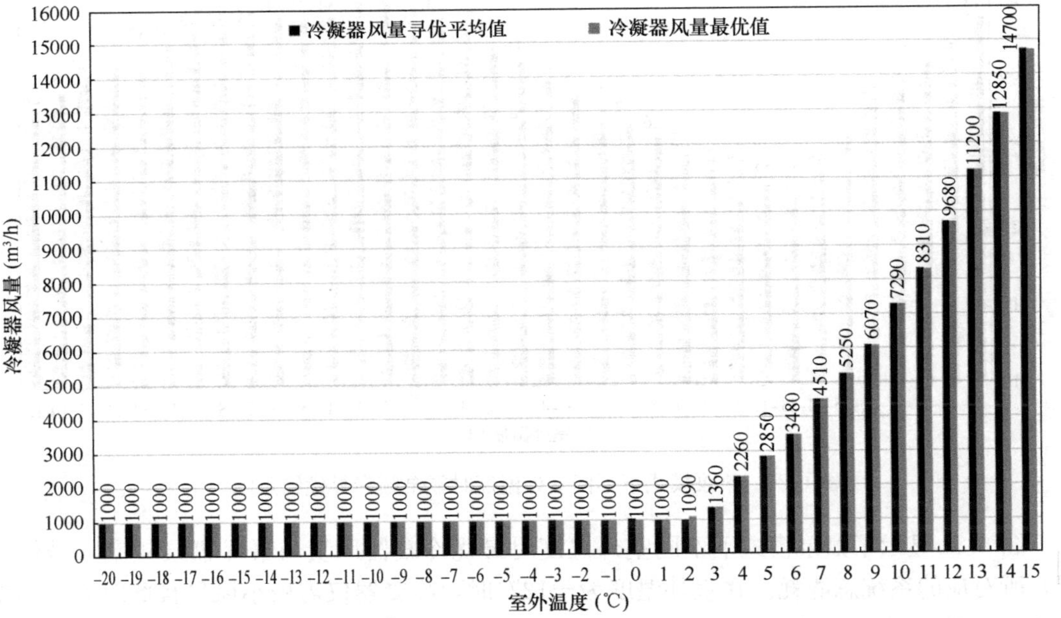

图 6-19　氟泵模式下不同室外温度时冷凝器风量寻优结果图

最优氟泵频率在室外温度为－20～15℃的范围内呈现出“三段式”的变化趋势（图 6-20），具体如下：

（1）室外温度为－20～－12℃的区间内线性降低：在极低温环境下（－20℃），冷凝侧与环境的温差极大，冷凝器的换热能力显著增强，导致冷凝压力迅速下降，系统整体压差增大。由于氟泵模式不依赖压缩机提供压差，完全依靠氟泵驱动制冷剂循环，此时自然循环能力减弱，氟泵需要以较高频率运行以弥补压差的不足、维持充足的制冷剂流量，以避免蒸发器供液不足，从而保障制冷量和蒸发温度。因此，－20℃时氟泵频率须维持在较高水平（34Hz），以确保系统稳定运行。随着室外温度升高至－12℃，冷凝压力逐步上升、系统压差减小，维持过高的氟泵频率不仅会增加不必要的能耗，还可能引起蒸发压力偏高，不利于机柜内温度控制，因此系统适时降低氟泵频率以实现能耗与供冷平衡的优化。

（2）室外温度为－12～2℃的区间内逐步升高：随着室外温度继续上升，冷凝侧与环境的温差减小，自然冷源利用效率下降，为维持足够的供冷能力，需要增大制冷剂流量。因此在此阶段，系统提高氟泵频率以增强制冷剂循环，加快冷凝—蒸发过程，从而补偿冷源能力不足，保持较高的供冷效率。

（3）室外温度为 2～15℃的区间内平缓降低：当室外温度大于 2℃时，随着冷凝器风量的显著增大，冷凝压力受冷凝器风量调控的主导作用更强，而氟泵频率对蒸发器供液的边际影响减弱。若保持过高的氟泵频率，反而增加氟泵本身的能耗且对系统供冷的贡献有限，因此在室外温度大于 2℃后逐渐降低氟泵频率。

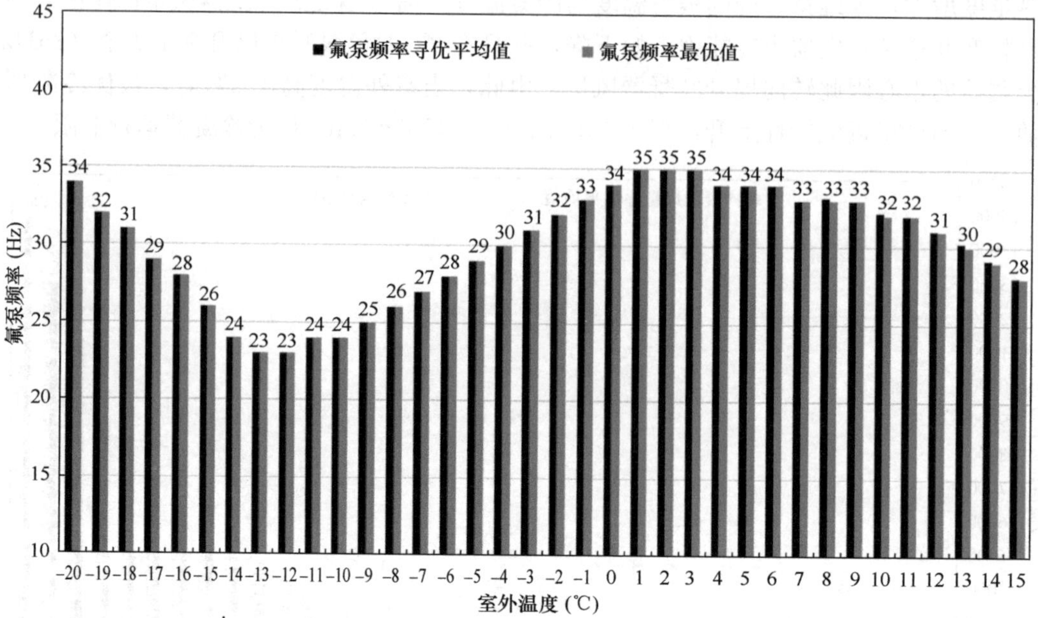

图 6-20　氟泵模式下不同室外温度时氟泵频率寻优结果图

图 6-21 显示了氟泵模式下不同室外温度时最优冷凝器风量与最优氟泵频率（最优工况）所对应的系统总能耗。在室外温度为−12℃时，冷凝器仅需极小风量且此时氟泵频率也较低，整体换热与供液需求均能以较低的能耗来实现，故系统总能耗达到谷值(0.159kW)。随着室外温度升高，冷凝器风量与氟泵频率变化导致风机、氟泵能耗及蒸发/冷凝压力水平均有所上升，室外温度为 15℃时系统总能耗达到最大值（1.265kW)。

总之，最优冷凝器风量与最优氟泵频率的变化趋势，反映了系统在不同室外温度下对

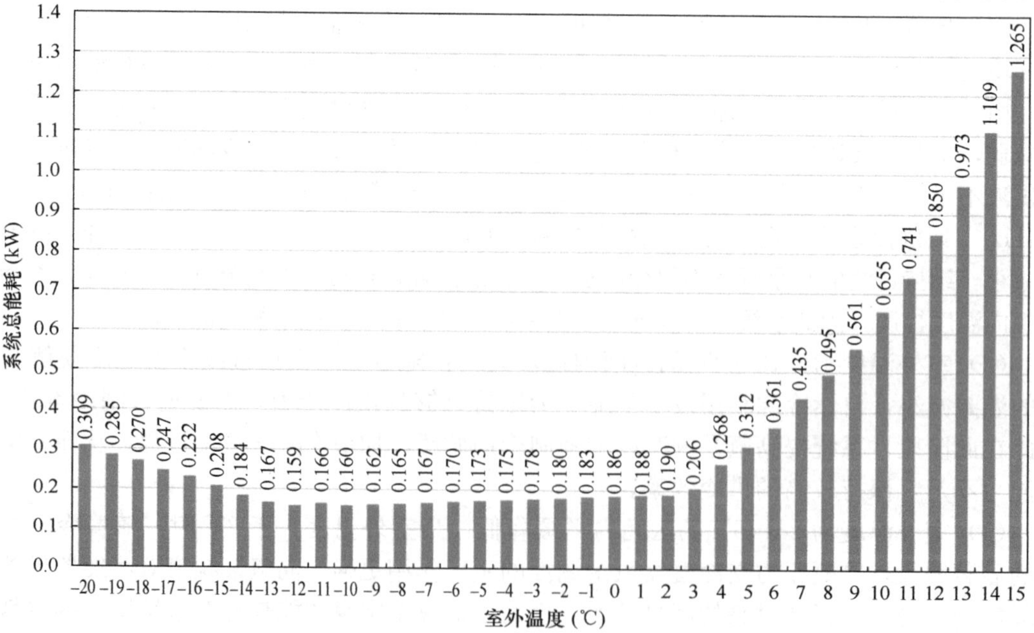

图 6-21　氟泵模式下不同室外温度时最优工况的系统总能耗

“供冷需求”与“部件能耗”两方面的综合权衡。在极低温时，以最低冷凝器风量、适度氟泵频率来避免不必要的能耗；当室外温度升高时，逐步调节氟泵频率以平衡制冷剂流量需求与氟泵能耗；当室外温度大于 2℃时，主要通过增大冷凝器风量来主导制冷循环，氟泵频率则适度降低，防止额外能耗。

氟泵模式下不同室外温度时的最优运行参数如表 6-10 所示。

氟泵模式下不同室外温度时的最优运行参数 **表 6-10**

室外温度（℃）	冷凝器风量（m^3/h）	氟泵频率（Hz）	系统总能耗（kW）
−20	1000	34	0.309
−19	1000	32	0.285
−18	1000	31	0.270
−17	1000	29	0.247
−16	1000	28	0.232
−15	1000	26	0.208
−14	1000	24	0.184
−13	1000	23	0.167
−12	1000	23	0.159
−11	1000	24	0.166
−10	1000	24	0.160
−9	1000	25	0.162
−8	1000	26	0.165
−7	1000	27	0.167
−6	1000	28	0.170
−5	1000	29	0.173
−4	1000	30	0.175
−3	1000	31	0.178
−2	1000	32	0.180
−1	1000	33	0.183
0	1000	34	0.186
1	1000	35	0.188
2	1090	35	0.190
3	1360	35	0.206
4	2260	34	0.268
5	2850	34	0.312
6	3480	34	0.361
7	4510	33	0.435
8	5250	33	0.495
9	6070	33	0.561
10	7290	32	0.655
11	8310	32	0.741
12	9680	31	0.850
13	11200	30	0.973
14	12850	29	1.109
15	14700	28	1.265

2. 混合模式下系统运行参数寻优

图 6-22 为混合模式下典型工况时系统运行参数寻优结果，当室外温度为 15℃、20℃、25℃与 30℃时，WOA 的搜索优化均在 200 步内完成收敛，收敛速度较快且收敛性好，表

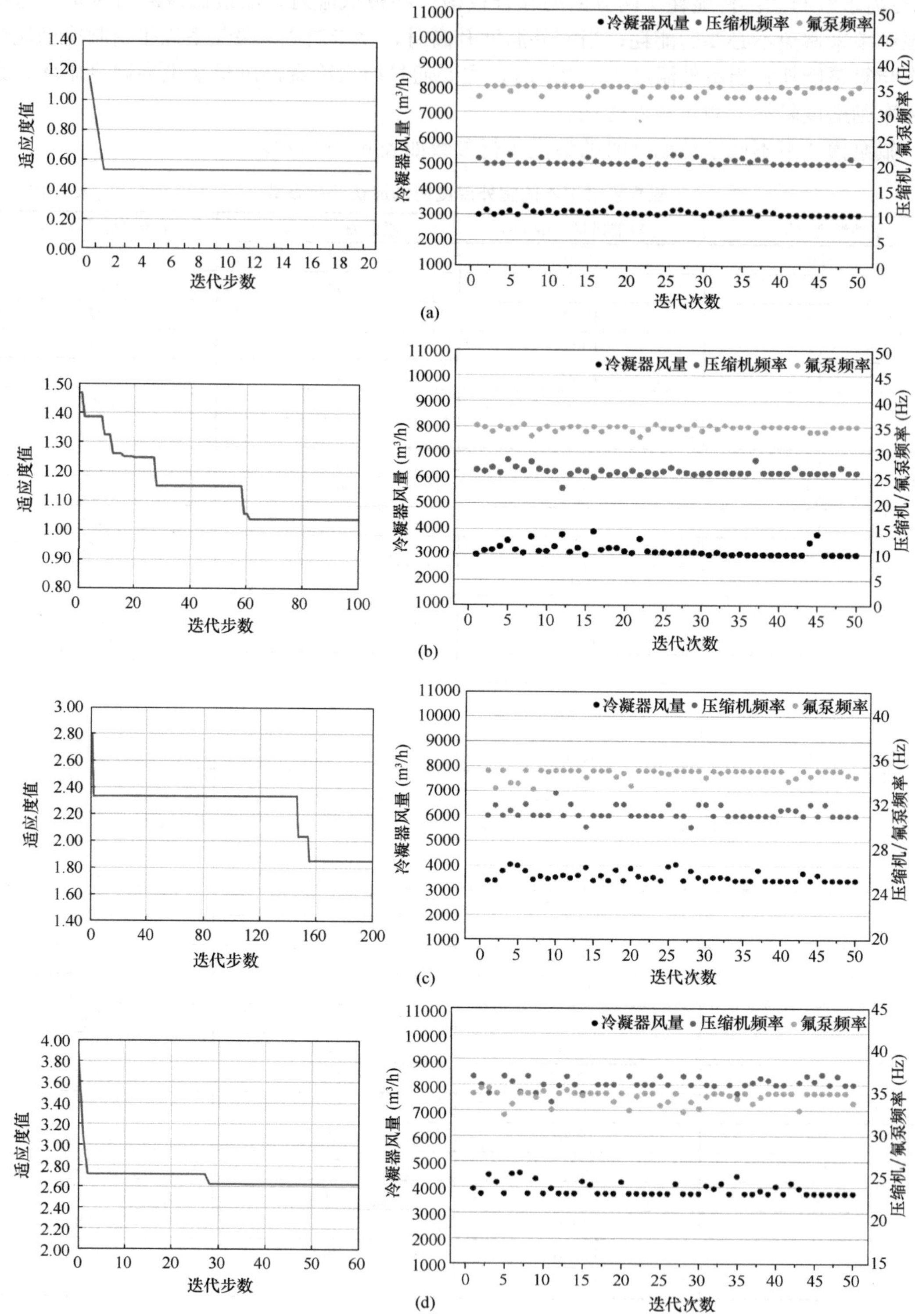

图 6-22 混合模式下典型工况时系统运行参数寻优结果图

(a) 室外温度为 15℃；(b) 室外温度为 20℃；(c) 室外温度为 25℃；(d) 室外温度为 30℃

明算法参数设置合理。同时，室外温度为15℃、20℃、25℃和30℃时的寻优结果波动均较平缓，其中压缩机频率寻优结果分别趋于20Hz、26Hz、31Hz和36Hz，冷凝器风量寻优结果分别趋于3000m³/h、3000m³/h、3400m³/h和3750m³/h，氟泵频率寻优结果则均趋于35Hz。各运行参数多次寻优分别趋于同一结果，即结果充分可靠，可作为运行参数在当前工况下的最优解。

图6-23～图6-25分别为混合模式下在室外温度为10～30℃时压缩机频率、冷凝器风量与氟泵频率的寻优结果，图中数值代表运行参数在对应室外温度下的最优值。多次寻优结果的平均值与最优值均十分接近，优化结果充分可靠。

在混合模式下，各关键运行参数（压缩机频率、冷凝器风量、氟泵频率）的最优值随室外温度出现不同的变化趋势。压缩机频率最优值在室外温度为10～15℃时维持在最小频率（20Hz），在该温度区间内，外界环境温度较低，系统能够充分利用自然冷源，氟泵提供的制冷剂循环基本可以满足末端的冷量需求（图6-23）。此时系统冷负荷较小，压缩机仅需以最低频率运行来维持供冷能力，避免额外能耗。当室外温度升高至16℃及以上时，冷凝侧散热难度增大，系统需通过提升压缩机排气压力以维持有效冷却，同时氟泵频率已升至最大值（35Hz），因此调控重心转向压缩机，压缩机频率最优值随室外温度呈线性上升趋势，使压缩机排气量和压缩比提高，以确保在更高室外温度下仍能满足冷却需求。此外，提高压缩机频率在增大制冷量的同时，也会伴随着能耗增加。寻优结果表明，自室外温度为18℃起，压缩机频率以每升高1℃增加1Hz的速率增长，可在“制冷量提升”与“能耗增加”间达到较优平衡，直至室外温度为30℃时达到36Hz。混合模式下，压缩机与氟泵协同工作，系统倾向于根据室外温度分配压缩机与氟泵的工作负载，最优压缩机频率的变化趋势反映了系统由依赖自然冷源逐步过渡到依赖机械制冷的运行策略。

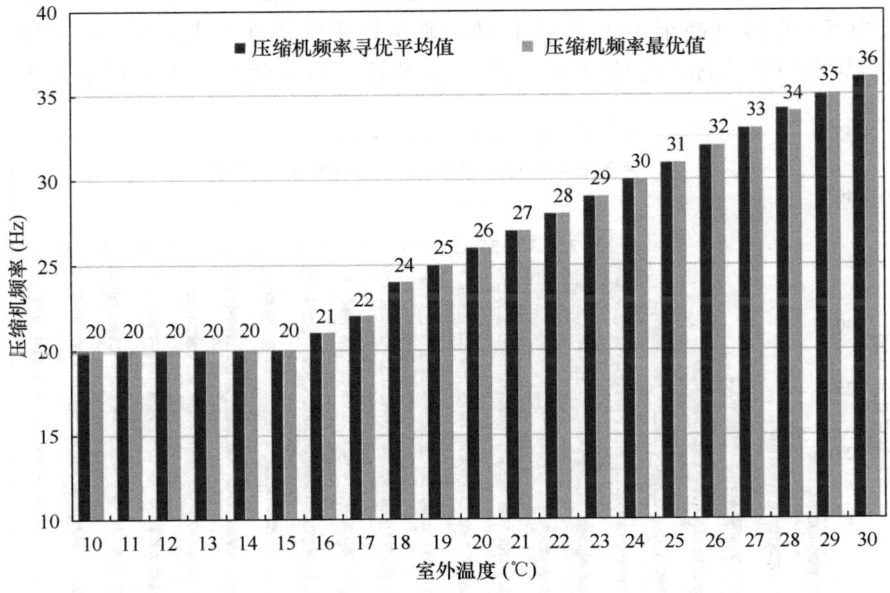

图6-23　混合模式下不同室外温度时压缩机频率寻优结果

冷凝器风量最优值在室外温度为10～20℃时保持在3000m³/h，21℃后逐步上升（图6-24）。在10～20℃区间内，较低的环境温度使冷凝器具有良好的换热能力，3000m³/h

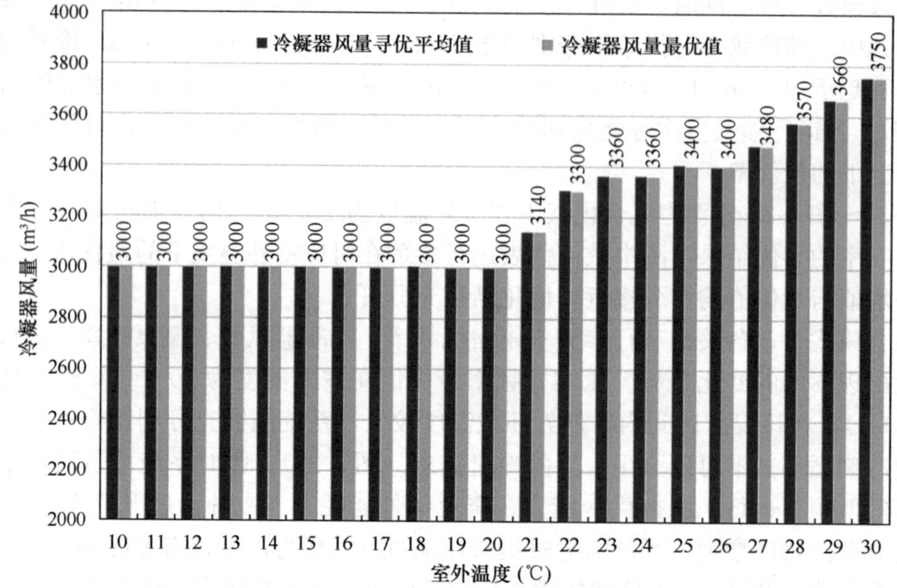

图 6-24　混合模式下不同室外温度时冷凝器风量寻优结果图

的冷凝器风量即可维持合理的冷凝温度，过度增大冷凝器风量则会带来额外的风机能耗，不利于能耗优化。当室外温度超过 21℃时，系统要避免冷凝压力过高导致的效率大幅下降，此时逐步增大冷凝器风量，当室外温度为 30℃时达到 3750m^3/h，实现风机能耗与冷凝温度之间的平衡，有效保障系统在较高室外温度下的稳定性与能效水平。

氟泵频率在室外温度为 10～15℃时呈逐步上升趋势，并在 15℃时达到最大值(35Hz)；当室外温度升高至 16℃及以上时，氟泵频率维持在 35Hz 不变，系统开始通过调控压缩机频率以适应环境变化（图 6-25）。系统在运行优化上优先利用氟泵频率的提高

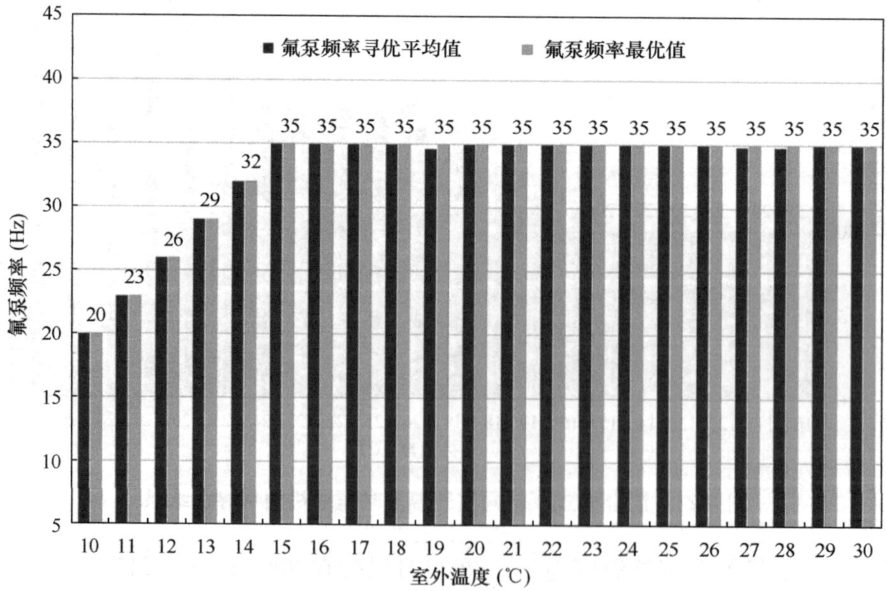

图 6-25　混合模式下不同室外温度时氟泵频率寻优结果图

来增强制冷剂循环能力，以充分发挥自然冷源的利用效率。在室外温度为 10～15℃时，通过逐步提升氟泵频率即可满足末端换热需求，而当氟泵频率达到上限后，逐渐转向调节压缩机频率来维持制冷能力，确保系统在较高温度下稳定、可靠运行。

混合模式下不同室外温度时最优压缩机频率、最优冷凝器风量与最优氟泵频率工况（最优工况）所对应的系统总能耗如图 6-26 所示。随着室外温度升高，压缩机频率稳定提高、冷凝器风量略有增加、氟泵在高温段维持较高频率，三者共同增大了系统的功率需求，导致系统总能耗由 10℃时的 0.980kW 线性升至 30℃时的 2.526kW。

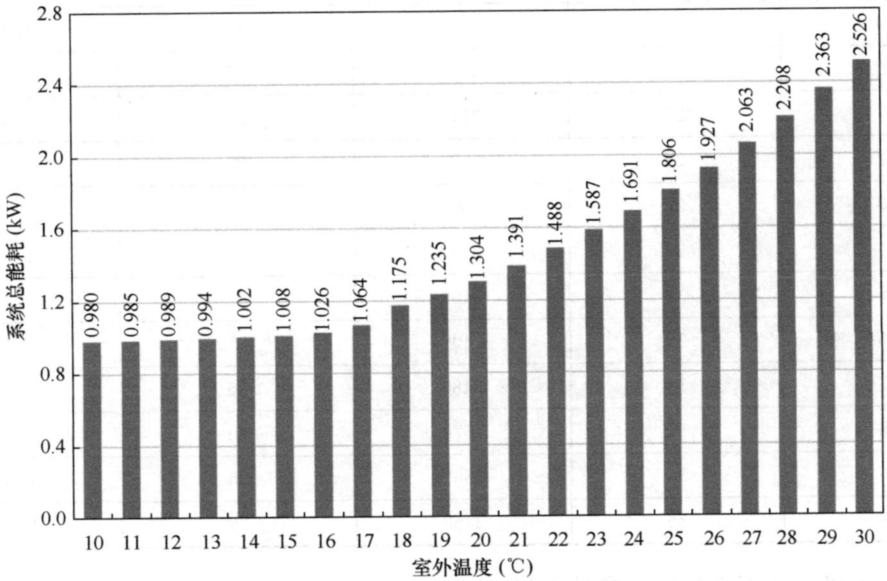

图 6-26 混合模式下不同室外温度时最优工况的系统总能耗

综上所述，混合模式下各运行参数的最优值变化趋势体现了在不同室外温度下对制冷量需求、散热效率以及部件能耗之间的综合权衡。压缩机频率随室外温度变化呈“低温恒定，高温线性上升”的趋势，以实现负荷需求与能效之间的平衡；冷凝器风量在室外温度为 10～20℃时保持在 3000m^3/h 以节省能耗，高温工况下适当增大冷凝器风量，以避免冷凝压力过高；氟泵频率在室外温度为 10～15℃时逐步上升，以强化供液能力，较高温度区间内则维持在最大值频率（35Hz），以确保供液充足且稳定。

混合模式下不同室外温度时的最优运行参数如表 6-11 所示。

混合模式下不同室外温度时的最优运行参数 表 6-11

室外温度（℃）	压缩机频率（Hz）	冷凝器风量（m^3/h）	氟泵频率（Hz）	系统总能耗（kW）
10	20	3000	20	0.980
11	20	3000	23	0.985
12	20	3000	26	0.989
13	20	3000	29	0.994
14	20	3000	32	1.002

续表

室外温度（℃）	压缩机频率（Hz）	冷凝器风量（m^3/h）	氟泵频率（Hz）	系统总能耗（kW）
15	20	3000	35	1.008
16	21	3000	35	1.026
17	22	3000	35	1.064
18	24	3000	35	1.175
19	25	3000	35	1.235
20	26	3000	35	1.304
21	27	3140	35	1.391
22	28	3300	35	1.488
23	29	3360	35	1.587
24	30	3360	35	1.691
25	31	3400	35	1.806
26	32	3400	35	1.927
27	33	3480	35	2.063
28	34	3570	35	2.208
29	35	3660	35	2.363
30	36	3750	35	2.526

3. 压缩机模式下系统运行参数寻优

图 6-27 为压缩机模式下典型工况时系统运行参数寻优结果，在室外温度为 25℃、30℃与 35℃时，WOA 的搜索优化均在 10 步内收敛，而室外温度为 40℃时则在 420 步左右完成收敛，收敛速度相对较慢。究其原因，WOA 在 40℃的高温工况下所面对的目标函数分布更复杂且多峰，导致需更长时间探索和跳出局部最优点，表现为收敛速度变慢。

同时，在室外温度为 25℃、30℃、35℃和 40℃时寻优结果波动均十分平缓，其中压缩机频率寻优结果分别趋于 32Hz、36Hz、41Hz 和 45Hz，冷凝器风量寻优结果分别趋于 3000m^3/h、3000m^3/h、6330m^3/h 和 14940m^3/h，各运行参数多次寻优分别趋于同一结果，可作为当前工况下的最优解。

图 6-28、图 6-29 分别为压缩机模式下室外温度为 25～40℃时压缩机频率与冷凝器风量的寻优结果，图中数值代表运行参数在对应室外温度下的最优值。图中显示多次寻优结果的平均值与最优值均十分接近，说明该优化结果可靠。

压缩机频率的最优值随室外温度呈线性上升趋势（图 6-28）。随着室外温度升高，冷凝侧散热难度加大，系统逐步提高压缩机频率以增大压缩机的排气压力和压缩比，以满足更高温度下的末端冷却需求，且在室外温度为 39℃时压缩机频率增至最大值（45Hz）。在室外温度为 40℃时，压缩机频率达到上限后无法通过继续升频来提升性能，系统通过进一步增大冷凝器风量来强化冷凝侧的散热效果，降低冷凝温度，从而间接提高蒸发器的换热能力和系统能效，保证在高温环境下的供冷量。

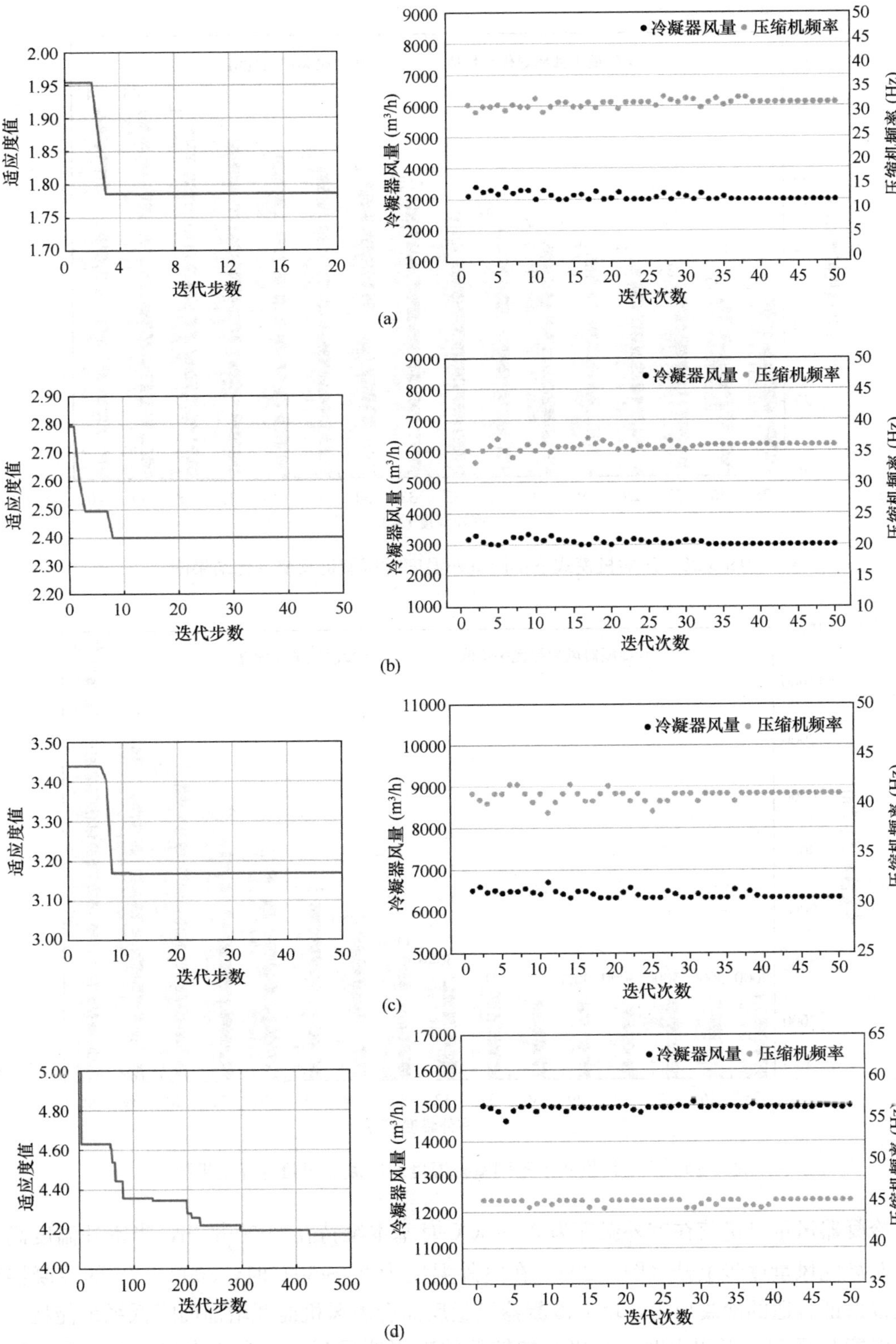

图 6-27　压缩机模式下典型工况时系统运行参数寻优结果图

(a) 室外温度为 25℃；(b) 室外温度为 30℃；(c) 室外温度为 35℃；(d) 室外温度为 40℃

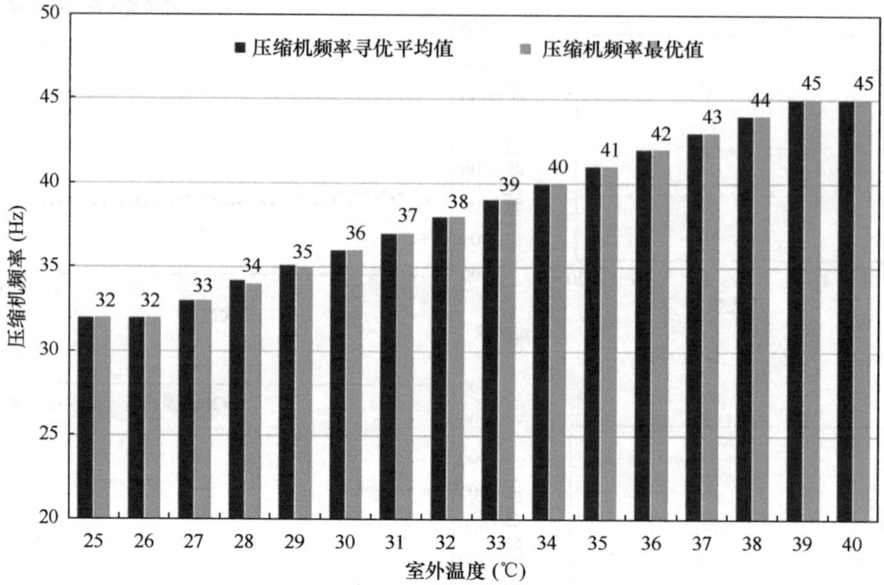

图 6-28　压缩机模式下不同室外温度时压缩机频率寻优结果图

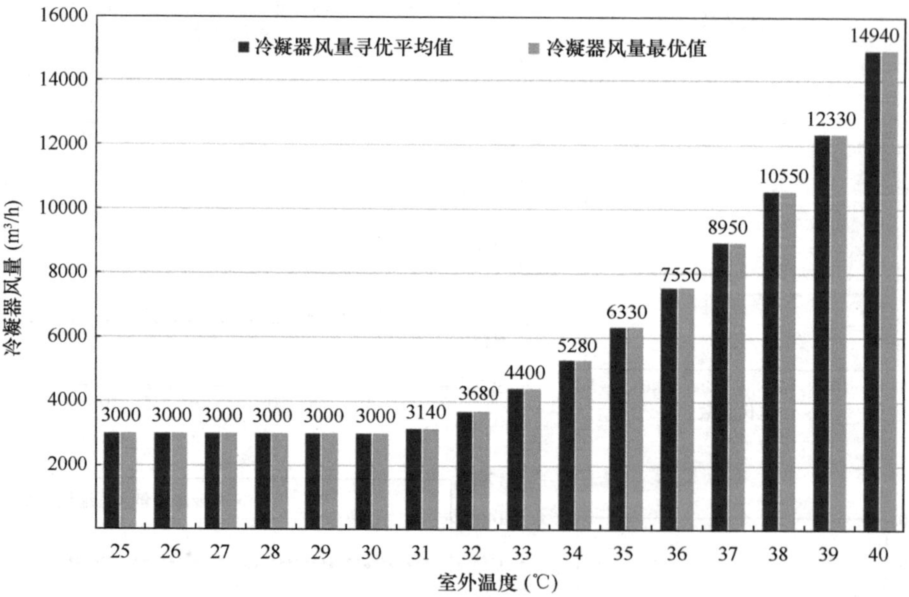

图 6-29　压缩机模式下不同室外温度时冷凝器风量寻优结果图

冷凝器风量最优值在室外温度为 25～30℃时基本维持在 3000m^3/h，当室外温度高于 31℃时最优风量逐步上升（图 6-29）。在室外温度为 25～30℃时，3000m^3/h 的冷凝器风量足以保证合适的冷凝压力，增大冷凝器风量反而会因风机能耗增加而降低系统能耗。当室外温度升至 31℃及以上时，若仍维持较低的冷凝器风量，冷凝压力将持续上升，导致系统制冷效率严重下降。因此，需逐步增大冷凝器风量，在 40℃时增大至 14940m^3/h，以有效控制冷凝压力，确保系统稳定、可靠运行。

图 6-30 显示了压缩机模式下不同室外温度时最优压缩机频率与最优冷凝器风量（最优工况）所对应的系统总能耗。随着室外温度升高，为维持系统末端稳定供冷，压缩机频率线性增加，导致其能耗显著增加。当室外温度升至 31℃及以上时，系统逐步提高冷凝器风量以强化散热，风机能耗的上升进一步增大了系统总能耗，使其由室外温度为 25℃时的 1.823kW 增至室外温度为 40℃时的 4.924kW。

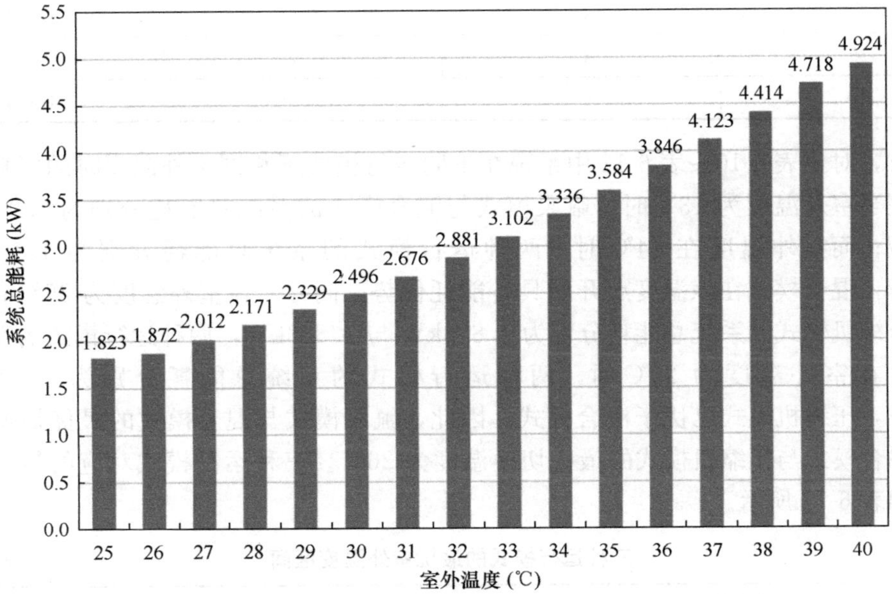

图 6-30 压缩机模式下不同室外温度时最优工况的系统总能耗

因此，压缩机模式下最优压缩机频率与最优冷凝器风量的调节逻辑体现在室外温度为 25～30℃时通过维持最低冷凝器风量与适度压缩机频率，在室外温度较高时则同步提升压缩机频率与冷凝器风量，以避免冷凝压力过高，确保系统在保障制冷能力的同时兼顾运行能效。

混合模式下不同室外温度时的最优运行参数如表 6-12 所示。

压缩机模式下不同室外温度时的最优运行参数 **表 6-12**

室外温度（℃）	压缩机频率（Hz）	冷凝器风量（m^3/h）	系统总能耗（kW）
25	32	3000	1.823
26	32	3000	1.872
27	33	3000	2.012
28	34	3000	2.171
29	35	3000	2.329
30	36	3000	2.496
31	37	3140	2.676
32	38	3680	2.881
33	39	4400	3.102
34	40	5280	3.336

续表

室外温度（℃）	压缩机频率（Hz）	冷凝器风量（m^3/h）	系统总能耗（kW）
35	41	6330	3.584
36	42	7550	3.846
37	43	8950	4.123
38	44	10550	4.414
39	45	12330	4.718
40	45	14940	4.924

同时，对比表 6-10～表 6-12 中系统在不同运行模式下相同室外温度时的能耗优化结果，发现当室外温度为 13℃时，氟泵模式与混合模式的系统总能耗分别为 0.973kW 和 0.994kW；而室外温度在 14℃时，两种运行模式的系统总能耗分别为 1.109kW 和 1.002kW，混合模式在该温度点开始具备能耗优势。同样，在室外温度为 25℃时，混合模式与压缩机模式的系统总能耗分别为 1.806kW 与 1.823kW，两种运行模式的系统总能耗相近；在室外温度为 26℃时，两种运行模式的系统总能耗分别为 1.927kW 与 1.872kW，压缩机模式已优于混合模式。因此，氟泵模式与混合模式的最优切换温度为 14℃，混合模式与压缩机模式的最优切换温度为 26℃。三种运行模式对应的最优室外温度区间如表 6-13 所示。

三种运行模式的最优室外温度区间 **表 6-13**

运行模式	室外温度区间
氟泵模式	−20～13℃
混合模式	14～25℃
压缩机模式	26～40℃

6.4 典型气候区系统适用性分析

基于前述系统运行参数的优化结果，本节对该系统在我国不同气候区典型城市中的应用效果进行分析，选取严寒地区的哈尔滨、寒冷地区的北京、夏热冬冷地区的上海、温和地区的贵阳以及夏热冬暖地区的广州为代表城市。

图 6-31 展示了五个城市全年室外温度的分布情况，结合表 6-13 中三种运行模式对应的最优室外温度区间，进一步统计各城市三种运行模式的全年运行时长（图 6-32）。在上述五个代表城市中，全年有超过 50％的时间运行氟泵模式或混合模式，相比于传统的蒸气压缩冷却系统，氟泵/蒸气压缩复合节能冷却系统大幅降低了压缩机的运行时间与能耗，节能潜力大，具有良好的适用性。

不同气候区的室外温度分布存在差异，从而影响三种运行模式的运行时长，最终导致系统在各地区的应用效果差异显著。图 6-33 显示了系统在五个代表城市全年运行时的总能耗和年均 *COP*，哈尔滨、北京、上海、贵阳和广州的全年总能耗分别为 6834kW・h、9741kW・h、12627kW・h、10453kW・h 和 16228kW・h，系统总能耗随着城市年均气

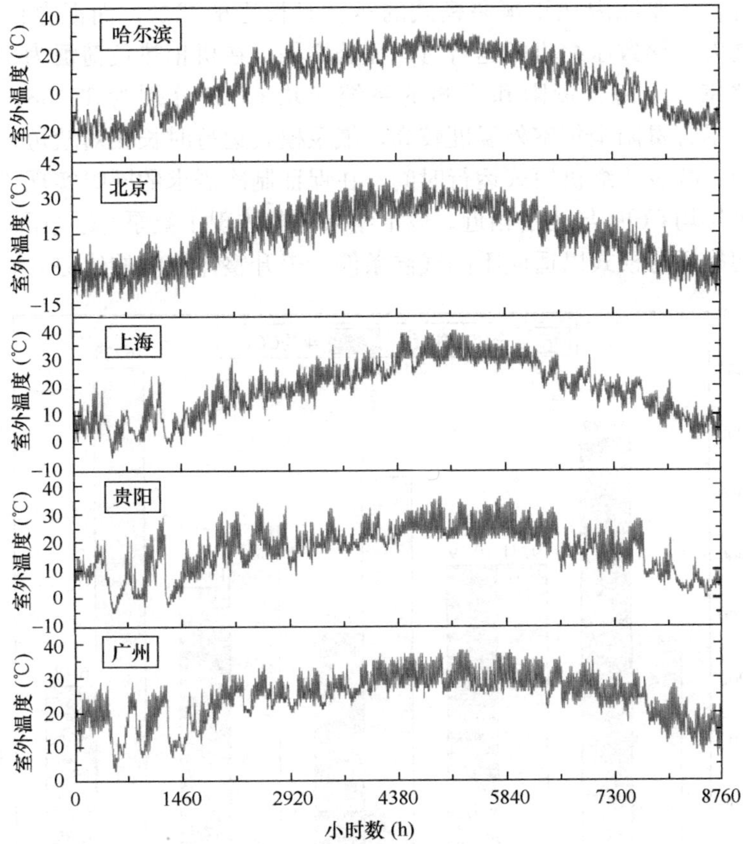

图 6-31　不同气候区典型城市的全年室外温度

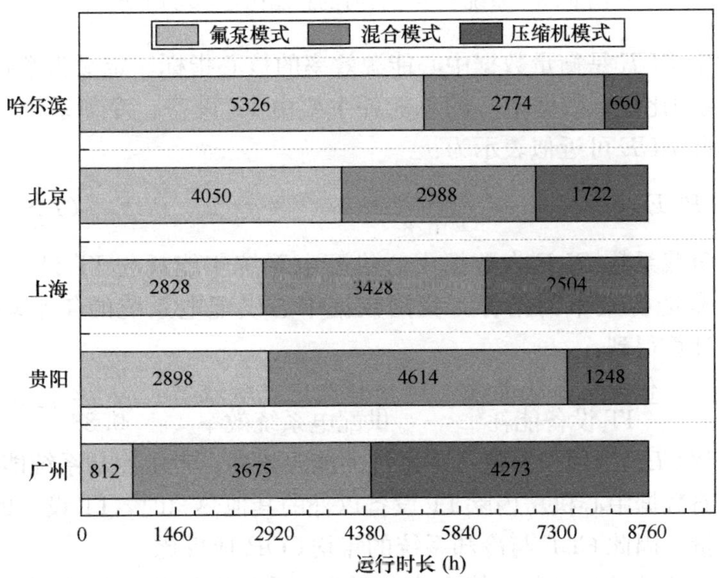

图 6-32　不同运行模式下系统全年运行时长

温的升高而上升，主要原因在于氟泵模式的运行时长逐渐减少，而混合模式与压缩机模式，运行时长增大，导致压缩机的运行时间显著增加。在机柜热负荷恒为 12kW 时计算得出，哈尔滨、北京、上海、贵阳和广州的系统年均 *COP* 分别为 15.38、10.79、8.32、10.06 和 6.48。尽管贵阳全年室外温度较高，氟泵模式运行时长相对较短，但通过延长混合模式运行时间、减少压缩机模式运行时间，在保证制冷需求的同时实现了较好的能效表现，从而使系统年均 *COP* 与北京相近。以上结果充分体现了氟泵/蒸气压缩复合节能冷却系统通过灵活切换运行模式以适应不同气候条件、提升整体能效的优势。

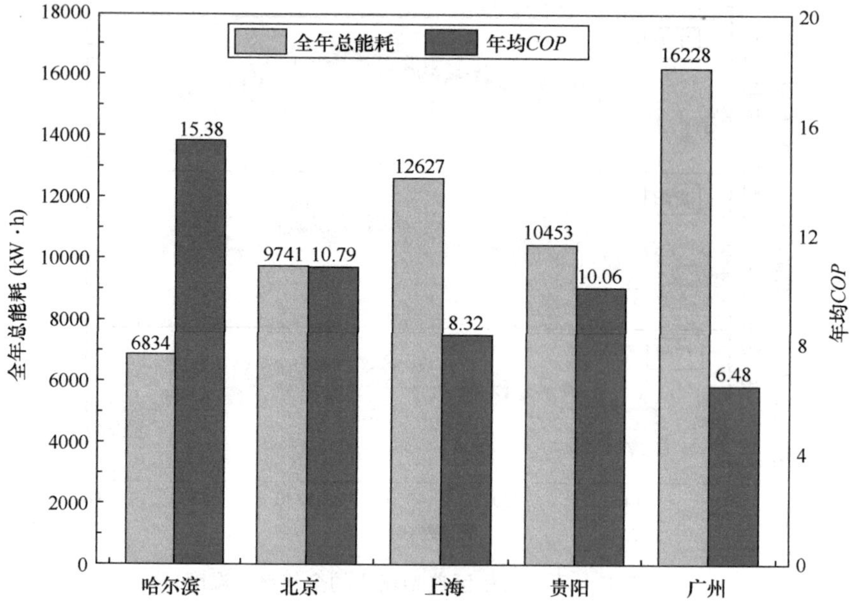

图 6-33　系统全年运行时的总能耗与年均 *COP*

电能利用效率 *PUE* 是衡量数据中心能源效率的核心指标，定义为数据中心全年总能耗与 IT 设备能耗的比值。数据中心的总能耗主要由 IT 设备、冷却系统以及供配电系统等部分构成，因此 *PUE* 可近似表示为：

$$PUE \approx \frac{P_{\text{IT设备}} + P_{\text{供配电系统}} + P_{\text{空调系统}}}{P_{\text{IT设备}}} = 1 + PLF + CLF \tag{6-23}$$

式中，供电负载系数 *PLF* 为数据中心供配电系统年能耗与 IT 设备年能耗的比值，是评估供配电系统能源效率的指标。我国数据中心供配电系统的年平均输配效率约为 88%，由此可以计算得到：

$$PLF = \frac{\text{供配电系统能耗}}{\text{IT 设备能耗}} = \frac{1 - \text{供配电系统效率}}{\text{供配电系统效率}} = \frac{0.12}{0.88} \approx 0.14 \tag{6-24}$$

制冷负载系数 *CLF* 则用于衡量冷却系统的能源效率，表示冷却系统能耗与 IT 设备能耗的比值。在忽略数据中心机房内除 IT 设备以外的其他热源时，IT 设备的能耗等于冷却系统的全年制冷量，因此 *CLF* 与冷却系统的年均 *COP* 成反比。

根据 *PLF* 和 *CLF* 的定义与计算方法，测算出采用氟泵/压缩机复合节能冷却系统的数据中心在哈尔滨、北京、上海、贵阳和广州的 *PUE* 分别为 1.21、1.23、1.26、1.24 和 1.29。依据中国信息通信研究院发布的《中国绿色算力发展研究报告（2024 年）》，可获取上述典型城市现有数据中心的平均 *PUE*（表 6-14）。与当地现有数据中心相比，采用氟泵/蒸气压缩复合节能冷却系统并结合运行参数优化后，各地数据中心的节能率均超过 11.51%，其中节能率最高可达 15.69%，显著提升了冷却系统的运行效率。

氟泵/压缩机复合节能冷却系统在不同城市应用的节能效果　　表 6-14

城市	当地数据中心平均 *PUE*	采用氟泵/压缩机复合节能冷却系统的数据中心 *PUE*	节能率
哈尔滨	1.40	1.21	13.57%
北京	1.39	1.23	11.51%
上海	1.43	1.26	11.89%
贵阳	1.46	1.24	15.07%
广州	1.53	1.29	15.69%

本章参考文献

[1] MIRJALILI S, LEWIS A. The whale optimization algorithm[J]. Advances in engineering software, 2016, 95: 51-67.

[2] SHOBANKE M, BHATT M, SHITTU E. Advancements and future outlook of Artificial Intelligence in energy and climate change modeling[J]. Advances in Applied Energy, 2025, 17: 100211.

[3] CUI X Y, ZHU J D, JIA L F, et al. A novel heat load prediction model of district heating system based on hybrid whale optimization algorithm (WOA) and CNN-LSTM with attention mechanism[J]. Energy, 2024, 312(15): 133536.

[4] LIU Z, GE H, SONG T, et al. Research on building energy-saving based on GA-BP coupled improved multi-objective whale optimization algorithm [J]. Energy and Buildings, 2025, 328 (2): 115141.

[5] SHAO X, ZHANG Z, SONG P, et al. A review of energy efficiency evaluation metrics for data centers[J]. Energy and Buildings, 2022, 271(9): 112308.

[6] 中国信息通信研究院. 中国绿色算力发展研究报告(2024 年)[R]. 北京: 中国信息通信研究院, 2024.

第 7 章　数据中心房间级热管理性能优化与故障容错分析

在高密度计算负载与能源成本的双重压力下，数据中心房间级热管理已不再仅是“维持温度稳定”的工程问题，而是关联设备可靠性、能效比提升与运维安全冗余的系统性课题。房间级热管理强调在机柜、通道、风机组、冷却背板等组件互动下的整体气流组织与热量再分布规律，旨在通过优化气流路径、强化局部换热能力、合理配置冗余资源来提升系统韧性与热安全裕度。当局部散热单元失效或运行策略偏离设计值时，若缺乏有效的故障容错机制，局部过热可能迅速扩散至相邻区域，引发连锁风险。因此，构建面向异常工况的热管理优化模型与容错策略，不仅能降低突发停机与设备损耗带来的成本增加，还能在长期运行中支撑精细化调度与智能化控制。

围绕上述目标，本章从理论框架、实验验证到数值模拟逐步展开，通过对典型故障工况的对比分析，揭示房间级热环境在“局部失效—全局响应”过程中的动态演化特征，并将冗余配置策略嵌入优化流程，形成对热安全裕度的定量评估与调优路径。在故障工况研究中，重点考察两类典型故障：一是风机组失效工况，通过模拟风机停转状态，分析机柜内部气流组织变化及背板蒸发端的过热特性；二是背板失效工况，通过关闭指定机柜的背板冷却系统，研究数据中心整体热环境的重分布规律。

7.1　模型建立及实验验证

7.1.1　物理模型建立及相关假设

本节通过数值模拟软件构建了机柜的三维模型，旨在评估机柜内部的气流和温度分布特性，以实现热管理性能的优化。为确保模拟结果与实验数据的一致性，数值模型严格按照实验设置的尺寸和参数进行构建，并采用与实验相同的边界条件及物理模型。此外，考虑到数据中心机柜内部设备（如服务器和热管背板）结构的复杂性，这些设备在数值模型中进行了必要的简化处理。具体而言，模型的运行原理如下：在背板风机的作用下，空气从机柜前门进入。由于全封闸板的设置，冷空气的气流短路现象得到有效抑制，空气流动路径被限定为仅能通过服务器进风口孔板进入。空气经过服务器的出口孔板后，流经微通道热管背板换热器进行热交换，带走服务器产生的热量，并最终通过风机组驱动冷空气重新进入机柜。

依据实验平台，仅对室内机柜侧进行数值建模，主体参照所用标准 42U 机柜（尺寸：0.6m×2.0m×1.2m），机柜所有壁面均采用实体壁设计，前后壁面设置通风孔，以确保空气流通。机柜内部均匀配置了 5 台 4U 服务器（尺寸：0.45m×0.1778m×0.60m），每台 4U 服务器最大功率 2000W。在数据中心模拟中，工厂设备内部视为黑盒，不包含在计算域之内。

根据实验平台的设置，热管背板和风机组安装在机柜背板的出风口处，而不是嵌入机柜内部。将 10kW 热管背板（尺寸：0.46m×1.78m×0.05m）简化为具有通风功能的长方体模型。风机组采用双列布局，位于机柜背板出风口处，由 12 台直径为 0.12m 的轴流风机组成。与传统单列风机布置相比，该布局具有更高的效率，有助于提高热管背板的散热效果。风机组分为上部、中部、下部三组，各组风机由独立的供电模块控制，以便灵活调节与优化运行，同时在故障情况下减少对整个系统的影响，便于与数值模型进行对比。完整的三维模型设计及详细信息见图 7-1。

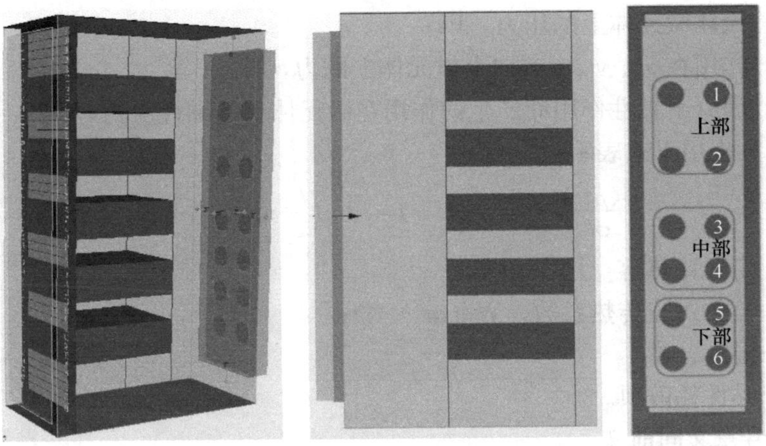

(a)　(b)　(c)

图 7-1　实验平台机柜物理模型

(a) 机柜三维图；(b) 机柜左视图；(c) 机柜后视图

为深入研究机柜内空气流动与传热特性，在建立数值模型时充分参考实验平台的实际设置，具体假设如下：由于数据中心内气流属大尺度流动且压力变化较小，气流视为不可压缩流体；在浮力驱动的自然对流过程中，空气密度变化仅在浮力项中考虑，满足 Boussinesq 假设；模拟过程中整体流场被视为稳态湍流，并采用 RNG k-ε 模型描述其湍流特性；机柜本体无明显漏风，壁面缝隙率低于 10%，未封闭部分对整体流场的影响可忽略；不考虑湿度变化对空气热物性及流动行为的影响。

7.1.2　控制方程的数值模型

数值模型采用质量守恒方程、动量守恒方程和能量守恒方程来描述机柜内的流动和传热过程。通过离散化控制方程，准确地模拟了热空气与冷空气之间的交互作用。基于稳态假设进行模拟，假设系统已达到稳定状态，因此控制方程中的时间偏导项为零，忽略瞬时变化对流动和传热过程的影响。

根据流体力学原理，质量守恒方程如式（7-1）所示：

$$\frac{\partial \rho}{\partial t}+\frac{\partial(\rho u)}{\partial x}+\frac{\partial(\rho v)}{\partial y}+\frac{\partial(\rho w)}{\partial z}=0 \tag{7-1}$$

式中　ρ——密度，kg/m^3

t——时间，s；

u、v、w——速度矢量在 x、y、z 方向上的分量，m/s。

动量守恒方程分别在 x、y、z 方向上表示，如下式所示：

$$\frac{\partial(\rho u)}{\partial t}+\mathrm{div}(\rho uU)=-\frac{\partial p}{\partial x}+\frac{\partial\tau_{xx}}{\partial x}+\frac{\partial\tau_{yx}}{\partial y}+\frac{\partial\tau_{zx}}{\partial z}+F_x \tag{7-2}$$

$$\frac{\partial(\rho v)}{\partial t}+\mathrm{div}(\rho vU)=-\frac{\partial p}{\partial y}+\frac{\partial\tau_{xy}}{\partial x}+\frac{\partial\tau_{yy}}{\partial y}+\frac{\partial\tau_{zy}}{\partial z}+F_y \tag{7-3}$$

$$\frac{\partial(\rho w)}{\partial t}+\mathrm{div}(\rho wU)=-\frac{\partial p}{\partial z}+\frac{\partial\tau_{xz}}{\partial x}+\frac{\partial\tau_{yz}}{\partial y}+\frac{\partial\tau_{zz}}{\partial z}+F_z \tag{7-4}$$

式中 u——流体在 x、y、z 方向上的合成速度，$U=(u,v,w)$；

p——流体微元体上的压力，Pa；

F_x、F_y、F_z——作用在 x、y、z 方向上微元体上的力，N；

τ——因分子黏性作用而产生的作用在微元体上的黏性应力，N/m^2。

能量守恒方程用下式表示：

$$\frac{\partial(\rho T)}{\partial t}+\mathrm{div}(\rho UT)=\mathrm{div}\left(\frac{k_T}{c_p}\mathrm{grad}T\right)+S_T \tag{7-5}$$

式中 c_p——定压比热容，J/(kg·K)；

k_T——流体对流传热系数，$W/(m^2\cdot K)$；

T——温度，K；

S_T——黏性耗散项。

其他符号意义同前文。

鉴于数据中心内部气流具有复杂的非线性特性，可视为湍流流动。标准 k-ε 模型具有很高的计算准确性，并且已被学者广泛使用。对于标准 k-ε 模型，湍流动能（k）和耗散率（ε）可以从以下传输方程中获得，湍流黏滞系数可由式（7-8）得出。

$$\frac{\partial(\rho k)}{\partial t}+\frac{\partial(\rho u_i k)}{\partial x_i}=\frac{\partial}{\partial x_j}\left[\left(\mu+\frac{\mu_t}{\sigma_k}\right)\frac{\partial k}{\partial x_j}\right]+G_k+G_b-\rho\varepsilon-Y_M \tag{7-6}$$

$$\frac{\partial(\rho\varepsilon)}{\partial t}+\frac{\partial(\rho u_i\varepsilon)}{\partial x_i}=\frac{\partial}{\partial x_j}\left[\left(\mu+\frac{\mu_t}{\sigma_\varepsilon}\right)\frac{\partial k}{\partial x_j}\right]+G_{1\varepsilon}\frac{\varepsilon}{k}(G_k+G_{3\varepsilon}G_b)-G_{2\varepsilon}\rho\frac{\varepsilon^2}{k} \tag{7-7}$$

$$\mu_t=\rho C_\mu\frac{k^2}{\varepsilon} \tag{7-8}$$

$$G_k=\mu_i\left(\frac{\partial u_i}{\partial x_j}+\frac{\partial u_j}{\partial x_i}\right)\frac{\partial u_j}{\partial x_i} \tag{7-9}$$

$$G_b=\beta g_i\frac{\mu_i}{Pr_i}\frac{\partial T}{\partial x_i} \tag{7-10}$$

$$G_{3\varepsilon}=\tanh\left|\frac{v}{u}\right| \tag{7-11}$$

式中 G_k——由平均速度梯度引起的湍流动能；

G_b——浮力产生的湍流动能；

Y_M——在可压缩湍流中，波动膨胀对总消耗率的贡献；

β——热膨胀系数；

g_i——重力加速度在 i 方向上的分量；

Pr_i——湍流的普朗特数；

σ_k、σ_ε——湍流中动能 k 和耗散率 ε 相关的普朗特数，取值分别为 1.0、1.3；

$G_{1\varepsilon}$、$G_{2\varepsilon}$、C_μ——模型中的经验常数，取值分别为 1.44、1.92、0.09；

其他符号意义同前文。

7.1.3　求解器设置与边界条件配置

1. 求解器设置

求解器设置主要包括离散方法、离散格式、速度—压力耦合方程选择、隐式与显式算法，以及耦合与分离解法等多个方面。在本模型中，采用有限体积法（FVM）对控制方程进行离散化。对于扩散项，采用中心差分法进行处理；而对于动量守恒方程和能量守恒方程，则使用一阶迎风差分法进行离散化。速度—压力耦合通过半隐式的 SIMPLE 方法来实现。在求解过程中，为了确保模拟结果的准确性与稳定性，对每个方程的残差进行了实时监控。一旦残差曲线稳定在预定义的阈值以下，即可认为系统已达到收敛。

2. 边界条件配置

数值模型的边界条件依据实验平台实测数据设定，以真实反映机柜内部及周边环境的温度场与速度场分布特性：机柜内配置 5 台 4U 服务器，单台最大热功率设为 2kW，用于模拟机架式负载箱的散热过程；根据美国标准 ASHRAE TC 2021 对服务器进风温度的要求，机房周围环境初始温度设定为 24℃，假设机房与外界隔离且不考虑额外制冷设备或局部热源的干扰；假定机房内不存在架空地板及大型通风设施，以突出热管背板与机柜本身的散热特性；热管背板在建模中简化为具有通风功能的长方体模型，并引入实验所得风量—压降曲线，以提高模拟的准确性，同时将制冷剂进口温度设定为 18℃，以与实验一致；机柜背板处布设 12 台轴流风机，上部、中部、下部风机组风量均匀设置，总送风量为 2900m^3/h，风机运行特性由制造商提供，以保证风量与压力损失之间的真实耦合。

7.1.4　模型验证

1. 实验测试方案

本实验旨在评估热管背板冷却系统在不同负载条件下的热管理性能。结果表明，该模型能够较准确地反映真实数据中心的温度与气流流动规律，为后续的模拟分析打下了可靠基础。为确保数值模型的准确性和可靠性，基于 3.1 节实验平台现场实测数据，对所建立的数值模型进行初步校准和验证，且在实验过程中，模块和测量点的布局保持不变，以确保数据的一致性和可比性。实验数据以 1min 为间隔进行采集和记录，涵盖多个关键参数，包括机柜进风温度和出风温度、机柜内部腔体温度等。

为确保实验结果的可重复性与数据可靠性，严格遵循标准化流程并进行多次独立测试。首先，在实验准备与初始设置阶段将环境温度设定为 24℃，对所有传感器与数据采集系统进行校准，确保设备处于正常工作状态，并记录初始环境数据作为基准。随后，在负载设置与调整环节采用模拟假负载功率，满载功率为 10kW，实验过程中将负载调整至满载功率的 60%（6kW），每次实验保持稳定运行 30min，直至系统达到热平衡，并重复三次，以保证数据的一致性。风机组调节方面，风机组总风量设定为 2900m^3/h 并在实验期间保持恒定，每次按实验需求调整风量后记录系统响应，确保风量在整个过程中稳定。数据采集环节实时记录机柜进风温度、假负载功率、服务器出风温度、热管背板进风温度以及背板各风机组出风温度与风速，全部数据由数据采集系统记录，以保证完整性与精确性。为验证实验结果的可靠性，每个实验至少重复三次，且每次实验前均重新启动系统，以确保初始条件一致。对实验数据进行整理与统计分析并计算平均值，以评估结果稳定性。实验结束后进行数据整理分析，将所得结果与理论模型对比，以验证热管背板模型在不同工况下的准确性。

2. 实验测试结果

在保证模型与实验数据在蒸发器的风量—压降曲线和背板风机风量相一致的前提下，选取了与实验相同的测点，进一步对各测点的温度数据进行了比较。图 7-2 和图 7-3 中展示了实测值与模拟值的对比结果。结果表明，在机柜进风温度为 24℃且内部负载功率保持一致的条件下，机柜背板进、出风温度的模拟趋势与实测趋势较为接近。研究发现，在 60%负载率下，机柜各位置的气流温度及平均温度中，背板进风温度的相对误差低于 2.89%，背板出风温度的相对误差低于 3.44%，均小于相关数据中心规定的误差范围（15%）。

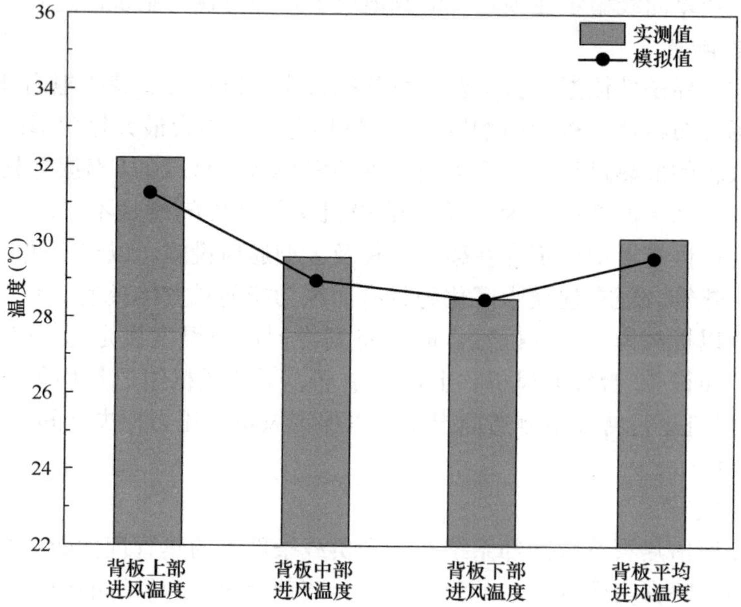

图 7-2　背板不同部位进风温度的实测值与模拟值对比

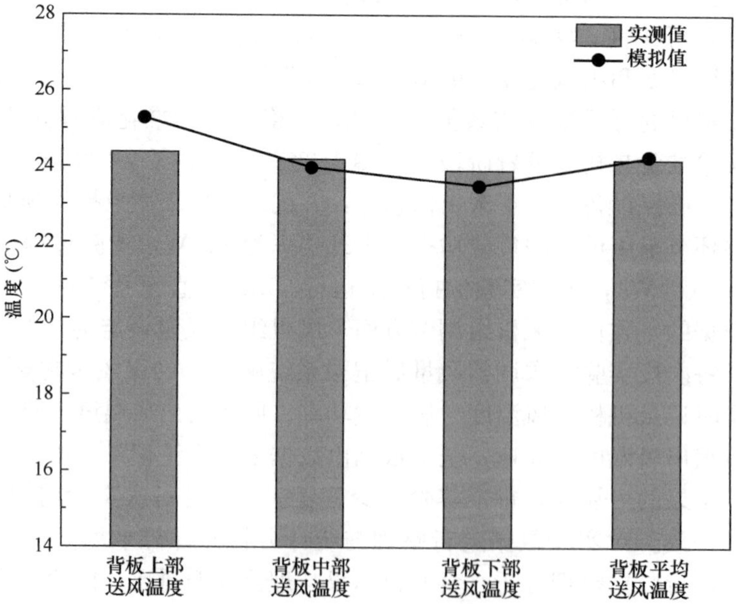

图 7-3　背板不同部位出风温度的实测值与模拟值对比

这些误差可能来源于模型假设条件和实验环境的复杂性之间的偏差，尤其是数值模型中对服务器内部结构的简化及边界条件的理想化处理。然而，这些误差并未显著影响模拟结果的工程适用性。本节验证了所建立数值模型及计算方法的可靠性，表明所建立的数值模型能够有效地预测柜级热管背板冷却系统的热管理性能。

7.2　风机故障对机柜内部热环境的影响

为研究风机故障对服务器冷却效果的影响并给出相应的应对策略，本节基于上文所述的数值模型，针对不同位置的机柜在风机故障工况下的数据中心热环境进行计算，包括单个机柜风机组故障、单个机柜风机故障和单列机柜风机停止三种故障工况。

基于此，搭建小型数据中心，分析多种故障模式下的实际效果。为便于后续表述，将空气流向的上游方向定义为前，下游方向定义为后。对于单列机柜，根据列的位置可将其分类为最前列（A列）、中间列（B、C列）和最后列（D列）；对于单排机柜，根据该机柜其左右是否两侧均有机柜，可将其分类为边缘机柜（1和5排）和中间机柜（2、3、4排）。具体如图7-4所示。

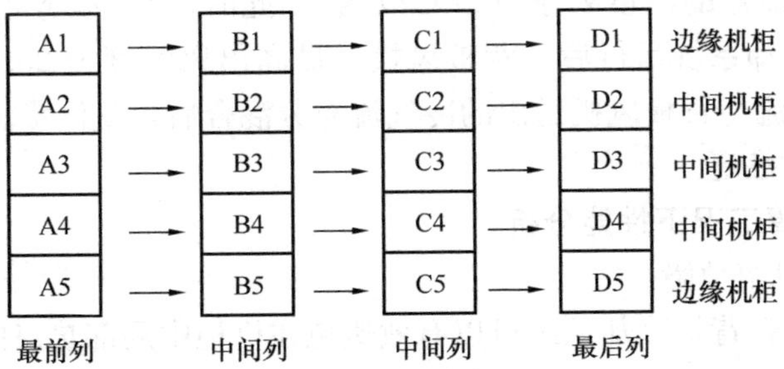

图7-4　机柜命名

由于《数据中心设计规范》GB 50174—2017要求服务器等设备进风区环境温度为18～27℃。机柜内服务器沿竖直方向等间距排列，将每个机柜内的服务器从下至上依次编号为1～16。每个服务器的发热功率为300W。为在保证服务器冷却效果的情况下，充分节约风机能耗，将风机循环风量取为300m³/h，整个机柜的进风量取为2100m³/h，以上作为计算已知条件。

7.2.1　单机柜正常工况下性能分析

通过数值模拟分析发现，不同负载率下的单机柜流场具有相似的分布特性。以上架率60%的单机柜模型为例，机柜内的气流流场如图7-5（a）所示。在热管背板和机柜进风口全封闸板的作用下，机柜进风处有效避免了冷热气流的掺混，确保了服务器进风面的气流组织良好。然而，由于热管背板的阻挡作用，机柜内部出现了局部旋涡回流，气流掺混并形成热堆积，从而引起机柜内部温度的升高。如图7-5（b）所示，4U服务器右后侧的温度较高，体现了常规IT设备设计中可能出现的局部热点问题。此外，尽管机柜出风在轴流风机的作用下整体较为稳定，但背板出风口局部风速较高，最高可达5.036m/s，这可能会引发较大的噪声问题。

在上架率为60%的运行工况下，机柜的最高进风温度为24.2℃，符合美国标准

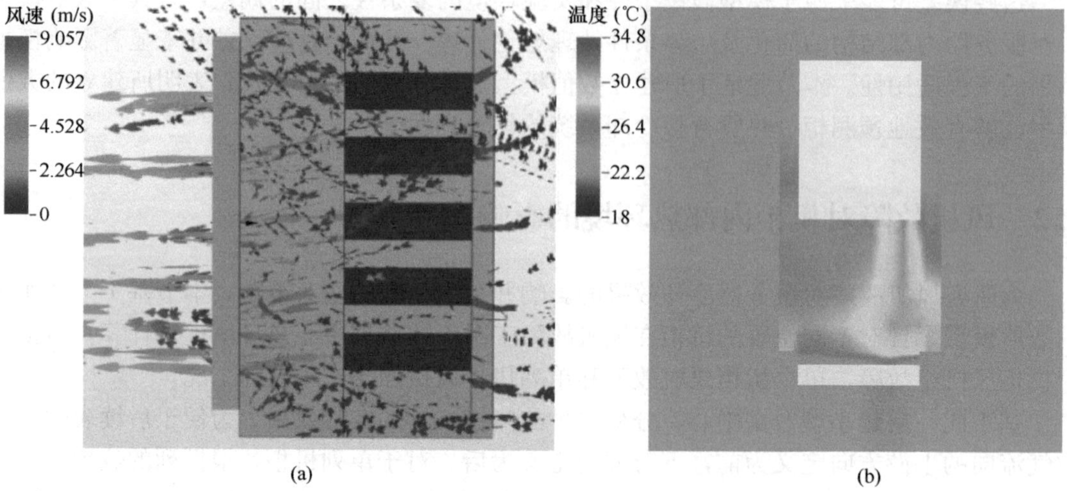

图 7-5　上架率为 60%的机架数值模拟结果

(a) 气流流场图；(b) 高度 1m 处温度截面图

ASHRAE TC 2021 推荐的温度要求（27℃以内）。此时，4U 服务器的最高出风温度为 32.6℃。热管背板冷却系统运行后，背板风机的最高出风温度为 25.3℃，平均出风温度为 24.25℃。室内气流与背板风机送出的冷气流充分混合后，整体室温保持在 24℃，机房内温度分布保持相对稳定。

7.2.2　机柜风机故障工况下性能分析

1. 单个机柜风机组故障

由前文可知，热管背板冷却系统可以有效避免在机柜中局部热点的形成，具有良好的应用前景。风机的正常运行是影响机柜气流组织的关键因素，进而直接影响机柜的换热性能。如图 7-1（c）所示，风机组被分为上部、中部、下部三个风机组，每个风机组由独立的供电模块控制。本节通过模拟分析不同风机组故障位置及相应的应急措施，研究其对机柜内部热环境的影响。

当不同机柜风机组发生故障时，相邻风机组可以通过风量补偿来有效减缓机柜内部服务器区域温度的上升，因为风机的循环风量对机柜内部热环境有着直接影响。本节模拟了不同风机组（上部风机组、中部风机组、下部风机组）故障的情况，结果如图 7-6 所示。

在保持服务器进风温度恒定的前提下，服务器的出风温度是评估热管背板冷却系统性能的关键指标。图 7-7 所示的模拟结果表明，当单个风机组发生故障时，机柜内部气流的变化导致服务器的最高出风温度升高至 38.4℃，该温度的升高与故障风机组的位置几乎无关。相比于正常运行条件下的 32.7℃，风机组故障导致的温度升高幅度达 17%。尽管机柜风机组的平均出风温度未超过规范要求的温度，但故障风机组所在背板的最高出风温度仍然保持在 27.7℃至 28.1℃之间，需要通过与室内气流的热交换来满足规范的要求。这表明，风机组故障会对热管背板冷却系统及机柜内部气流组织产生一定影响。此外，模拟结果与实测结果之间的差异较小，相对误差均小于 2%，进一步验证了数值模型的准确性。

为缓解风机组故障的影响，对风量补偿策略进行了优化模拟。例如，当上部风机组故

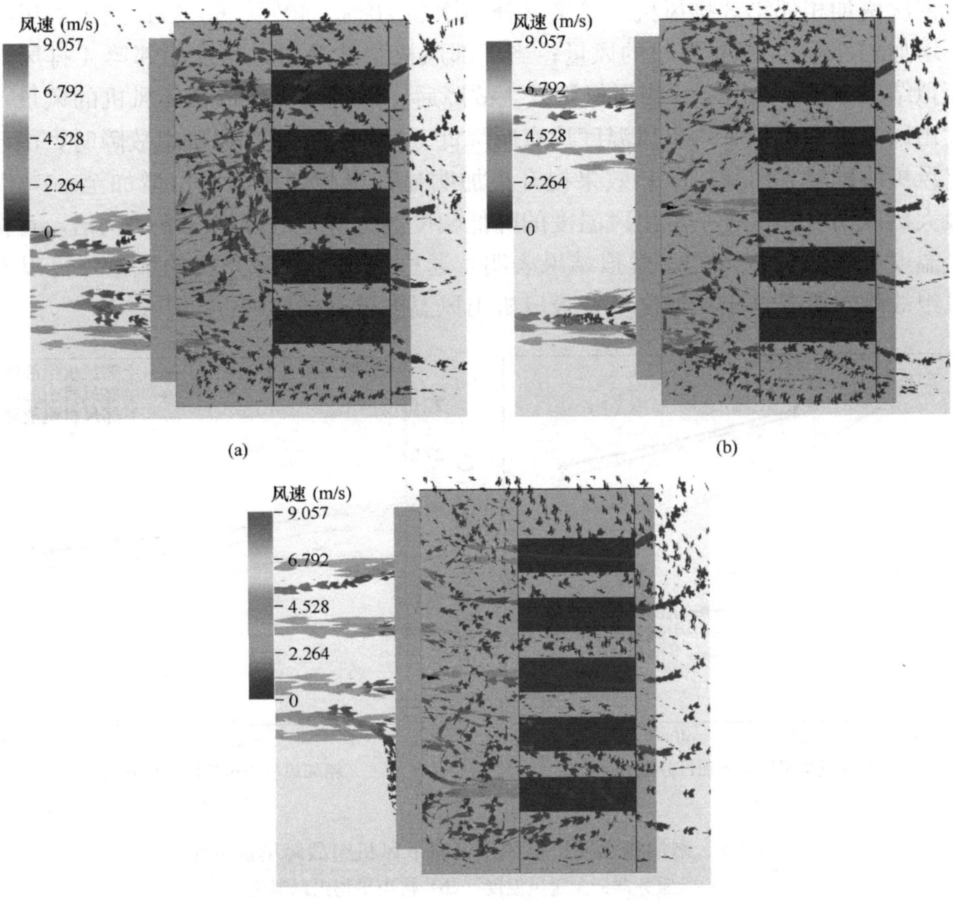

图 7-6　单个机柜风机组故障工况下风速云图
（a）上部风机组故障；（b）中部风机组故障；（c）下部风机组故障

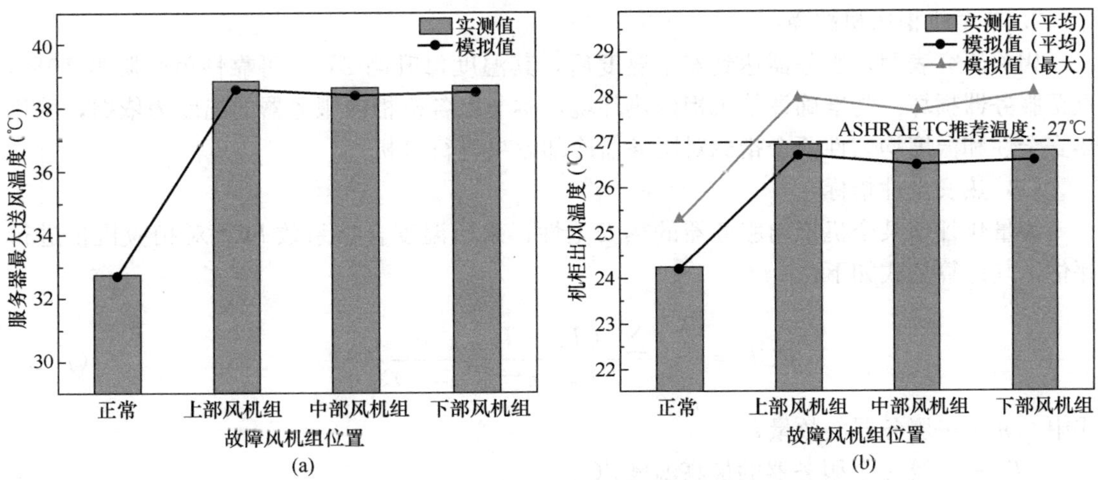

图 7-7　不同风机组故障工况下设备出风温度对比
（a）服务器最大出风温度；（b）机柜出风温度

障时，依次增加相邻第3排风机的风量（分别增加20%、40%、60%）；当中部风机组故障时，增加相邻第2、5排风机的风量；当下部风机组故障时，增加相邻第4排风机的风量。模拟结果如图7-8所示。当风机组发生故障后，通过逐步增加相邻风机的风量，服务器最大出风温度和机柜平均出风温度均有所降低。特别是在中部风机组故障时，由于上下侧均有风机协同增大风量，散热效果提升更加明显；当相邻风机风量增加至60%时，服务器最大出风温度和机柜平均出风温度的降低幅度约为其他故障情况下的两倍，且机柜平均出风温度可降低至25.8℃。模拟结果表明，通过增加非故障风机的风量，可以有效缓解风机组故障对服务器出风温度及背板风机出风温度过高的影响。

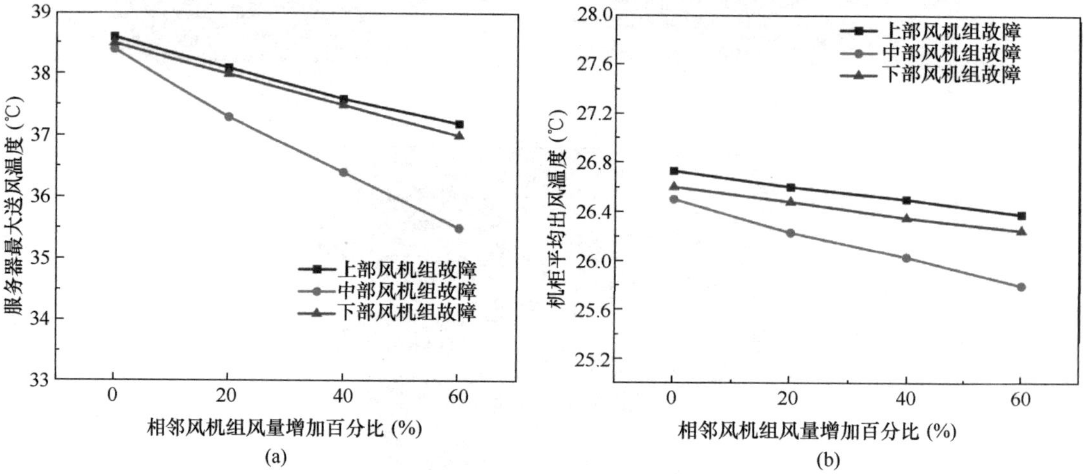

图7-8 增加相邻风机组风量策略下风机组故障解决效果

(a) 服务器最大送风温度；(b) 机柜平均出风温度

模拟结果表明，通过提升非故障风机的风量，可以有效缓解风机组故障对机柜内部热环境的影响。这为热管背板冷却系统的设计与优化提供了可靠依据，同时也验证了风量补偿策略显著提高了系统在故障情况下的容错能力，从而保障了数据中心的稳定运行。

2. 单个机柜风机故障

相关研究表明，服务器达到安全温度后，其温度每升高2℃，可靠性就会降低10%，直至服务器损坏。为准确评估机柜内热环境，本节以各机柜内服务器的温度为依据，采用热安全性和温度均匀性两个指标对服务器冷却效果进行分析。

(1) 热安全性指标

为量化评估某个机柜内服务器的热安全性，采用温度合格系数 RCI 对相应机柜进行评估，其计算公式如下：

$$RCI = 1 - \frac{\sum (T_x - T_{\max-rec})_{T_x > T_{\max-rec}}}{(T_{\max-all} - T_{\max-rec}) \times n} \tag{7-12}$$

式中 n——服务器的数量；

T_x——第 x 个服务器的最高温度，℃；

$T_{\max-rec}$——服务器正常工作温度范围的上限，℃；

$T_{\max-all}$——服务器的极限温度，℃。

选取 Intel 列的 Cel-1.0APGA（T）芯片作为机柜的服务器芯片，其正常工作温度上限和极限温度值分别为 50℃和 60℃。$RCI=1$ 时，说明所有服务器的温度均没有超过正常温度范围的上限；$RCI<1$ 时，说明有服务器因冷却不充分而存在过热现象。

（2）温度均匀性指标

为量化分析机柜内各服务器之间的温度均匀性，将机柜内各服务器平均温度的标准差 σ_T 作为温度均匀性评价指标：

$$\sigma_T=\sqrt{\frac{1}{N}\sum_{i=1}^{N}(T_x-\overline{\overline{T}})^2} \tag{7-13}$$

式中，$\overline{\overline{T}}$ 表示所有服务器的平均温度平均值，℃。标准差越小，说明服务器的温度分布越均匀。

根据上述分类，选择 A3、A5、B3、B5、D3 和 D5 六个具有代表性的机柜作为单个机柜故障的研究对象，分别代表最前列中间机柜、最前列边缘机柜、中间列中间机柜、中间列边缘机柜、最后列边缘机柜和最后列中间机柜。为探究某个机柜上的风机全部停止对服务器冷却效果的影响，分别对上述六个机柜在风机故障工况下的数据中心热环境进行计算。经计算，单个机柜风机故障会导致故障机柜内个别服务器过热，其后一列同排机柜温度虽略有升高但仍处于正常温度范围内，而其余机柜内服务器均可正常工作。这是因为风机停止导致故障机柜内空气流速急剧降低，随着空气流速降低，服务器表面边界层厚度和温度梯度增大，换热系数减小。

图 7-9 为不同位置的机柜在风机故障工况下，故障机柜内服务器最高温度与正常工况下的服务器最高温度对比。由图可知，故障机柜位于最前列时，服务器温度升高最明显，最高温度可达 59.5℃，比正常工况下高 10.4℃，即将超过服务器极限温度。而故障机柜位于中间列和最后列时，服务器最高温度可达 55.4℃和 55.6℃，均低于故障机柜位于最

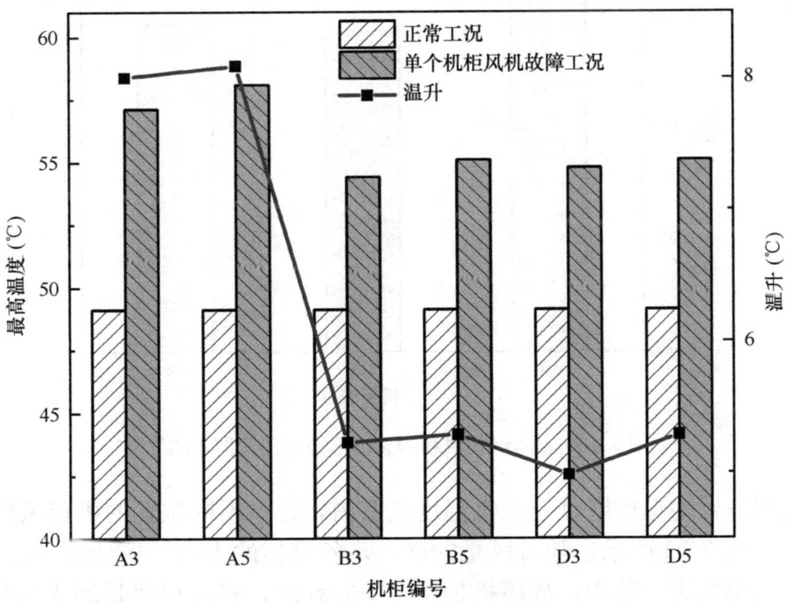

图 7-9　单个机柜风机故障工况下服务器最高温度

注：A3、B3、D3 为最前列、中间列、最后列中间机柜，A5、B5、D5 为最前列、中间列、最后列边缘机柜。

前列的最高温度。这是因为最前列故障机柜前侧无风机，且由于后侧有背板的阻挡，机柜内风量小于中间列和最后列。此外，对于同一列机柜，相较于中间机柜，边缘机柜在故障工况下服务器最高温度更高。这是因为左右两侧的机柜流出的空气有助于降低中间故障机柜出口压力、增大故障机柜内空气流速，换热效果更好。

机柜内空气流动的驱动力来自蒸发器风机，可采用增大无故障风机风量的方式来增强故障机柜内服务器冷却效果、提高服务器热安全性。选取中间列中间位置机柜 B3 为研究对象，分别将其前、后、左侧机柜的风机风量由 $300m^3/h$ 增大到 $400m^3/h$，以比较增大相同风量时，如何调整风机可使故障机柜内服务器冷却效果最好。

机柜 B3 的前、后以及左侧机柜分别为机柜 A3、C3 和 B4。结果表明，在增大相同风量的情况下，增大机柜 A3 的风机风量，故障机柜的 *RCI* 和服务器的换热系数增幅最大。由图 7-10 和图 7-11 可知，增大机柜 A3、B4 和 C3 的风机风量，故障机柜内的平均对流换热系数比增大风量前分别增大 14.1%、6.4%和 0.8%，*RCI* 分别增大 2.7%、1.9%和 0.2%。这是因为故障机柜后侧通风面积远小于前侧，且与机柜 C3 相比，机柜 A3 的风机与机柜 B3 内服务器距离更近，这会导致增大机柜 A3 的风机风量，故障机柜内风量增幅更大，空气与服务器的对流换热系数更大，服务器的冷却效果更好。然而，由于风量的增量不足，增大机柜 A3、B4 和 C3 的风机风量时 *RCI* 分别比正常工况下低 1.5%、3.2%和 2.2%。结合上述分析，针对单个机柜风机故障提出如下应对方式：若故障机柜位于中间列或最后列，采取增大故障机柜前一列同排机柜风机风量的方式来增强故障机柜内服务器的冷却效果；若故障机柜位于最前列，由于其前侧无机柜，可采取增大故障机柜后一列同排机柜风机风量的方式。

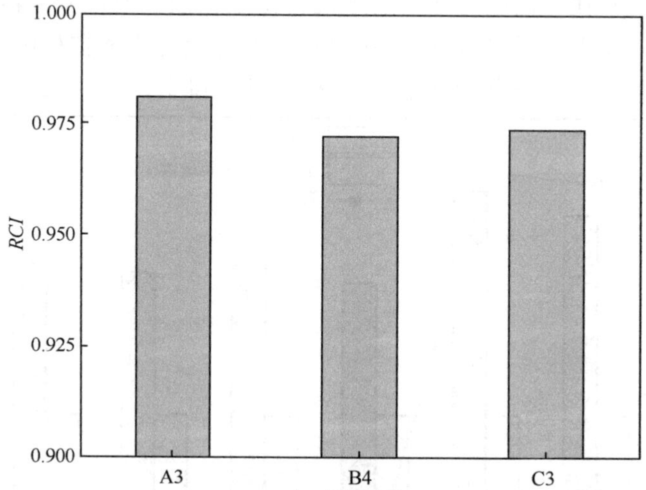

图 7-10　机柜 B3 风机故障工况下服务器的 *RCI*

为使过热服务器的温度降低至正常温度范围内，针对不同位置的机柜风机故障，计算结果如图 7-12、图 7-13 所示。随着风量的增加，各机柜的 *RCI* 均增加，机柜内服务器与空气的换热系数均增大。其中，故障机柜位于中间列时，将风机风量增大原风量的 75%，过热服务器的温度可降低至正常工作温度范围内。而故障机柜位于最前列或最后列时，则需将相应风机的风量增大原风量的 167%或 100%。

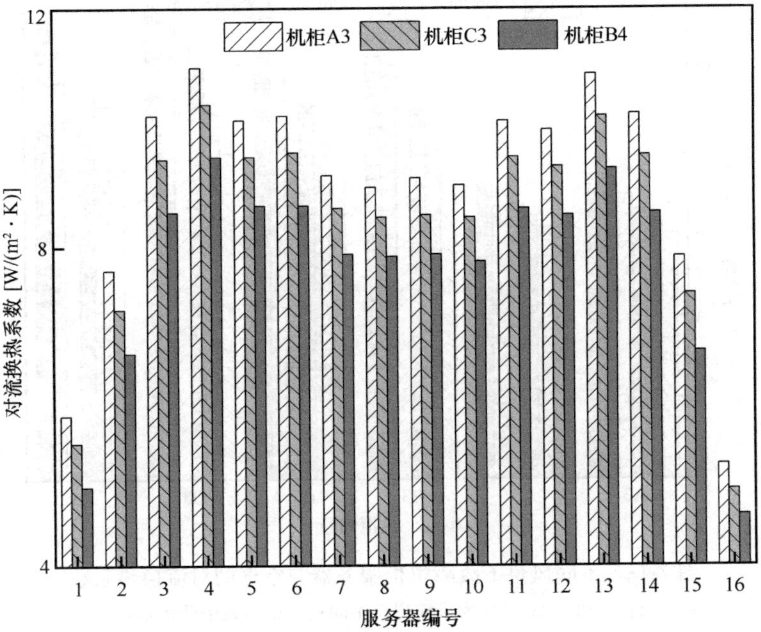

图 7-11　机柜 B3 风机故障工况下服务器表面对流换热系数

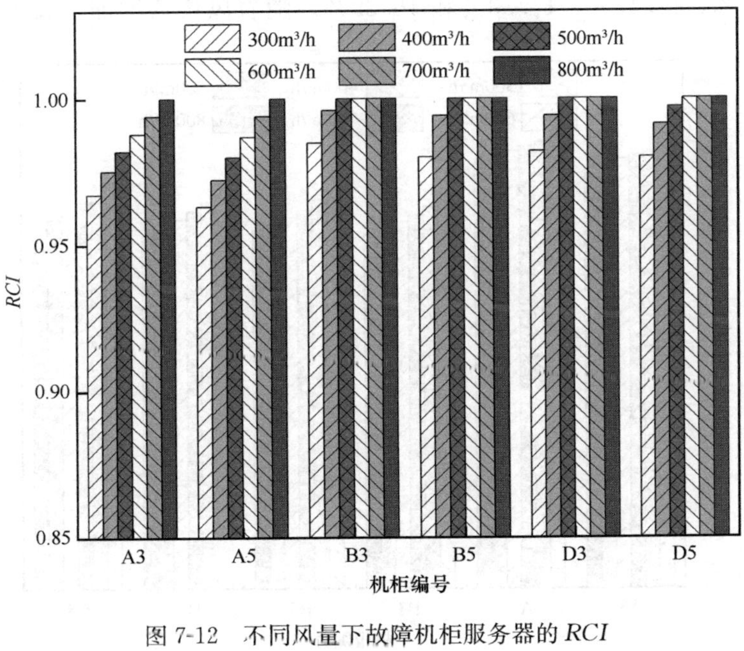

图 7-12　不同风量下故障机柜服务器的 *RCI*

注：A3、B3、D3 为最前列、中间列、最后列中间机柜，
A5、B5、D5 为最前列、中间列、最后列边缘机柜。

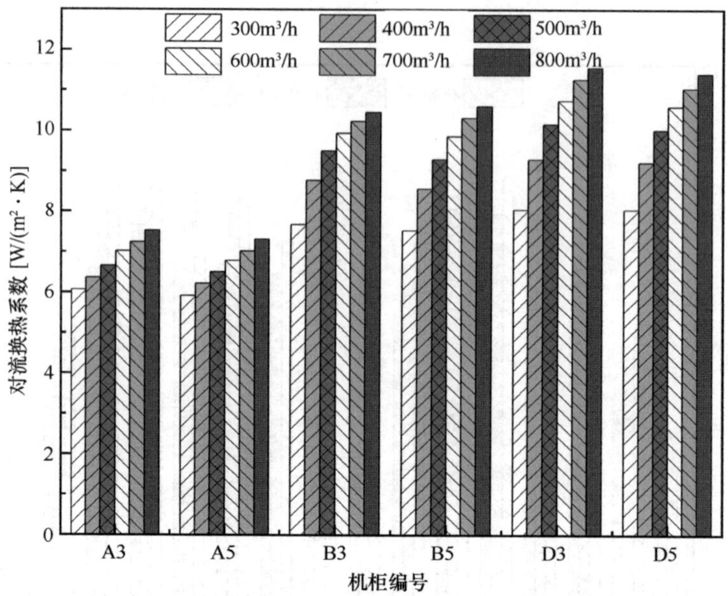

图 7-13　不同风量下故障机柜服务器与空气的对流换热系数

注：A3、B3、D3 为最前列、中间列、最后列中间机柜，
A5、B5、D5 为最前列、中间列、最后列边缘机柜。

图 7-14 为故障机柜内服务器温度的标准差。按应对方式将相应的风机风量增大原风量的 167%，最前列、中间列和最后列的边缘和中间机柜的标准差分别降低 3.01%、3.68%、15.06%、14.47%、17.33%和 16.39%。随着风量的增加，故障机柜内服务器

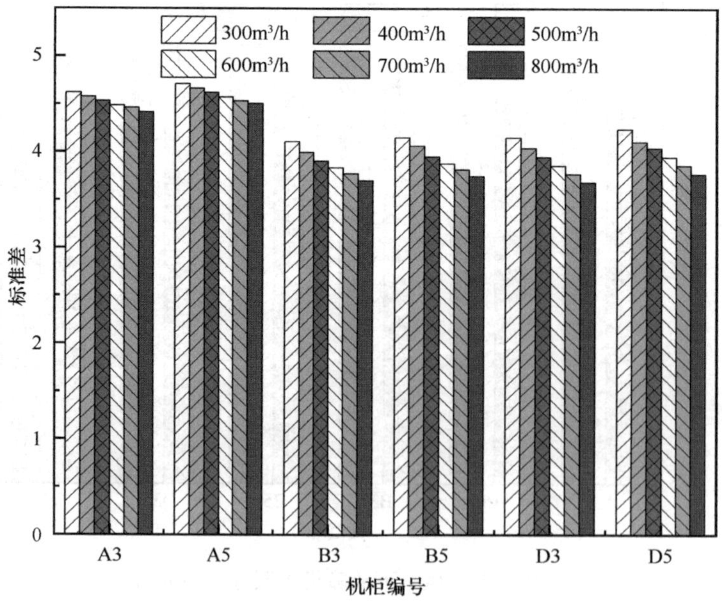

图 7-14　故障机柜内服务器温度的标准差

注：A3、B3、D3 为最前列、中间列、最后列中间机柜，
A5、B5、D5 为最前列、中间列、最后列边缘机柜。

温度的均匀性增加。这是因为增大风量，风吹过服务器的速度更快，风温变化小，导致机柜内各服务器的温度更均匀。此外，随着风量的增加，列间的空气混合更均匀，机柜入口的风温也更均匀。

3. 单列机柜风机故障

为探究某列机柜的风机全部发生故障对服务器冷却效果的影响，分别对 A、B 和 D 三列机柜在该列风机故障工况下的数据中心热环境进行计算。与单个机柜风机故障工况类似，单列机柜风机故障会导致故障机柜内个别服务器过热，而其前列机柜内的服务器温度基本不变，其后侧机柜内服务器温度虽略有升高，但均在正常温度范围内。图 7-15 为单列机柜风机故障工况下，故障机柜内服务器最高温度与正常工况下的服务器最高温度对比。由图可知，最前列机柜风机故障工况下服务器的最高温度可达 59.5℃，平均比中间列和最后列高 3.2℃和 4.6℃。

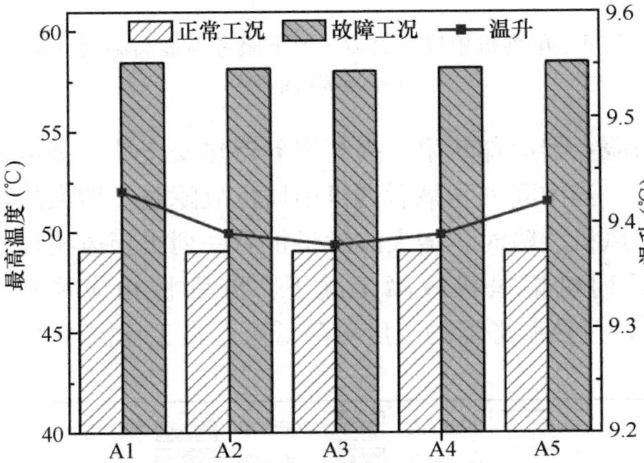

A列为最前列，A2、A3、A4为中间机柜，A1和A5为边缘机柜

(a)

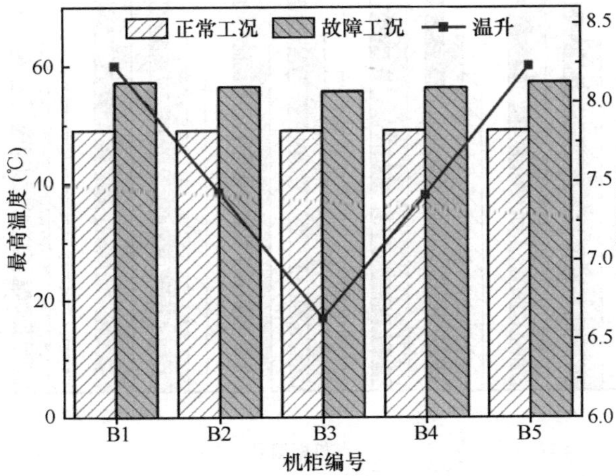

B列为中间列，B2、B3、B4为中间机柜，B1和B5为边缘机柜

(b)

图 7-15　单列机柜风机故障工况下服务器最高温度

(a) A 列机柜；(b) B 列机柜

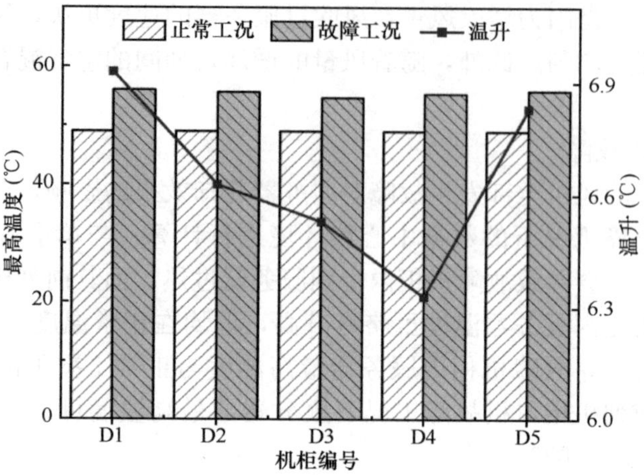

D列为最后列，D2、D3、D4为中间机柜，D1和D5为边缘机柜

(c)

图 7-15　单列机柜风机故障工况下服务器最高温度（续）

(c) D 列机柜

为增强故障机柜内服务器冷却效果、提高服务器热安全性，参考单个机柜风机故障工况，提出如下应对方式：当中间列和最后列机柜风机故障时，增大故障机柜前一列机柜风机风量；当最前列机柜风机故障时，增大故障机柜后一列机柜风机风量。如图 7-16 所示，最前列、中间列和最后列机柜风机故障工况下，分别将相应风机风量增大原风量的 167%、100%和 133%，过热服务器的温度可降低至正常工作温度内。

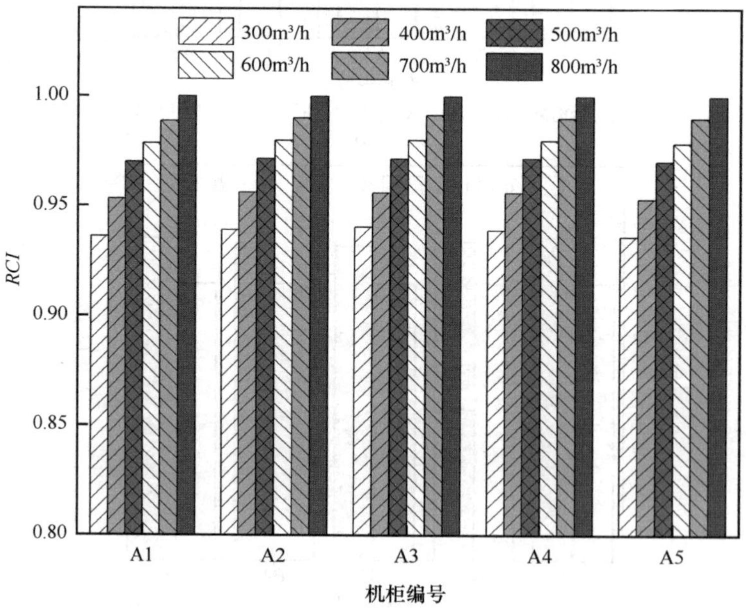

A列为最前列，A2、A3、A4为中间机柜，A1和A5为边缘机柜

(a)

图 7-16　单列机柜风机故障工况下不同风量时故障机柜 *RCI*

(a) A 列机柜

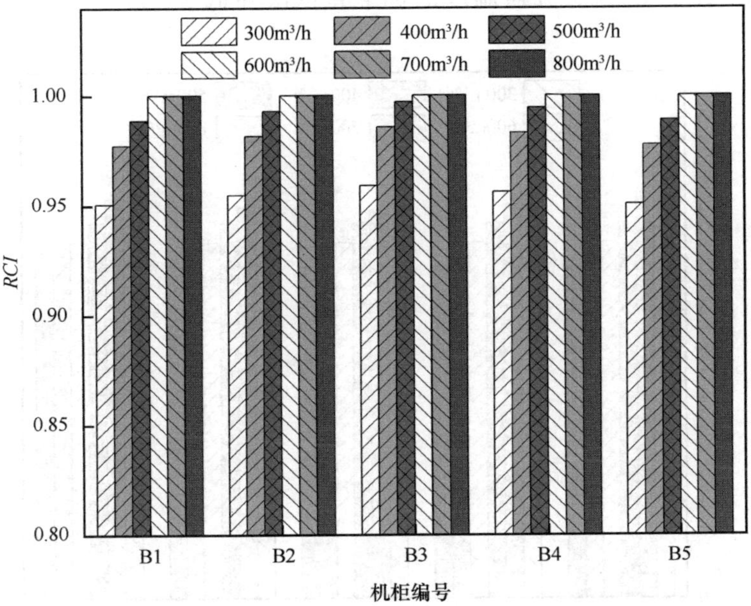

B列为中间列，B2、B3、B4为中间机柜，B1和B5为边缘机柜

(b)

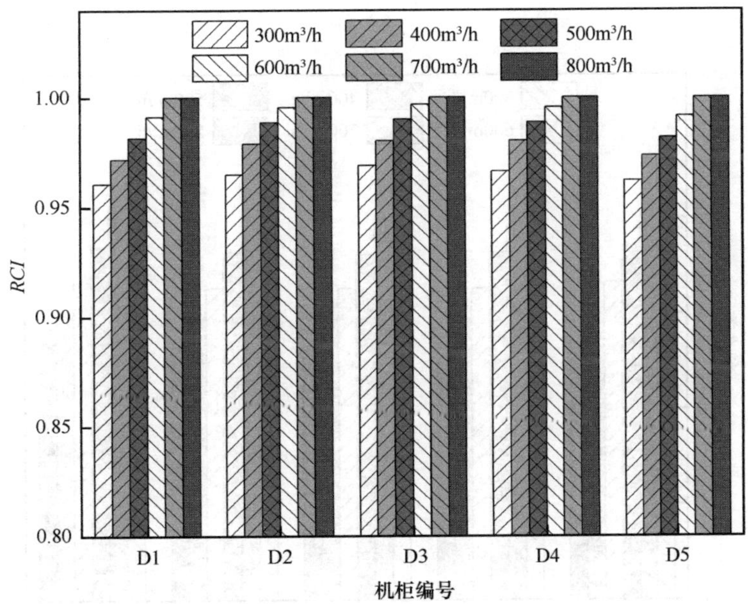

D列为最前列，D2、D3、D4为中间机柜，D1和D5为边缘机柜

(c)

图 7-16　单列机柜风机故障工况下不同风量时故障机柜 *RCI*（续）

（b）B 列机柜；（c）D 列机柜

图 7-17 为 A 列、B 列和 D 列机柜风机故障工况下，故障机柜内服务器温度的标准差。随着风量的增加，机柜内服务器温度的均匀性增加。将风机风量从 300m³/h 增大到 800m³/h，机柜 A1～A5 内服务器温度的标准差依次降低 29.40%、27.31%、26.81%、

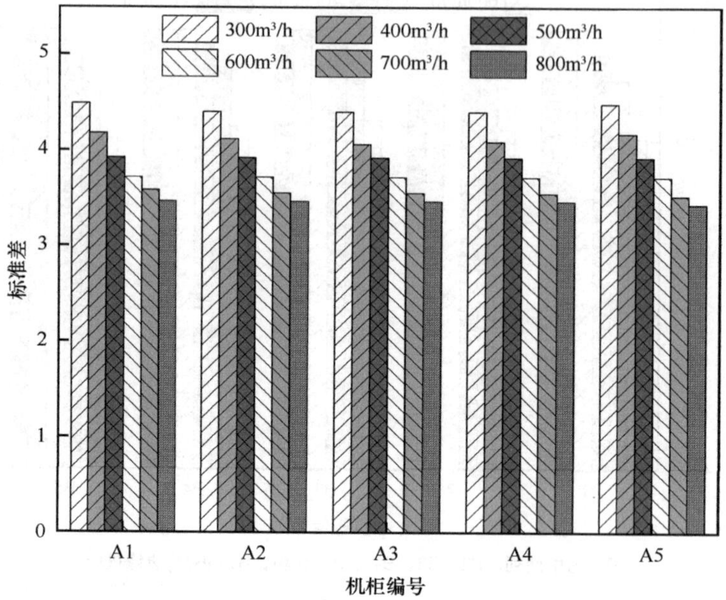

A列为最前列，A2、A3、A4为中间机柜，A1和A5为边缘机柜

(a)

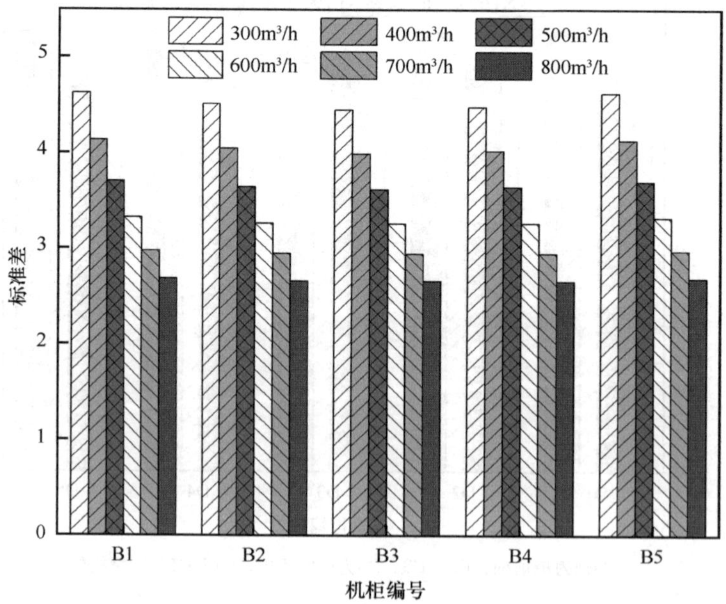

B列为中间列，B2、B3、B4为中间机柜，B1和B5为边缘机柜

(b)

图 7-17 单列机柜风机故障工况下不同风量时服务器温度的标准差

(a) A 列机柜；(b) B 列机柜

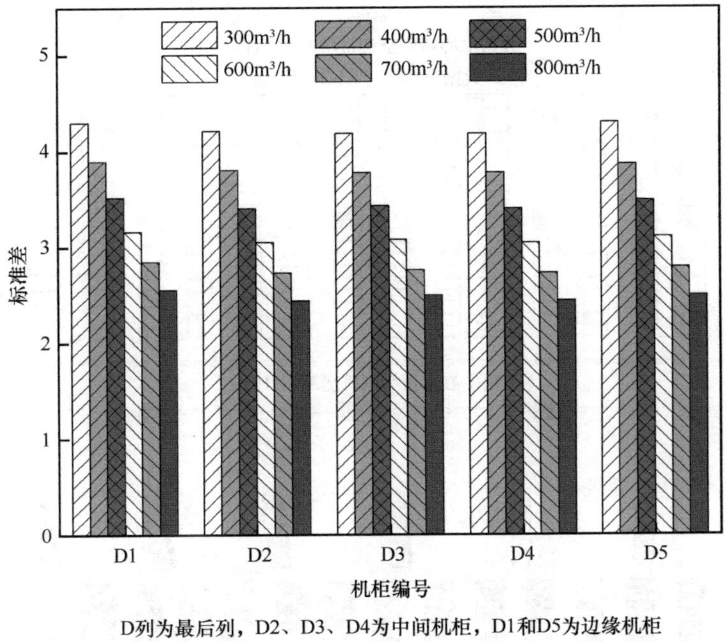

(c)

图 7-17　单列机柜风机故障工况下不同风量时服务器温度的标准差（续）

(c) D 列机柜

27.27%和 30.36%；机柜 B1～B5 内服务器温度的标准差依次降低 72.45%、69.03%、66.73%、68.05%和 72.31%；机柜 D1～D5 内服务器温度的标准差依次降低 59.51%、57.06%、56.36%、56.71%和 59.27%。中间列和最后列机柜内服务器温度的标准差明显高于最前列。这是因为中间列和最后列前侧风机可将列间空气混合均匀后吹入故障机柜，而最前列机柜前侧无风机，后侧通风面积小且有后一列机柜内服务器的阻挡。

7.3　不同服务器负载率下应用效果分析

基于单机柜数值模型，本节构建了典型数据中心机房的三维模型。该机房由 13 排机架和 273 个机柜（每排 21 个机柜）组成，总面积 690m^2，层高 4.5m，符合现代数据中心的典型设计特征。通过数值模拟，分析了热管背板冷却系统在数据中心机房内的热工特性。

7.3.1　建模

针对数据中心机房的不同工作负载，构建了满负载（100%）和 60%负载率两种工况模型。基于构建的机房三维模型（图 7-18），重点分析了机柜进风温度、送风温度以及气流流线的分布特性，并评估了热管背板冷却系统对机房热环境和气流组织的优化作用。

该机房设计特点为无外窗，所有管路出口均封闭，以确保良好的气密性。由于机房内气流属于大空间流动，采用标准计算模型进行模拟。为确保模拟结果的准确性，所有模型参数在求解过程中经过多次迭代，确保残差收敛至 1。

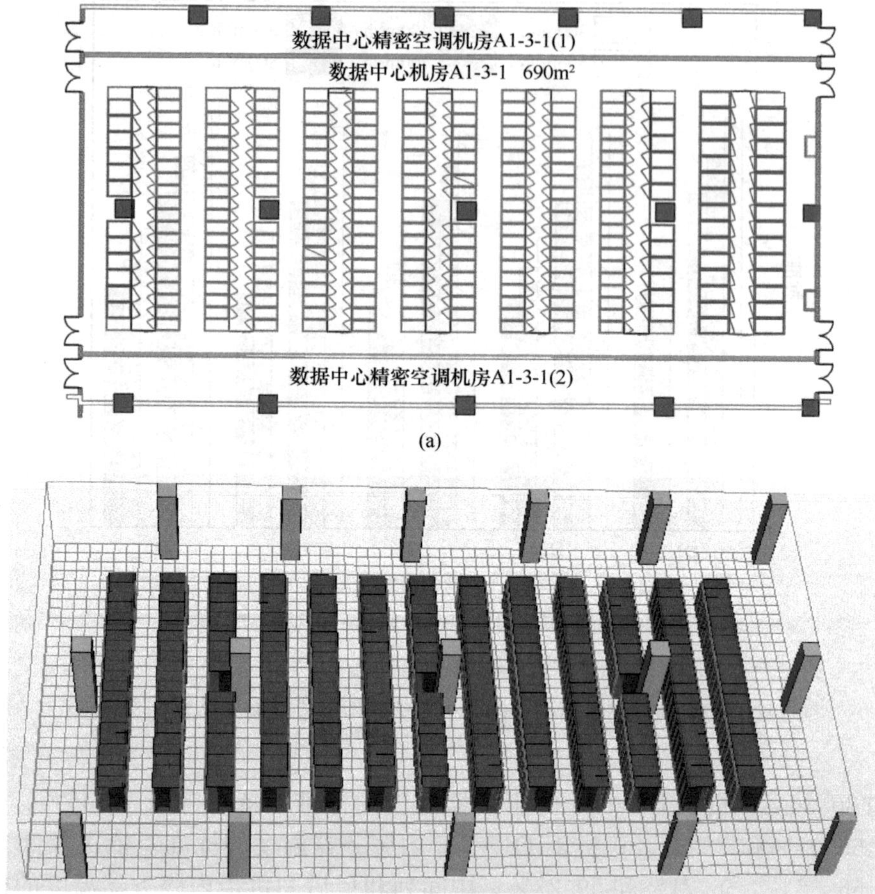

(a)

(b)

图 7-18　典型数据中心

(a) 平面图；(b) 三维模型图

7.3.2　效果分析

1. 温度场

数据中心机房 1m 高度处的温度图［图 7-19 (a) 和 (c)］显示，在单机柜满负载(100%) 和 60%上负载率两种工况下，热管背板冷却系统通过自动调节过热度和过冷度，确保机柜进风温度稳定在 23.8℃至 24.5℃之间，符合美国标准 ASHRAE TC 2021 推荐的服务器进风温度。

在 60%负载率条件下，服务器的出风温度为 27.3～32.1℃，而在满负载 (100%) 时为 26.4～32.6℃，温升为 0.5～0.9℃。此外，热管背板冷却系统使得背板风机的出风温度变化较小。不同负载率下，机柜的运行工况稳定，机柜后部气流充分混合，经过热管背板蒸发器形成冷空气，最终排放至数据中心机房。此外，机柜背板风机出风温度受服务器不均匀散热及背板风机扰动的影响，左侧风机的出风温度为 23.4～24℃，右侧为 24～25.1℃。风机出风后，在周围冷空气的作用下，通过热量交换形成稳定的气流组织。

2. 速度场

如图 7-19 (b) 和 (d) 所示，在单机柜满负载 (100%) 和 60%负载率两种工况下，

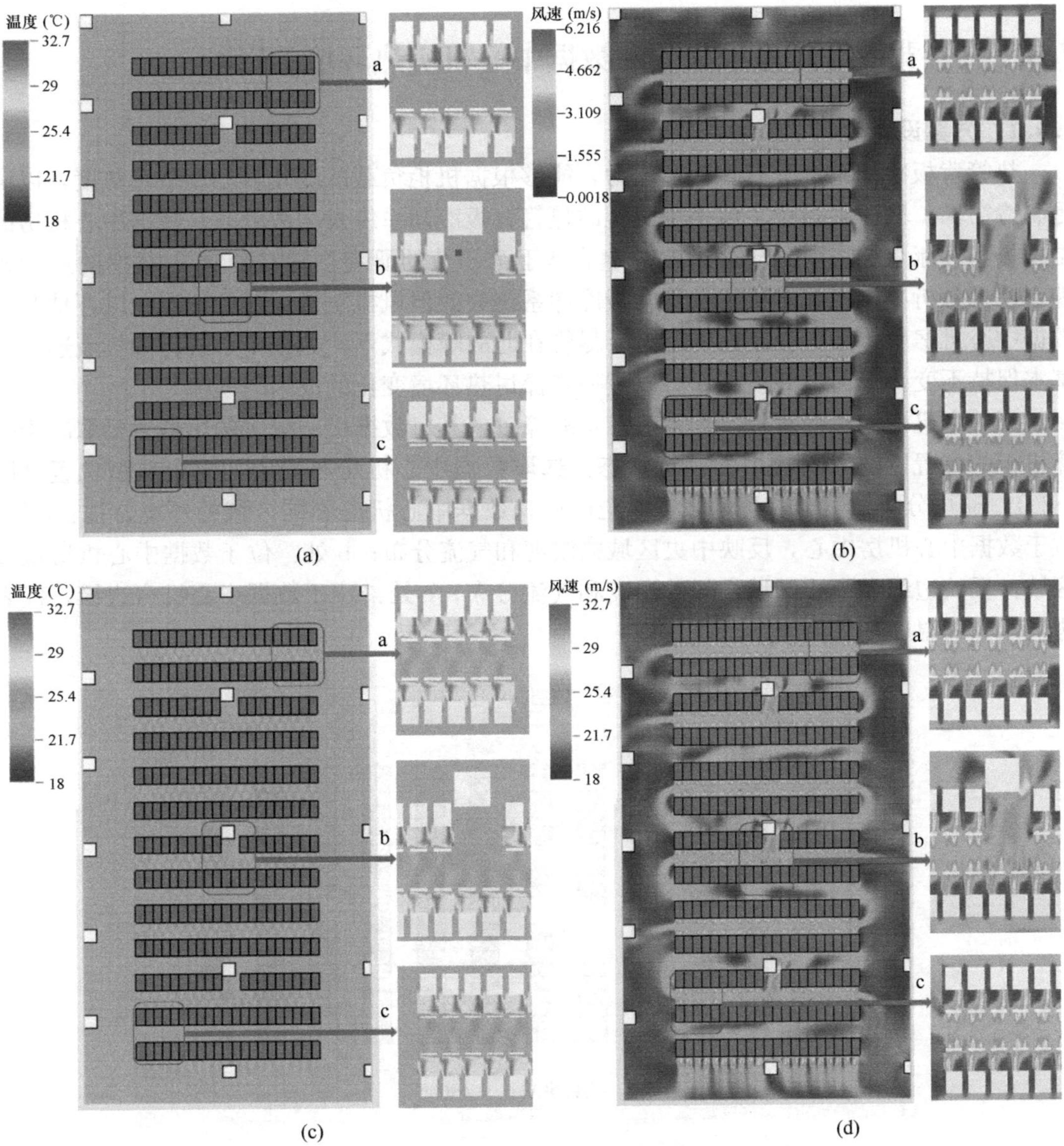

图 7-19 数据中心机房 1m 高度处不同负载率下的模拟结果

(a) 单机柜满负载（100%）温度截面图；(b) 单机柜满负载（100%）风速截面图，

(c) 单机柜 60%风速率温度截面图；(d) 单机柜 60%风速率风速截面图

进出机柜的风速基本一致，风场也较为一致。然而，由于立柱的影响，图 7-19 中的 b 区域风速可达到 4.15m/s，且数据中心机房流场中最高风速可达 6.1m/s，表明热管背板冷却系统运行过程中，数据中心机房内部将产生较大的噪声。

温度场与速度场的模拟结果表明，热管背板冷却系统在不同负载条件下均能保持机柜进风温度的均匀性，避免冷热气流掺混；服务器进风侧气流组织有序、温度分布一致，各机柜运行状态相似且未出现局部热点；数据中心机房内部整体气流组织稳定，说明热管背板冷却系统对数据中心大空间流动的调控能力显著。

7.4 热管背板冷却系统失效对数据中心机房热环境的影响

7.4.1 方案设置

热管背板冷却系统具有自调节能力，能够根据机柜负载的变化自动调节过热度，以满足制冷需求。然而，当单个或多个机柜的热管背板冷却系统发生故障时，数据中心机房的温度场和气流组织将受到显著影响。本节基于 7.3 节的研究，针对 60％负载率的运行条件，模拟分析单机柜和多机柜热管背板冷却系统失效但风机正常运行的工况，以评估其对数据中心机房整体运行稳定性的影响。尽管在此故障模式下，数据中心机房的气流速度场基本保持不变，但通过此模拟，可以进一步探讨热环境变化的成因与规律。

当单个机柜的热管背板冷却系统发生故障时，其对数据中心机房的影响主要取决于故障机柜的位置以及周围机柜的运行状态。选取数据中心机房布局中的三个典型位置（图 7-20），通过分析这三个位置的数据，全面反映数据中心机房不同区域的环境特征：a 处：位于数据中心机房中心，反映中央区域的温度和气流分布；b 处：位于数据中心机房过渡区域，反映边缘和中心区域之间的温度和气流分布；c 处：位于数据中心机房边缘，代表边界区域的温度和气流分布。

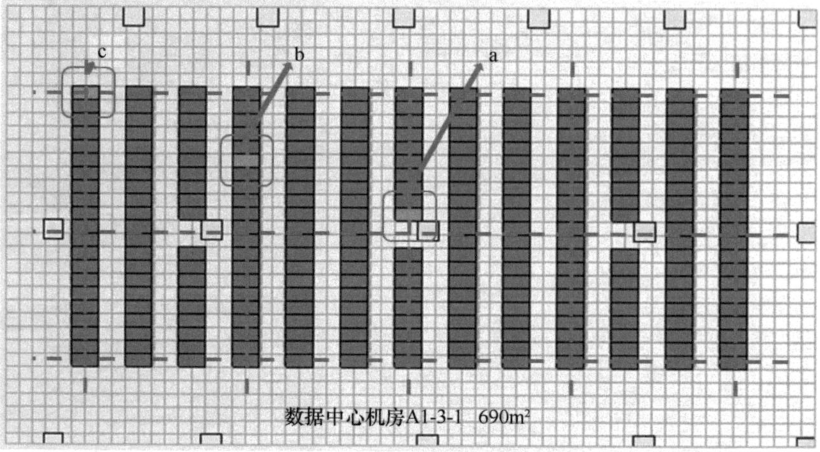

图 7-20 数据中心机房机柜热管背板冷却系统失效典型区域位置图

7.4.2 单机柜系统失效故障分析及热安全性评估

1. a 处故障分析

当 a 处机柜的热管背板冷却系统发生故障时，模拟结果（图 7-21）表明，在其他机柜风机的支持下，冷气流能够有效覆盖故障机柜及其相邻机柜。受影响机柜的最大进风温度从正常运行时的 24℃上升至 25.4℃，机柜内部的最高温度从 32.6℃增至 33.8℃，但仍保持在 ASHRAE 及服务器厂商推荐的温度范围内，未形成局部热点。此外，尽管 a 处故障机柜背板风机的出风温度明显升高至 32.6℃，热气流依然能够迅速与邻近机柜的冷气流混合，显著降低故障区域的温度梯度，从而确保数据中心机房整体运行满足要求。

2. b 处故障分析

如图 7-22 所示，当 b 处机柜的热管背板冷却系统发生故障时，背板出风与相邻机柜

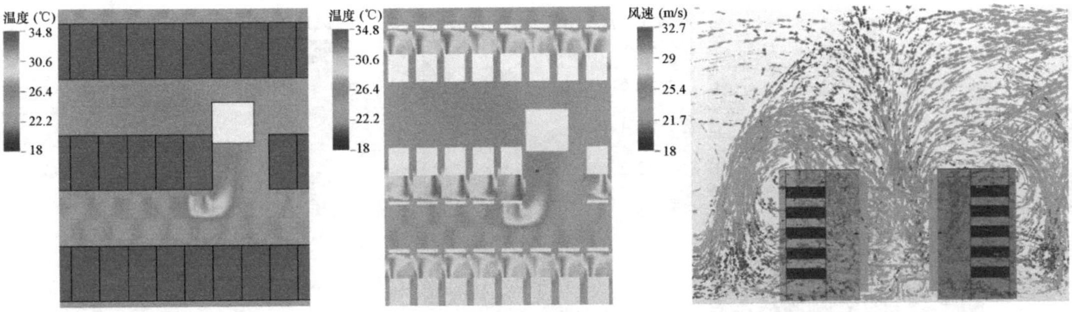

(a)　　(b)　　(c)

图 7-21　a 处机柜的热管背板冷却系统失效模拟图

(a) 1m 高度处温度截面图；(b) 1m 高度处服务器温度截面图；(c) 故障机柜附近风速云图

风机送出的冷气流进行掺混，从而保持了 b 处故障区域的温度稳定性。此时，受影响机柜的最高进风温度升高至 25.9℃，但相邻区域的温度场变化不显著，机柜的运行环境仍能保持在可接受的范围内。

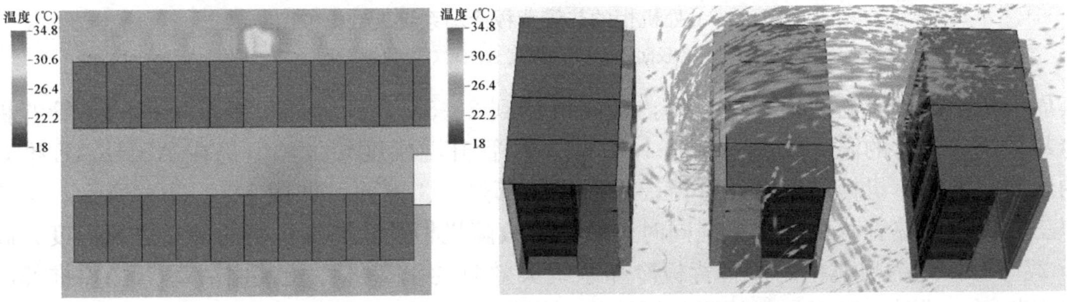

(a)　　(b)

图 7-22　b 处机柜的热管背板冷却系统失效模拟图

(a) 温度截面图；(b) 温度云图

3. c 处故障分析

如图 7-23 所示，当 c 处机柜的热管背板冷却系统发生故障时，由于边界区域冷气流覆盖较少，故障对局部区域的影响范围较大。在上方多台机柜冷气流的作用下，c 处故障区域的温度为 24.8～26.6℃，且距离故障机柜越远，温度越接近室温（24℃）。此时，受影响机柜的最高进风温度为 25.4℃，依然处于 ASHRAE 推荐的温度范围内。

综上所述，单机柜热管背板冷却系统的失效对数据中心机房整体影响较小，其他机柜的正常运行能够有效补偿故障区域的冷气流供应。

7.4.3　多机柜系统失效故障分析及热安全性评估

单台机柜的热管背板冷却系统的失效对数据中心机房的影响相对较小，无论发生故障的位置如何，均不会导致局部热点的产生。然而，当多台机柜的热管背板冷却系统同时发生故障时，对数据中心整体热环境的影响更为显著。本节模拟了相邻和非相邻机柜的热管背板冷却系统同时发生故障的情况，以评估其对温度场的影响。

1. 相邻机柜的热管背板冷却系统失效

如图 7-24（a）所示，当相邻两台机柜的热管背板冷却系统同时失效时，故障机柜及

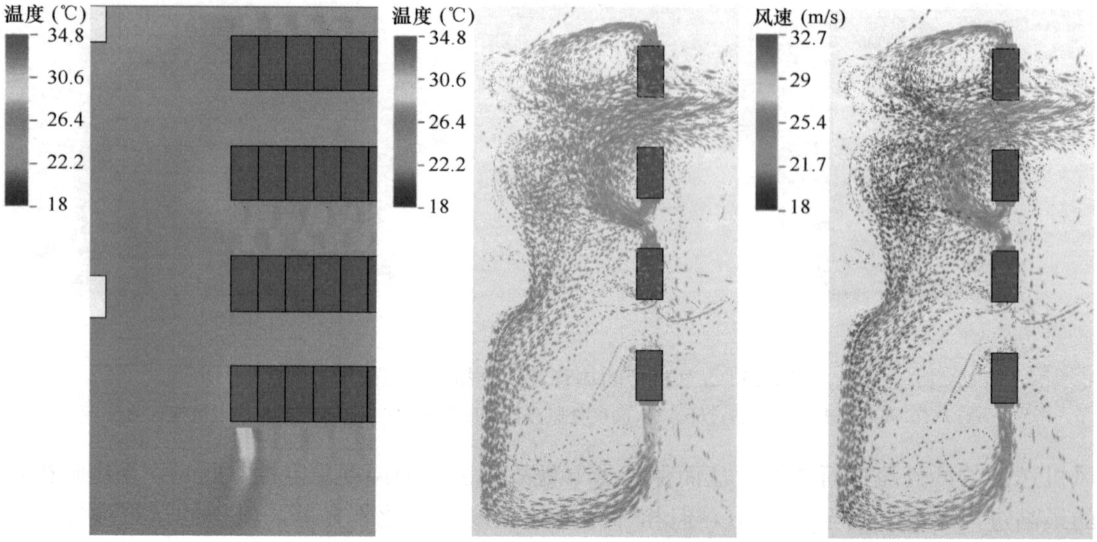

(a) (b) (c)

图 7-23　c 处机柜的热管背板冷却系统失效模拟图

（a）温度截面图；（b）温度云图；（c）风速云图

其周围机柜的进风温度均有所上升，最高可达到 26.5℃，约为同位置单机柜的热管背板冷却系统失效时的温度升高幅度的 1.32 倍。尽管升温幅度较大，但仍在 ASHRAE 推荐的温度范围内，机柜的温度场可控，未形成局部热点。然而，如图 7-24（b）所示，当相邻三台机柜的热管背板冷却系统同时失效时，故障机柜及其周围机柜的最高进风温度升高至 27.4℃，约为单机柜的热管背板冷却系统失效时的 1.79 倍，已超出 ASHRAE 推荐的温度范围。此时，机柜内部的服务器性能可能受到影响，并可能出现局部热点。此外，故障机柜正对侧机柜背板风机的出风温度可达到 26.6℃，比正常机柜高出 1.3～3.2℃。在这种工况下，数据中心机房的整体热环境将受到显著干扰，这也表明，三台相邻机柜的热

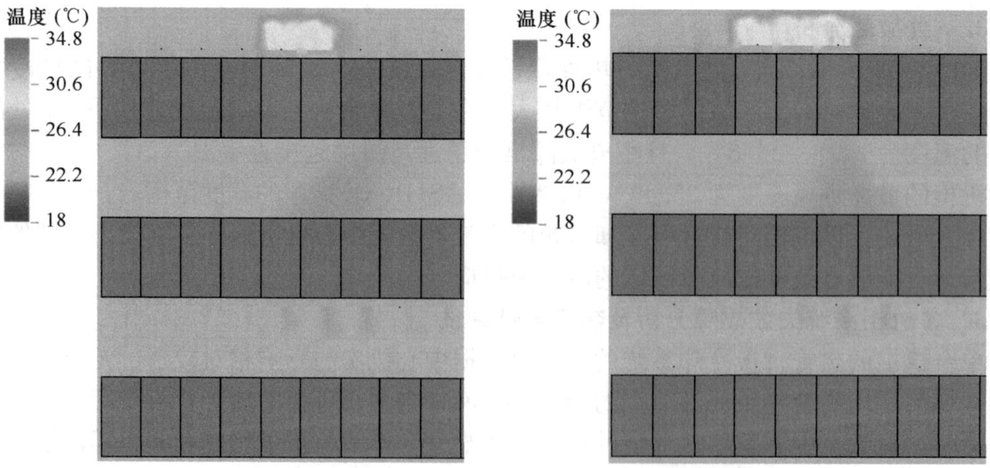

(a) (b)

图 7-24　相邻机柜的热管背板冷却系统失效温度截面图

（a）两台机柜的热管背板冷却系统同时失效；（b）三台机柜的热管背板冷却系统同时失效

管背板冷却系统同时失效将严重影响数据中心机房的正常运行，并可能导致局部热点的产生。

2. 非相邻机柜的热管背板冷却系统失效

当非相邻机柜的热管背板冷却系统失效时，相比相邻机柜的热管背板冷却系统失效，气流组织受到的影响较小。如图 7-25（a）所示，当两台机柜之间隔一个机柜的热管背板冷却系统同时失效时，故障机柜及其相邻机柜的最高进风温度为 26.1℃，这一温度比相邻两台机柜的热管背板冷却系统失效时更低，表明故障机柜之间的距离越远，对数据中心机房整体运行稳定性的影响越小。如图 7-25（b）和（c）所示，当三台机柜的热管背板冷却系统同时失效且之间有正常机柜隔开时，故障机柜及相邻机柜的进风温度仍然保持在 ASHRAE 推荐的温度范围内。与相邻三台机柜的热管背板冷却系统同时失效的情况相比，这种情形下故障机柜对数据中心机房温度场的扰动较小，最高进风温度分别为 26.9℃和 26.1℃，均在 ASHRAE 推荐的温度范围之内，不会导致局部热点的产生。

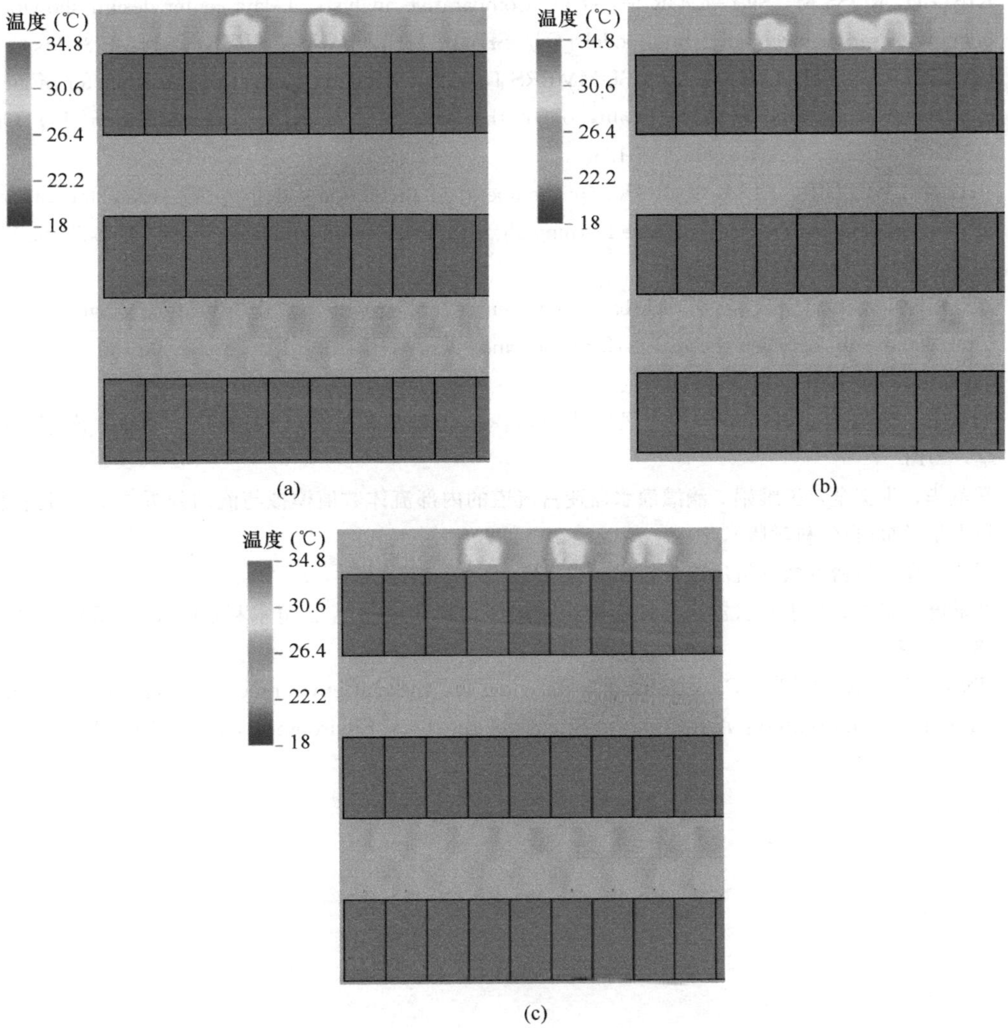

图 7-25　非相邻机柜的热管背板冷却系统失效

（a）两机柜间隔同时失效；（b）三机柜间隔一个机柜同时失效；（c）三机柜间隔 2 个机柜同时失效

在多个机柜的热管背板冷却系统失效的情况下，故障机柜之间所处区域的距离对维持数据中心热环境的稳定性起着关键作用：

（1）相邻机柜的热管背板冷却系统失效：多个相邻机柜的热管背板冷却系统失效时，周围机柜的热管背板冷却系统难以提供充足的冷气流，易在故障区域形成局部热点，导致数据中心机房整体温度场波动加剧。此时，最高进风温度可能超出 ASHRAE 推荐的温度范围，进而影响服务器的运行性能并提高过热风险。

（2）非相邻机柜的热管背板冷却系统失效：若失效的热管背板冷却系统彼此保持一定间隔，则周围机柜的热管背板冷却系统可提供充足的冷气流，对整个温度场的扰动较小。保持故障机柜之间的距离有助于冷气流的再分配和热稳定性，可保证最高进风温度始终维持在 ASHRAE 推荐的温度范围内，从而有效避免局部热点的产生。

本章参考文献

[1] KING D, ROSS M, SEYMOUR M, et al. Comparative analysis of data center design showing the benefits of server level simulation models[C]//SEMI-THERM. USA: IEEE, 2014: 193-196.

[2] BARESTRAND H, LJUNG A L, SUMMERS J, et al. Modeling convective heat transfer of air in a data center using OpenFOAM: Evaluation of the Boussinesq buoyancy approximation[J]. OpenFOAM® Journal, 2023, 3(4): 146-158.

[3] CHEN X I, TU R, LI M, et al. Hot spot temperature prediction and operating parameter estimation of racks in data center using machine learning algorithms based on simulation data[J]. Building Simulation, 2023, 16(11): 2159-2176.

[4] CHO J. Numerical analysis of rack-based data center cooling with rear door heat exchanger (RDHx): Interrelationship between thermal performance and energy efficiency[J]. Case Studies in Thermal Engineering, 2024, 63: 105247.

[5] 朱永康．数据中心机房组合式送风方式数值模拟研究及其可行性探讨[D]．南京：南京师范大学，2018.

[6] 常莹华，牛文全，王维娟．滴灌灌水器迷宫流道的内部流体数值模拟与流动分析[J]．西北农林科技大学学报(自然科学版)，2009，37(2)：203-208.

[7] 田浩．高产热密度数据机房冷却技术研究[D]．北京：清华大学，2012.

[8] 许琳琳，赵涛．基于灌水器水力性能的紊流模型对比研究[J]．甘肃水利水电技术，2013，49(5)：18-20，38.

[9] JIN C, BAI X, YANG C. Effects of airflow on the thermal environment and energy efficiency in raised-floor data centers: A review[J]. Science of the Total Environment, 2019, 695: 133801.